中等职业学校教材

Photoshop CS3
图形图像处理

唐小霞　主编

殷丹丽　周秩祥　廖乾伟　副主编

人民邮电出版社

北京

图书在版编目（CIP）数据

Photoshop CS3图形图像处理 / 唐小霞主编. —北京：人民邮电出版社，2009.9
中等职业学校教材
ISBN 978-7-115-21001-2

I. P… II.唐… III.图形软件，Photoshop CS3—专业学校—教材 IV.TP391.41

中国版本图书馆CIP数据核字（2009）第122089号

内容提要

本书主要介绍使用 Photoshop CS3 处理平面图形图像的基础知识和基本方法，重点培养学生对图形图像的处理能力。全书共分 10 个模块，通过一个个具体的任务分别介绍 Photoshop CS3 基础知识，选区的绘制和编辑，绘画和修饰工具的使用，路径、形状和文字工具的使用，图像色彩的调整，图层的应用，通道与蒙版的应用，滤镜的应用，图像的输出与批处理等知识，并在最后一个模块中以实际案例介绍综合应用 Photoshop CS3 的方法。

本书按照“案例教学法”的设计思想组织教材内容，从任务入手，使读者逐步掌握对图形图像处理的基本理论和方法。

本书可供中等职业学校计算机及应用专业以及其他相关专业使用，也可作为平面图像处理培训教学用书。

中等职业学校教材

Photoshop CS3 图形图像处理

◆ 主　　编　唐小霞
　副 主 编　殷丹丽　周秩祥　廖乾伟
　责任编辑　王亚娜

◆ 人民邮电出版社出版发行　　北京市崇文区夕照寺街 14 号
　邮编　100061　　电子函件　315@ptpress.com.cn
　网址　http://www.ptpress.com.cn
　三河市海波印务有限公司印刷

◆ 开本：787×1092　1/16
　印张：16.25
　字数：393 千字　　2009 年 9 月第 1 版
　印数：1 – 3 000 册　　2009 年 9 月河北第 1 次印刷

ISBN 978-7-115-21001-2/TP

定价：27.00 元

读者服务热线：(010) 67170985　印装质量热线：(010) 67129223
反盗版热线：(010) 67171154

本书编委会

前　　言

随着我国中等职业教育改革的不断深入，以工作过程为导向、任务驱动模式等职业教育的理念已深入人心，并迅速被老师应用到教学中，受到了学生们的欢迎。

本书在编写上充分体现了“以学生为中心，以能力为主导，以就业为导向”的宗旨，按照“任务驱动教学法”的设计思想组织教材内容，让读者先从一个个实际任务入手，逐渐掌握对图形图像处理的基本理论和方法。

书中每个模块都给出了“模块简介”、“学习目标”，以便于学生了解模块介绍的相关内容和明确学习目的。正文中的各种“技巧”、“提示”、“知识回顾与拓展”等，给学生提供了更多解决问题的方法和更为全面的知识。

在内容安排上，本书主要具备以下特点。

- 充分把握基础理论知识“必须”和“够用”这两个“度”，既便于教师实行案例教学和分层次教学，同时也便于学生自学。
- 注重实训教学，按照实际的工作过程和工作条件组织教学内容，形成围绕工作需求的新型教学与训练模式，使学生能较快地适应企业工作环境。
- 模块化的编排使教材的知识结构更完整，更有利于老师教学和学生学习。
- 教学内容由浅入深，对操作步骤的叙述简明易懂，注重理论知识与案例制作相结合，教学内容实用性与案例操作技巧性相结合。

全书共分 10 个模块，主要内容如下。

模块一　Photoshop CS3 基础知识：介绍 Photoshop CS3 的启动与退出、Photoshop CS3 工作界面的组成、图像文件的基本操作、图像窗口的基本操作、控制面板的基本操作，以及绘图色彩的设置与填充等知识。

模块二　选区的绘制和编辑：介绍矩形选框工具、椭圆选框工具、套索工具、多边形套索工具、磁性套索工具、魔棒工具的使用方法，“选择”菜单的使用以及对选区内图像的变换、移动、复制和描边等知识。

模块三　绘画和饰工具的使用：介绍用画笔工具和铅笔工具绘图，用渐变工具绘制各种渐变图形，用裁切工具裁切图像，用修复画笔工具和修补工具处理图像缺陷，图章工具和橡皮擦工具的应用，加深工具、减淡工具和模糊工具的应用等知识。

模块四　路径、形状和文字工具的使用：介绍钢笔工具的使用方法，路径的编辑方法，路径与选区的互换及描边路径的操作，形状工具的使用方法，形状工具与路径间的转换，文字工具的使用方法等知识。

模块五　图像色彩的调整：介绍通过“色阶”和“色相/饱和度”命令调整图像的颜色，通过调整曲线、亮度、对比度完成图像颜色的变化，利用色彩平衡完成对图像的着色，通过“去色”和“照片滤镜”命令制作特殊效果，以及通过“色调分离”命令制作单色图像效果等知识。

模块六　图层的应用：介绍图层的概念，图层的新建、复制、删除、合并，图层的填充，图层混合模式的应用，图层样式的应用，以及特殊图层的应用等知识。

模块七　通道与蒙版的应用：介绍如何使用通道选取图像，新建和复制 Alpha 通道，Alpha 通道的编辑和通道选区的载入，利用 Alpha 通道制作图像和特殊文字，快速蒙版的创建与编辑和图层蒙版的使用等知识。

模块八　滤镜的应用：介绍 Photoshop CS3 中各种滤镜的使用，以及滤镜和图层及通道的结合使用，滤镜和色彩调整命令的结合使用等知识。

模块九　图像的输出与批处理：介绍图形打印的设置和预览，打印全部图像，打印指定图层和选区图像，动作的载入、播放、创建和保存，以及批处理命令的使用等知识。

模块十　综合应用实训：通过 4 个综合实训有机结合了 Photoshop CS3 中常用的知识，学生通过综合实训的练习，能够举一反三，提高实际动手操作能力。

本书由唐小霞主编和统稿，殷丹丽、周秩祥和廖乾伟担任副主编，其中，模块一、模块二由重庆市农业学校唐小霞编写，模块三由四川省成都市西河职业中学胡文中编写，模块四由成都市青苏职业中专学校雷英编写，模块五、模块六由四川省大邑县职业高级中学廖乾伟编写，模块七、模块八由重庆市巴南职业高级中学校殷丹丽编写，模块九、模块十由重庆市永川职业教育中心周秩祥编写。

为了方便教学，读者可以到“人民邮电出版社教育服务与资源网”网站（http://www.ptpedu.com.cn）免费下载相关教学资源。

在本书编写过程中，还得到了童家琼、肖晗、严伟、袁永波、叶昌成、黄福林、黄常春、钱霞、李开强、陈鹏、傅华碧、龚斌、扈诗全、罗萍等大力支持，在此一并表示衷心的感谢。

由于编者水平有限，书中难免存在不足之处，敬请各位读者对本书提出宝贵意见，以便我们能够不断改进和完善。

编　者

2009 年 6 月

目　录

模块五　图像色彩的调整

模块六　图层的应用

模块七　通道与蒙版的应用

模块八　滤镜的应用

模块九　图像的输出与批处理

模块十　综合应用实训

模块一　Photoshop CS3 基础知识

模块简介

Photoshop 是 Adobe 公司推出的一款优秀的图形图像处理软件，在平面设计领域一直以其强大的功能受到广大设计用户的青睐，Photoshop CS3 版本功能更为强大、简单易学，并具有人性化的工作界面，集图像设计、修改编辑、合成以及高品质输出功能于一体，所以深受用户的好评。本模块主要介绍 Photoshop CS3 的启动与退出、工作界面的组成、图像文件的基本操作、控制面板的基本操作以及绘图颜色的设置与填充等操作，为后面的学习打下基础。

学习目标

- 学会启动与退出 Photoshop CS3 的方法
- 了解 Photoshop CS3 工作界面的组成
- 掌握新建、打开和存储图像文件的方法
- 掌握 Adobe Bridge 的使用
- 掌握图像窗口的基本操作
- 了解各组控制面板的作用及其基本操作
- 掌握前景色和背景色的设置及填充方法

任务一　认识 Photoshop CS3

任务目标

与学习其他应用软件一样，要熟练应用 Photoshop 进行图像处理，首先要学会其启动和退出的方法，并对其工作界面有一个全面的认识，了解界面中各功能部分的作用。本任务将通过启动、退出 Photoshop 等操作，认识 Photoshop CS3。

操作一　启动 Photoshop CS3

本操作将练习启动 Photoshop CS3。

◆ **操作步骤**

（1）启动计算机进入 Windows 桌面，单击左下角的“开始”按钮，打开“开始”菜单。

（2）在“开始”菜单中选择“所有程序”→“Adobe Design Premium CS3”→“Adobe Photoshop CS3”菜单命令，如图 1-1 所示。

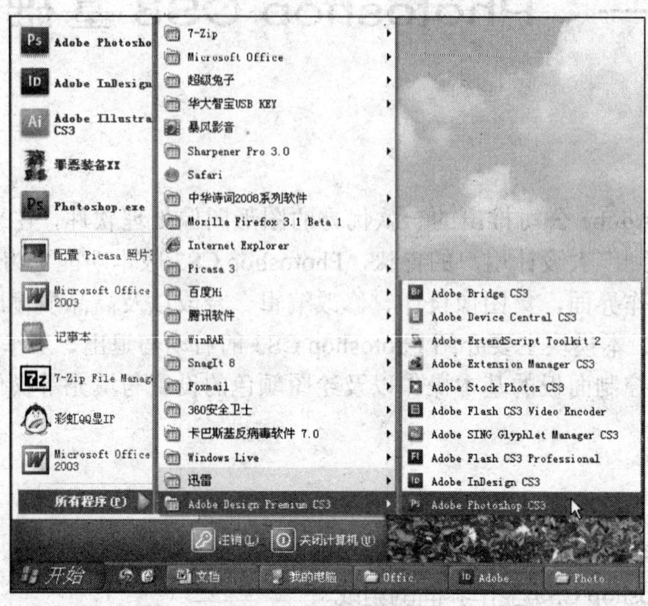

图 1-1　启动 Photoshop CS3

（3）稍后将进入 Photoshop CS3 的工作界面，完成 Photoshop CS3 的启动。

☎ 提示：在运行 Photoshop CS3 时，C：盘至少要有 2GB 以上的可用空间，计算机的内存最好在 1GB 以上，这样在处理图像时才能比较快速。

操作二　认识 Photoshop CS3 工作界面

启动 Photoshop CS3 后，将进入 Photoshop CS3 的工作界面。它由标题栏、菜单栏、属性栏、工具箱、图像窗口、工作区、控制面板和调板区等组成，如图 1-2 所示。下面分别介绍各个组成部分的功能。

1．标题栏

标题栏位于工作界面的最上方，左侧显示 Photoshop CS3 图标和软件名称，其右侧的、和按钮分别用来最小化、还原和退出 Photoshop CS3 工作界面。

2．菜单栏

菜单栏位于标题栏下方，包括文件、编辑、图像、图层、选择、滤镜、分析、视图、窗口和帮助 10 个菜单，每个菜单包括多个菜单命令，在菜单中选择右侧带有符号的菜单命令，还将弹出其子菜单。各菜单的主要作用如下。

- “文件”菜单：用于对图像文件进行操作，包括新建、保存和打开文件等。
- “编辑”菜单：用于对图像进行编辑操作，包括剪切、拷贝、填充和定义图案等。

- “图像”菜单：用于调整图像的色彩、色调以及图像和画布大小等。
- “图层”菜单：用于对图层进行编辑操作。
- “选择”菜单：用于创建图像选择区域和编辑选区。
- “滤镜”菜单：用于为图像添加扭曲、模糊、渲染等特殊效果。
- “分析”菜单：用于提供多种度量工具，便于工程绘图和完成三维作品的设计。
- “视图”菜单：用于对缩小或放大图像显示比例等。
- “窗口”菜单：用于对 Photoshop 工作界面的各个控制面板进行显示和隐藏。
- “帮助”菜单：用于为用户提供使用 Photoshop CS3 的帮助信息。

图 1-2　Photoshop CS3 的工作界面

3．属性栏

属性栏用于显示当前工具的属性和参数控制，在工具箱中选择不同的工具后，属性栏中显示的选项参数也各不相同。例如，在工具箱中选择矩形选框工具后，属性栏中只显示与选区创建相关的选项。

4．工具箱

工具箱位于工作界面的左侧，提供了图像绘制和编辑的各个工具，将鼠标光标移至工具箱中的各工具图标上时，将显示该工具的名称，要选取工具箱中的某个工具时，只需用鼠标单击相应工具的按钮即可。

Photoshop CS3 默认显示的工具箱呈一竖排显示，其顶部有一个折叠按钮，单击该按钮可以将工具箱中的工具以紧凑的两竖排方式显示。在工具箱顶部按住鼠标左键不放，可以将其拖动到图像工作界面的任意位置。

另外，某些工具按钮右下角有一个◢图标，表示该工具还隐藏了其他同类工具，在该工具按钮上按住鼠标左键不放，或使用鼠标右键单击便可展开隐藏工具，单击相应的按钮即可选择所需的工具，如图 1-3 所示。

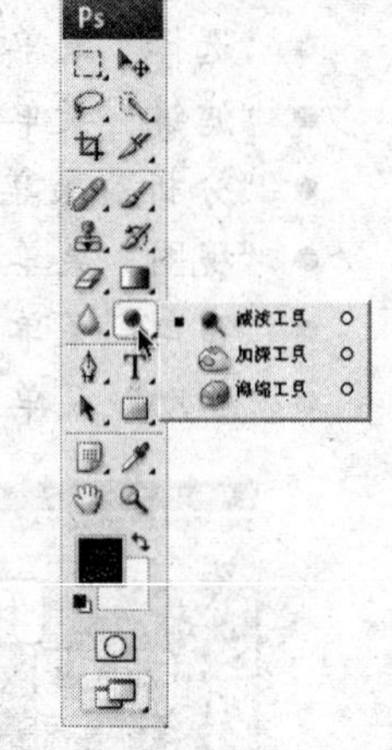

图 1-3　Photoshop CS3 的工具箱

5．图像窗口

图像窗口是对图像进行浏览和编辑操作的工作区，图像窗口的标题栏显示当前图像文件的文件名及文件格式（如 087.jpg）、显示比例（如 @ 100%）和图像色彩模式（如 (RGB/8)）等信息。图像窗口底部的状态栏左侧显示当前图像窗口显示比例，以及当前图像文件的大小。

6．工作区

Photoshop CS3 工作界面中的灰色区域称为工作区，用于放置工具栏和各个控制面板等。

7．控制面板

控制面板默认显示在界面的右侧，Photoshop CS3 提供了多种控制面板，默认状态下显示 3 组控制面板，如图 1-4 所示。每组由 3 个控制面板组成，通过这些控制面板可以进行选择颜色、编辑图层、新建通道、编辑路径等操作每组控制面板的主要作用如下。

- “导航器”控制面板组（见图 1-4（a））：“导航器”控制面板用于查看图像显示区域和缩放图像；“直方图”控制面板用于查看当前图像的色阶分布；“信息”控制面板用于显示当前图像中鼠标光标的位置、选定区域的大小和颜色等信息。
- “颜色”控制面板组（见图 1-4（b））：“颜色”和“色板”控制面板用于设置绘图颜色；“样式”控制面板中列出了常用的图像效果。
- “图层”控制面板组（见图 1-4（c））：“图层”控制面板用于对图层进行新建和编辑操作；“通道”控制面板用于对通道进行创建和编辑操作；“路径”控制面板用于创建和编辑路径。

（a）

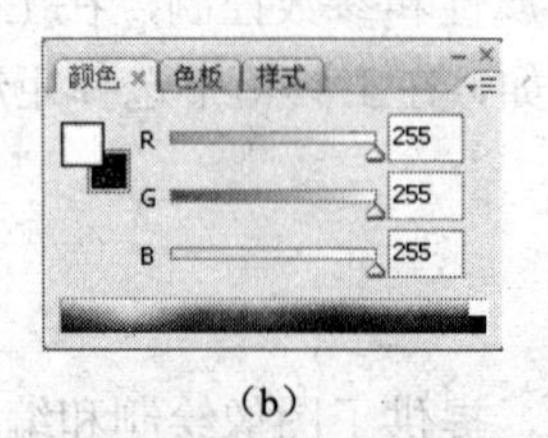

（b）

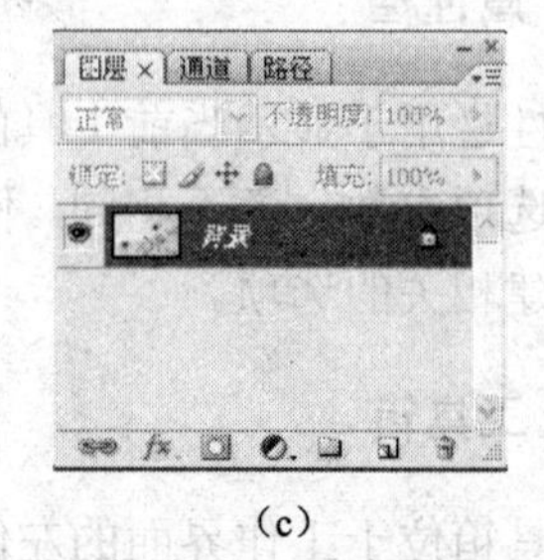

（c）

图 1-4　Photoshop CS3 默认控制面板组

提示：在默认状态下，每一个控制面板组中的第一个控制面板为当前工作控制面板，若要切换到其他控制面板，单击相应控制面板上方的标签即可。

提示：如果想尽可能显示工作区，单击控制面板区右上角的折叠按钮可以最简洁的方式显示控制面板。

8．调板区

调板区位于控制面板左侧，用于摆放其他各种控制面板，单击其中相应的按钮便可展开该控制面板。单击其上方的扩展按钮，可以打开所有隐藏的控制面板组。

操作三　退出 Photoshop CS3

当不使用 Photoshop CS3 时，应先关闭所有打开的图像文件窗口，再退出该程序。本操作将练习退出 Photoshop CS3。

◆　操作步骤

（1）单击各个图像窗口标题栏上的“关闭”按钮，关闭所有打开的图像文件。

（2）单击 Photoshop CS3 工作界面标题栏右侧的“关闭”按钮，或选择“文件”→“退出”菜单命令即可退出 Photoshop CS3。

提示：实际工作中如果要关闭打开的所有文件但不退出软件，则可以选择“文件”→“关闭全部”菜单命令。

任务二　图像文件的基本操作

任务目标

本任务主要练习图像文件的基本操作，包括图像文件的新建、打开、存储和使用 Adobe Bridge 管理图像素材等。

操作一　新建图像文件

在进行图像处理时往往需要先新建一个相应大小的空白图像文件。本操作将练习新建图像文件。

◆　操作要求

（1）选择“文件”→“新建”菜单命令新建一个名为“名片”的图像文件。

（2）设置该图像文件宽度为 9cm，高度为 5.4cm，分辨率为 300 像素/英寸，颜色模式为 RGB 颜色模式，背景内容为“白色”。

◆　操作步骤

（1）在菜单栏中选择“文件”→“新建”菜单命令，或按【Ctrl+N】快捷键，打开“新建”对话框，单击对话框左下角的按钮展开高级选项。

（2）在“名称”文本框中单击选中默认的文件名称，输入新文件名称“名片”。

（3）分别单击“宽度”和“高度”选项右侧的 按钮，在弹出的下拉列表框中选择“厘米”选项，再分别在“宽度”和“高度”文本框中输入“9”和“5.4”。

（4）单击“分辨率”选项右侧的 按钮，在弹出的下拉列表框中选择“像素/英寸”选项，再在“分辨率”文本框中输入“300”。

（5）单击“颜色模式”选项右侧的 按钮，在弹出的下拉列表框中选择“RGB 颜色”选项。

（6）单击“背景内容”选项右侧的 按钮，在弹出的下拉列表框中选择“白色”选项，设置后的参数及对话框如图 1-5 所示。

（7）单击“确定”按钮，按设置的参数新建的图像文件如图 1-6 所示。

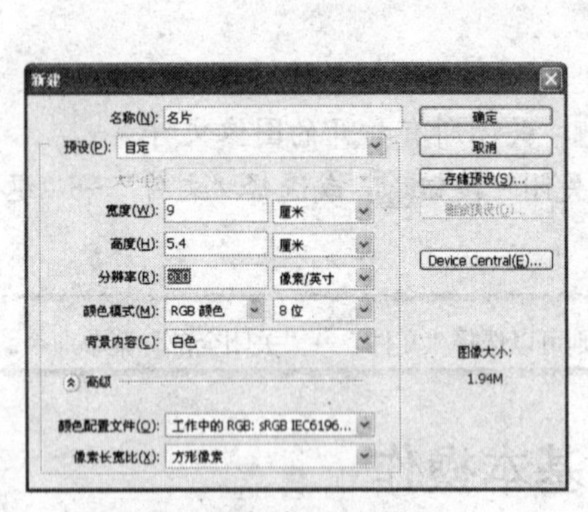

图 1-5 “新建”对话框

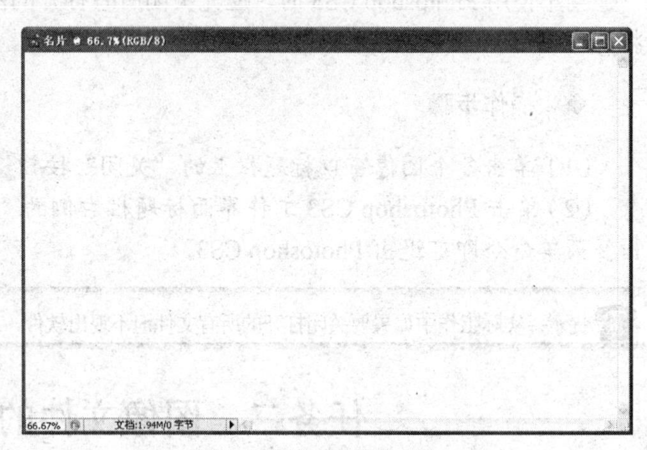

图 1-6 新创建的图像文件

知识回顾与拓展

本操作介绍了如何新建一个图像文件，“新建”对话框中各选项的含义如下。

- “名称”文本框：用于输入新建文件的名称，默认文件名为“未标题-1”。
- “预设”下拉列表框：用于设置新建文件的大小和尺寸，单击右侧的 按钮，在弹出的下拉列表框中可选择需要的尺寸规格，自行设置尺寸时将自动变为“自定”。
- “宽度”和“高度”文本框：用于设置新建文件的宽度和高度，其单位有像素、英寸、厘米和毫米等。
- “分辨率”文本框：用于设置新建文件的分辨率，其单位有“像素/英寸”和“像素/厘米”。分辨率越高，图像品质越高，相应图像文件也越大。
- “颜色模式”下拉列表框：用于设置新建文件的色彩模式，包括 RGB 颜色、位图、灰度、CMYK 颜色和 Lab 颜色，一般设为 RGB 颜色或 CMYK 颜色。
- “背景内容”下拉列表框：用于设置新建图像的背景颜色，默认为白色，也可设置为背景色，即创建与当前工具箱中背景色相同颜色的文件，或创建透明背景的文件。

提示：当将背景内容设置为透明时，新建的图像背景以灰白相间的网格显示，即没有任何填充色。

- “颜色配置文件”下拉列表框：用于设置选择新建文件的色彩配置。
- “像素长宽比”下拉列表框：用于设置像素的长宽比例，一般保持默认设置。

另外，学习 Photoshop 要对位图、矢量图、像素和分辨率这些基本概念有所了解，现介绍如下。

- 位图：也称栅格图像，是由多个色块（即像素）组成的图像。一幅位图图像是由成千上万个像素点组成的。位图可以通过扫描、数码相机拍摄等获取，Photoshop 是专业的位图处理软件。图 1-7 左图所示为一幅位图原图，右图所示为对其局部进行多倍放大后显示的像素点。

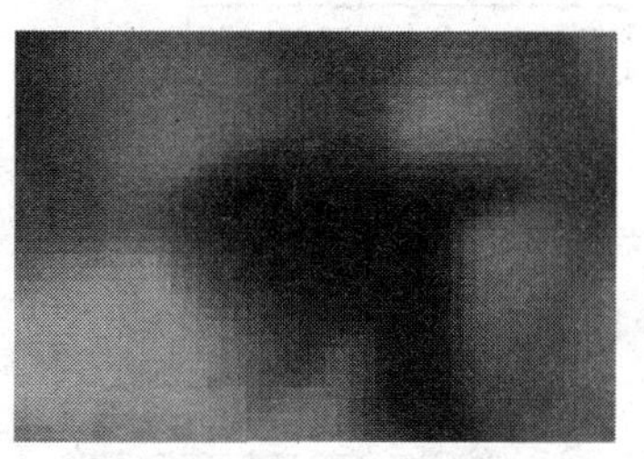

图 1-7　位图与放大后的像素点

- 矢量图：也称为向量图形，是由直线、曲线和图块组成的图形。对于矢量图，无论放大和缩小多少倍，图形都有一样平滑的边缘和清晰的视觉效果，且不会产生锯齿。矢量图的大小与文件大小无关。CorelDRAW、Illustrator 等软件创建的图形即为矢量图。
- 像素：是构成位图图像的最小单位。不同的像素具有不同的颜色，一个像素只显示一种颜色。
- 分辨率：是指单位面积内像素数目的多少，用“像素/英寸”和“像素/厘米”来表示。分辨率的高低将直接影响图像的清晰程度，太低的图像分辨率会导致图像粗糙或模糊。Photoshop CS3 中默认的分辨率为 72 像素/英寸，这是满足普通显示器的分辨率；大型灯箱图像的分辨率一般不低于 30 像素/英寸；报纸图像的分辨率通常为 120～150 像素/英寸；网页上发布的图像分辨率常设为 72 像素/英寸或 96 像素/英寸；彩版印刷图像的分辨率通常设为 300 像素/英寸。

操作二　打开图像文件

在 Photoshop 中可以打开 PSD、JPG、BMP、TIF 等多种格式的图像文件。本操作将练习打开图像文件。

◆　操作要求

选择“文件”→“打开”菜单命令，打开素材中“模块一”下名为“小狗”的图像。

◆　操作步骤

（1）在菜单栏中选择“文件”→“打开”菜单命令，或按【Ctrl+O】快捷键，打开“打开”对话框。

（2）在“查找范围”下拉列表框中选择素材的保存磁盘，再在文件列表中依次双击打开“素材/模块一”文件夹。

（3）在文件列表中选择名为“小狗”的 JPG 图像文件，如图 1-8 所示。

（4）单击“打开”按钮，即可在工作区中打开选择的图像文件，效果如图 1-9 所示。

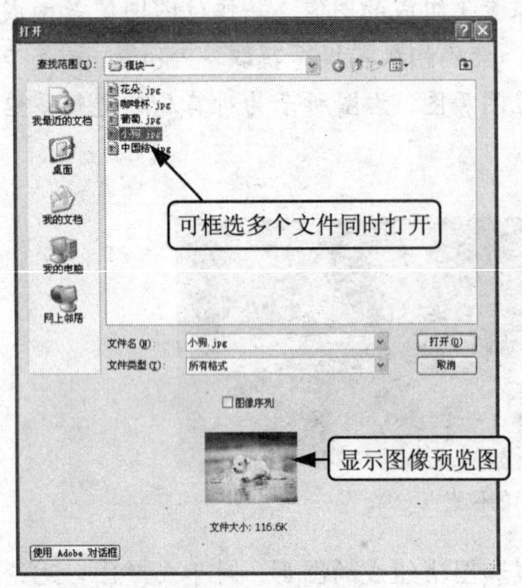

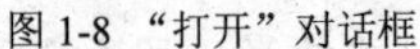
图 1-8 “打开”对话框

图 1-9 打开的图像

知识回顾与拓展

本操作介绍了图像文件的打开操作，如果打开的是 PSD 格式的图像文件，打开后在“图层”控制面板中可以查看到有多个图层。另外，在 Photoshop 中如果要查看多个图像文件的内容，还可以单击属性栏右侧的按钮，在打开的 Bridge 窗口中便可查看各磁盘下的图像文件内容，在查看时双击相应的图像便可在 Photoshop 中打开。

操作三　存储图像文件

图像创建并编辑完成后，需要进行存储，以便于日后使用或再次进行编辑。本操作将练习存储图像文件。

◆ 操作要求

（1）对打开的“小狗.jpg”图像应用拼贴滤镜。

（2）选择“文件”→“存储为”菜单命令，将图像另存为“拼贴画.tif”图像文件。

◆ 操作步骤

（1）打开“小狗.jpg”图像，选择“滤镜”→“风格化”→“拼贴”菜单命令，打开“拼贴”对话框。

（2）使用默认滤镜参数，直接单击“确定”按钮，应用滤镜后的图像效果如图 1-10 所示。

（3）选择“文件”→“存储为”菜单命令，打开“存储为”对话框。

（4）在“保存在”下拉列表框中选择存储路径，并选择需要保存的文件夹，例如“练习”文件夹。在“格式”下拉列表框中设置文件存储类型为“TIFF”，在“文件名”下拉列表框中选中文件名后重新输入“拼贴画”，如图 1-11 所示。

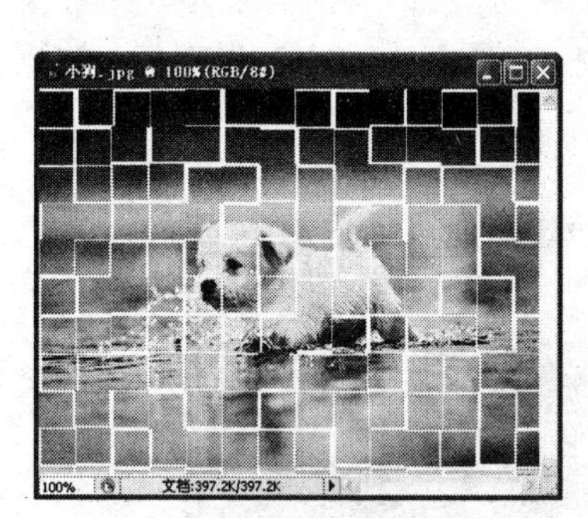

图 1-10　应用滤镜后的效果

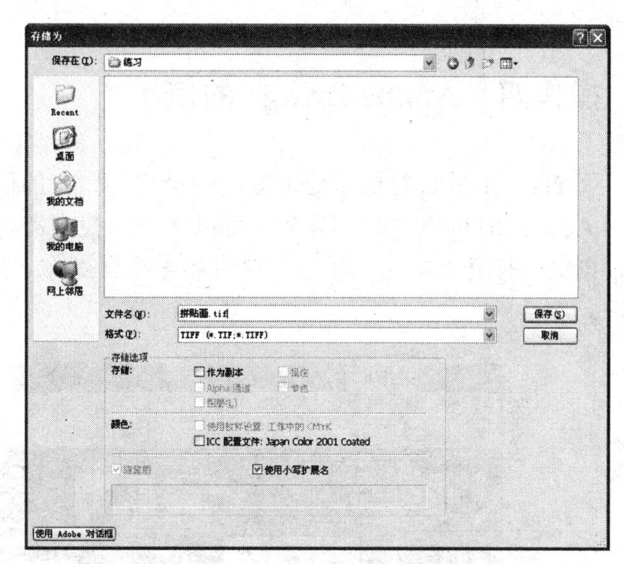

图 1-11　“存储为”对话框

（5）单击“保存”按钮完成文件的存储。

知识回顾与拓展

本操作介绍了图像文件的另存为操作，如果对文件进行编辑后直接覆盖原来的文件，可以选择“文件”→“存储”菜单命令，或按【Ctrl+S】快捷键即可保存，而不再打开“存储为”对话框。

Photoshop 支持 PSD、JPEG、TIFF、GIF、BMP 等多种格式的图像文件，在“打开”或“存储为”对话框中的“文件类型”下拉列表框中，可以选择所需的图像文件格式。几种常用文件格式介绍如下。

- PSD（＊.PSD、＊.PDD）格式：它是 Photoshop 默认的文件格式，可以保存包含图层、通道、色彩模式、调整图层和文本图层等的多种信息。如果需要把含有图层的 PSD 格式的图像保存成其他格式的图像文件，必须先将图层合并，然后再进行存储。
- BMP（＊.BMP、＊.RLE、＊.DIB）格式：它是一种标准的 Windows 位图图像文件格式，支持 RGB、索引颜色、灰度和位图色彩模式，但不支持 Alpha 通道。
- GIF（＊.GIF）格式：主要用于网页，图像文件较小，支持 BMP、灰度和索引颜色等色彩模式，但不支持 Alpha 通道。
- JPEG（＊.JPG、＊.JPEG、＊.JPE）格式：它是网页上常用的一种文件格式，支持 RGB、CMYK 和灰度色彩模式，但不支持 Alpha 通道。使用 JPEG 格式保存的图像经过压缩可使图像文件变小，但会丢失掉部分不易察觉的数据，在印刷时不宜使用该格式。
- PDF（＊.PDF、＊.PDP）格式：它是 Adobe 公司用于 Windows、Mac OS、UNIX 和

DOS 系统的一种文件格式，并支持 JPEG 和 ZIP 压缩。

- PNG（*.PNG）格式：它用于在 WWW 上无损压缩和显示图像。与 GIF 文件格式相比，PNG 支持 24 位图像，产生的透明背景没有锯齿边缘。PNG 文件格式支持带一个 Alpha 通道的 RGB、灰度色彩模式和不带 Alpha 通道的 RGB、索引颜色色彩模式。

操作四　Adobe Bridge 的使用

用 Photoshop 进行图像处理过程中会用到大量的图像素材，通过 Photoshop CS3 中内置的 Adobe Bridge（文件浏览器）可以轻松地找到需要的素材文件，并可对这些图像文件进行浏览、打开、删除、标记和重命名等管理操作。图 1-12 所示为 Adobe Bridge 的操作窗口。

图 1-12　Adobe Bridge 操作窗口

本操作将练习使用 Adobe Bridge 浏览计算机中的图片。

◆ 操作要求

（1）打开和关闭 Adobe Bridge。

（2）在 Adobe Bridge 中查看、标记、重命名、删除图像等。

◆ 操作步骤

（1）选择【文件】→【浏览】菜单命令，或单击属性栏右侧的按钮，打开 Adobe Bridge 操作窗口。

（2）窗口左侧选择“文件夹”选项卡，依次双击磁盘和图片所在的位置，这里打开

H:\素材\小狗文件夹，此时将显示该文件夹下的图片预览图像，拖动窗口下方的滑块可以调整预览图像的大小，如图 1-13 所示。

图 1-13　调整预览图像大小

（3）在浏览过程中双击某一个图像预览图，可在 Photoshop 的工作窗口中将其打开。

（4）在浏览图像的过程中，对于某一类别或需要使用的部分图像可以进行标记，方法是选中需要标记的图像文件，然后在“标签”菜单中选择相应的星号等级，如图 1-14 所示。

图 1-14　对图像进行标记

（5）单击两次图像文件名，此时文件名呈可编辑状态，可以输入新的文件名对图像素材进行重命名操作。

（6）选择“工具”→“批重命名”菜单命令，打开“批重命名”对话框，在“新文件名”

选项栏下的第 1 栏左侧的下拉列表框中选择命名方式，有序列数字、序列字母、日期和文本等，选择“文本”选项，并在右侧的文本框中输入“小狗”，如图 1-15 所示。

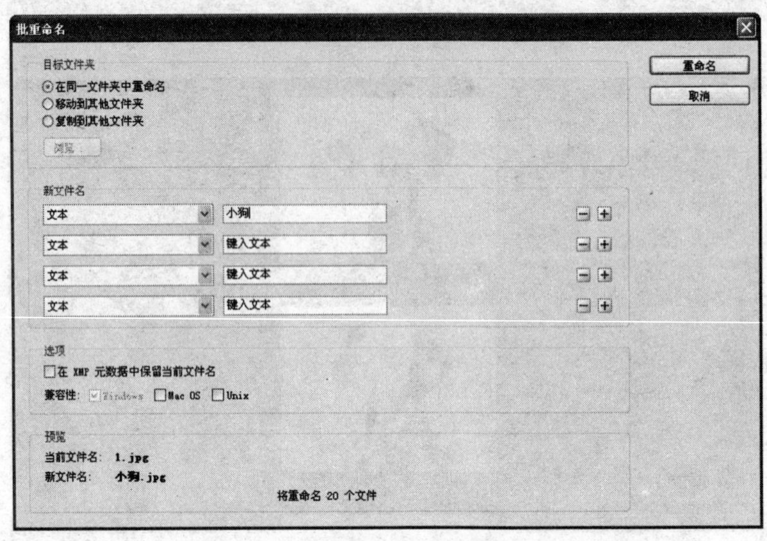

图 1-15 “批重命名”对话框

（7）在“新文件名”选项栏的第 2 栏左侧的下拉列表框中选择“序列数字”选项，在其右侧的文本框中输入启始值为 1，在最右侧的位数下拉列表框中选择“2 位数”选项，分别单击第 3 和第 4 栏右侧的⊟按钮取消前面的条件栏，此时在左下角可以预览文件名的样式，如图 1-16 所示。

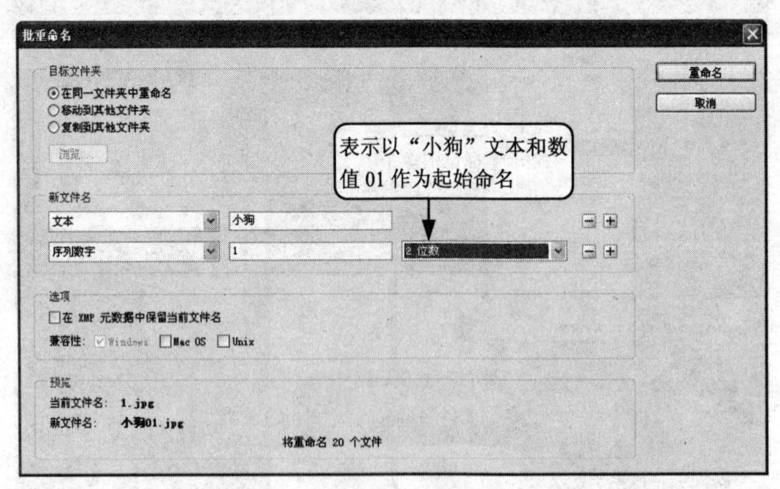

图 1-16 设置批重命名参数

（8）单击“重命名”按钮，批量命名后的效果如图 1-17 所示。

（9）在浏览时选中图像文件后，按【Delete】键，将打开提示对话框询问是拒绝还是删除该文件，如图 1-18 所示，单击“拒绝”按钮可以将其设置为拒绝文件，并可通过“视图”菜单下的“显示拒绝文件”菜单命令来进行隐藏和显示，单击“删除”按钮即可删除该图像。

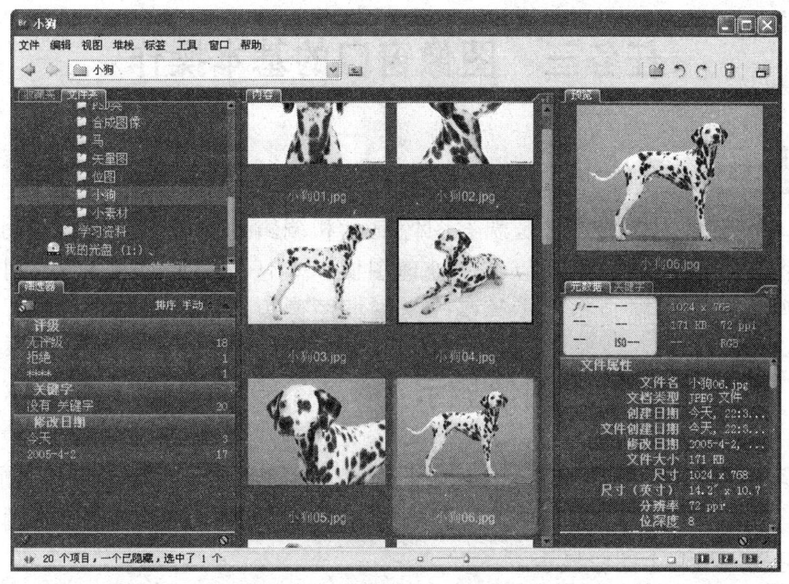

图 1-17　批量重命名后的文件

图 1-18　删除文件

（10）图像浏览结束后，单击 Adobe Bridge 窗口右上角的“关闭”按钮关闭 Adobe Bridge。

知识回顾与拓展

本操作介绍了 Adobe Bridge 的使用，它是查看图像文件的有力工具，可以帮助用户管理自己的设计素材。另外，单击 Adobe Bridge 操作窗口上方工具条右侧的或按钮，即可将图片顺时针或逆时针旋转 90°。

对于图像处理中的设计素材可以通过数码相机拍摄、扫描图像、购买素材光盘和从网上下载等方式来获取。当将扫描仪或数码相机与计算机相连后，启动 Photoshop CS3，选择“文件”→“导入”菜单下的相关设备型号命令，再根据提示便可将素材导入到 Photoshop 中。

任务三　图像窗口的基本操作

任务目标

图像窗口即图像的视图，它是观察图像显示和编辑的区域，可以通过对该区域进行缩放或调整图像和画布的大小，以方便处理图像。本任务将通过放大和缩小图像显示、调整图像文件大小、调整画布大小等操作，掌握图像窗口的基本操作。

操作一　放大和缩小图像显示

放大和缩小图像显示可以通过工具箱中的缩放工具🔍来实现，缩放工具通常和抓手工具✋配合使用。当图像放大后在窗口中无法完全显示时，可以利用抓手工具✋对图像进行平移。本操作将练习放大和缩小图像显示。

◆ 操作要求

使用缩放工具🔍和抓手工具✋查看打开的图像文件。

◆ 操作步骤

（1）选择“文件”→“打开”菜单命令，打开素材“咖啡杯.jpg”图像，如图 1-19 所示。

（2）单击工具箱中的缩放工具🔍，在打开图片的钢笔图像及笔记位置拖绘出一个虚线框，如图 1-20 所示。

图 1-19　打开图像

图 1-20　拖动鼠标

（3）释放鼠标，此时将放大被框选的图像局部，效果如图 1-21 所示。

☎提示：无论当前使用的是哪个工具，按【Z】键即可将当前工具切换到缩放工具，按空格键可以切换到抓手工具。

（4）此时在图像窗口中继续单击鼠标左键还可放大图像，放大图像后单击工具箱中的抓手工具，将鼠标光标移至图像窗口中，鼠标光标变为形状，按住鼠标不放并拖动，可以平移图像来观察图像窗口的其他部分，如图 1-22 所示。

（5）再次单击工具箱中的缩放工具，将鼠标光标移至放大后的图像窗口中，按住【Alt】键不放，鼠标光标变为形状，每单击一次鼠标左键可以将图像缩小 50%，连续单击几次鼠标左键后缩小的图像如图 1-23 所示。

图 1-21　放大部分图像

图 1-22　平移图像窗口

图 1-23　缩小图像

知识回顾与拓展

本操作主要练习了缩放工具和抓手工具的使用。两个工具的属性栏基本相同，图 1-24 所示为缩放工具的属性栏。单击“实际像素”按钮可以将图像恢复到原大小，以实际像素尺寸按 100%比例显示，单击“适合屏幕”按钮将根据图像窗口的大小自动调整图像显示比例，单击“打印尺寸”按钮将显示图像的打印尺寸。

调整窗口大小以满屏显示　缩放所有窗口　实际像素　适合屏幕　打印尺寸　工作区

图 1-24　缩放工具的属性栏

除了使用上面介绍的方法缩放图像外，还可以通过以下几种方法来缩放图像。

- 在图像窗口下方状态栏的显示比例数值框中直接输入要显示的比例来完成缩放。
- 在“导航器”控制面板中拖动下方的三角滑块可以缩放图像。放大图像后预览区中会显示一个红色的矩形线框，表示当前视图中只能观察到矩形线框内的图像。将鼠标光标移动到预览区，鼠标光标将变成形状，按住鼠标左键不放并拖动可以调整图像的显示区域，如图 1-25 所示。

图 1-25　导航器控制面板

- 要处理图像的一些细节时，可以以全屏幕显示方式观察并编辑。Photoshop CS3 提供了标准屏幕、最大化屏幕、带菜单栏的全屏模式和全屏模式 4 种显示方式，切换的方法是单击 Photoshop CS3 工具箱底部的“更改屏幕模式”按钮，在弹出的列表中分别单击相应的按钮便可切换到相应的显示模式下。

操作二　调整图像文件的大小

图像文件的大小是由文件的宽度、高度和分辨率决定的。如果图像的宽度、高度和分辨率不符合要求时可以进行调整，调整后将改变图像的大小。本操作将练习调整图像文件的大小。

◆ 操作要求

选择“图像”→“图像大小”菜单命令减小“葡萄.jpg”图像的分辨率、宽度和高度。

◆ 操作步骤

（1）选择“文件”→“打开”菜单命令，打开素材模块一中的“葡萄.jpg”图像，如图 1-26 所示。

（2）选择“图像”→“图像大小”菜单命令，打开“图像大小”对话框，其中“文档大小”选项栏显示图像当前的大小，如图 1-27 所示。

图 1-26　打开图像

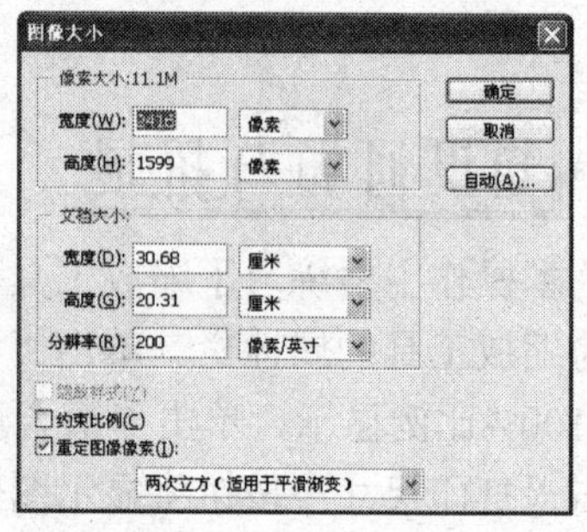

图 1-27　“图像大小”对话框

（3）将“分辨率”的值改为 72 像素/英寸，选中下方的“约束比例”复选框，将“宽度”值改为 15 厘米，此时将自动调整图像高度，设置后的对话框如图 1-28 所示。

（4）单击“确定”按钮，此时图像窗口将缩小，将图像窗口拖大后，可以发现图像的文件已变小，如图 1-29 所示。

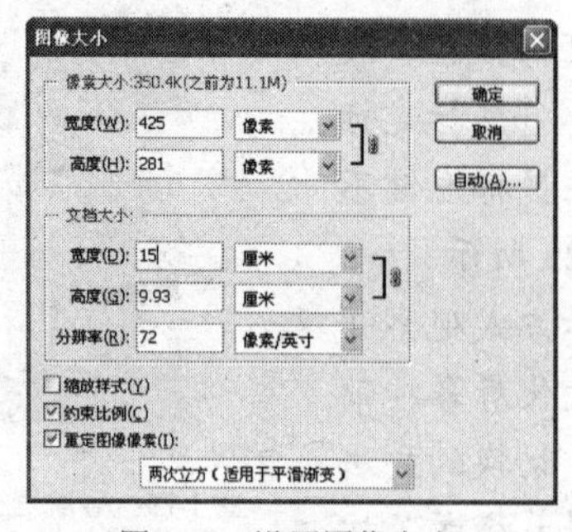

图 1-28　设置图像大小

图 1-29　调整后的图像

知识回顾与拓展

本操作介绍了图像大小的调整。调整时要注意，将图像变大时其图像品质会下降，而将图像变小时则不影响图像质量。若不选中“约束比例”复选框，调整图像的宽度或高度将使图像比例失调。

操作三　调整图像画布的大小

图像画布的大小是指当前图像周围工作空间的大小，通过扩大画布可以在图像周围添加图像编辑空间。本操作将练习如何调整图像画布的大小。

◆ 操作要求

（1）选择“图像”→“画布大小”菜单命令为“咖啡杯”图像增加 15 厘米的画布宽度。
（2）使用移动工具将另一幅图像“花朵”放到新增的画布上。

◆ 操作步骤

（1）打开提供的“咖啡杯.jpg”素材，选择“图像”→“画布大小”菜单命令，打开“画布大小”对话框，其中的画布大小是当前图像的宽度和高度尺寸，如图 1-30 所示。

（2）在“新建大小”选项栏中将“宽度”设为 30 厘米，然后在“定位”栏中单击箭头指示按钮，以确定画布扩展方向，此时的对话框设置如图 1-31 所示。

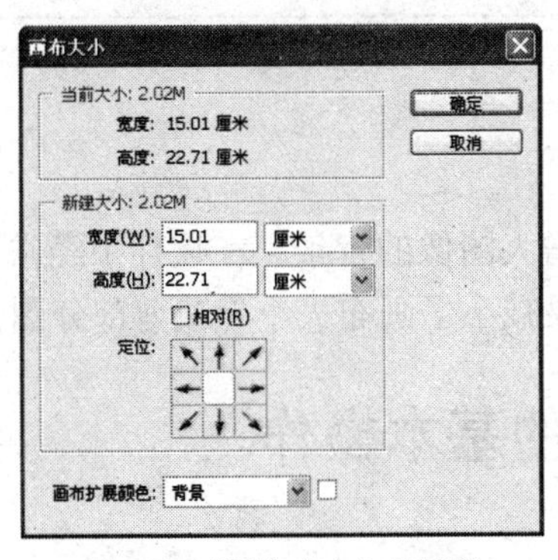

图 1-30 “画布大小”对话框

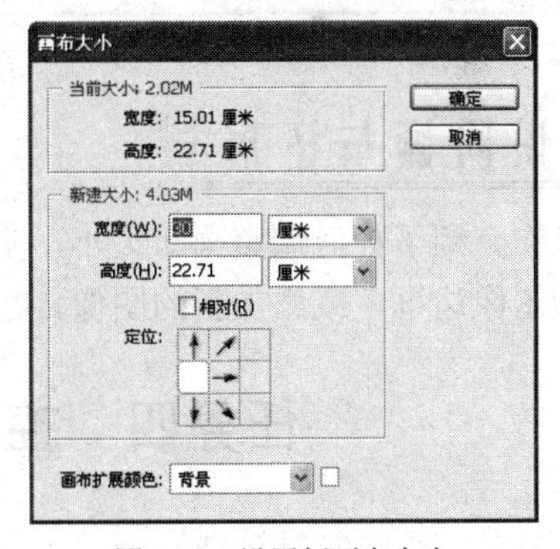

图 1-31　设置新画布大小

（3）单击“确定”按钮，新增画布后的图像效果如图 1-32 所示，然后打开提供的素材“花朵.jpg”图像，如图 1-33 所示。

（4）单击工具箱中的移动工具，在“花朵.jpg”图像窗口中按住鼠标左键不放，将图像拖至“咖啡杯.jpg”图像窗口右侧，效果如图 1-34 所示。

（5）按【Ctrl+T】快捷键，此时右侧图像四周将出现多个控制点，分别拖动左上角和右下角的控制点将图像变大，使其布满画布，按【Enter】键应用设置，效果如图 1-35 所示。将文件另存为“拼合图像.psd”。

图 1-32　扩展后的画布

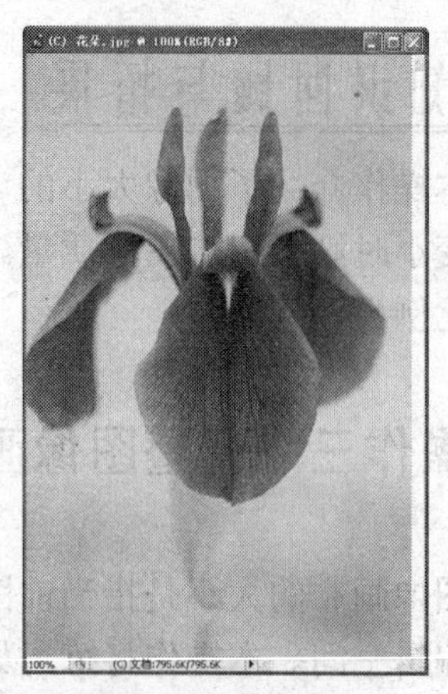

图 1-33　打开图像

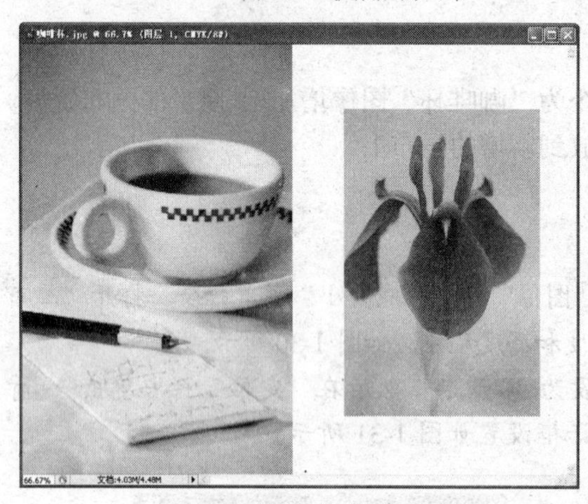

图 1-34　拖动复制图像

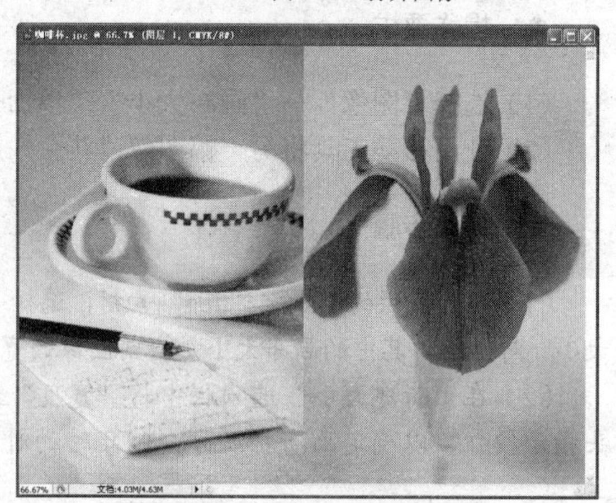

图 1-35　拼合完成的图像效果

知识回顾与拓展

本操作介绍了如何调整画布大小，实际上就是增大图像的背景。在设计中经常通过该方法来添加图像边框，或添加新的图像。在调整时如果减小了画布大小将裁剪部分图像。

任务四　控制面板的基本操作

任务目标

Photoshop 中有多个控制面板，为了操作方便和需要可以随时调出某个控制面板或关闭掉不常用的控制面板，还可以拆分或组合控制面板。本任务将通过控制面板的打开、关闭、拆分和组合等操作，掌握控制面板的基本操作。

操作一　打开与关闭控制面板

本操作将练习如何打开默认已显示的控制面板，以及通过菜单命令打开与关闭控制面板。

◆ 操作要求

掌握打开与隐藏控制面板的方法。

◆ 操作步骤

（1）启动 Photoshop CS3，在工作界面中默认已显示的控制面板组中单击“通道”标签，即可切换到“通道”控制面板。

（2）选择“窗口”→“图层”菜单命令，即可在工作界面中显示“图层”控制面板，此时“图层”菜单命令左侧有个带勾的标记，表示该控制面板已在工作界面中为打开状态，如图 1-36 所示。此时再次选择“窗口”→“图层”菜单命令，即可关闭“图层”控制面板组。

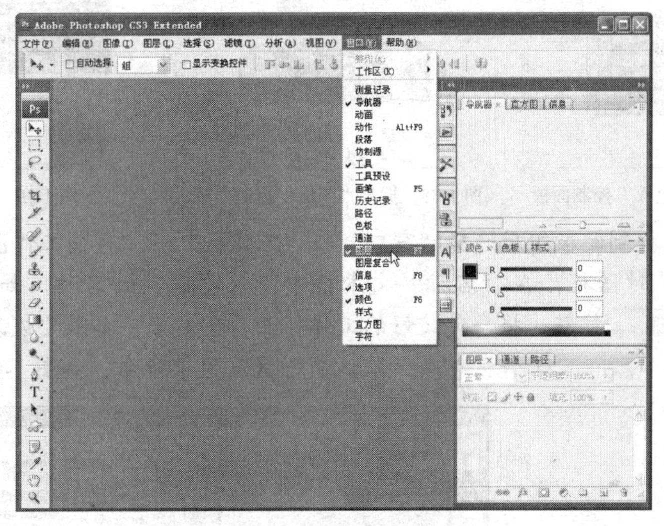

图 1-36 “窗口”菜单

（3）单击“颜色”控制面板组右上角的 ☒ 按钮，便可以关闭该组控制面板，使其从工作界面中隐藏。隐藏后选择“窗口”→“颜色”菜单命令、“窗口”→“色板”菜单命令或“窗口”→“样式”菜单命令，都可打开该组控制面板。

提示：按【F6】键可以打开或关闭“颜色”控制面板组；按【F7】键可以打开或关闭“图层”控制面板组；按【F8】键可以打开或关闭“信息”控制面板组；按【F9】键可以打开或关闭“动作”控制面板组。

操作二 拆分与组合控制面板

根据需要可以将某个控制面板从控制面板组中分离出来，形成一个单独的控制面板，也可将常用的控制面板组合成一组。本操作将练习拆分与组合控制面板。

◆ 操作要求

（1）将“图层”和“色板”控制面板分离后组合在一起，掌握拆分与组合控制面板的方法。

（2）将多余的控制面板关闭后保存为工作区，以便于下次使用。

◆ **操作步骤**

（1）将鼠标光标移到“色板”控制面板组中的“色板”标签上，按住鼠标左键不放向左侧灰色界面区域拖动，然后释放鼠标，即可将“色板”控制面板从“颜色”控制面板组中拆分出来，如图 1-37 所示。

（2）用同样的方法，在“图层”标签上按住鼠标左键不放并拖动，将“图层”控制面板拆分为一个单独的控制面板，如图 1-38 所示。

（3）将鼠标光标移至拆分后的“色板”控制面板中的标签上，按住鼠标左键不放，将其拖至“图层”控制面板标签右侧，释放鼠标后就完成了合并，如图 1-39 所示。

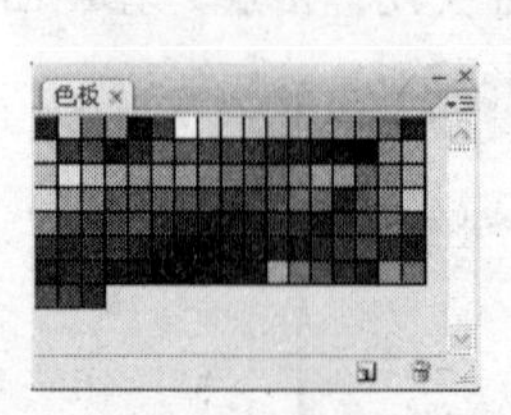

图 1-37　拆分“色板”控制面板

图 1-38　拆分“图层”控制面板

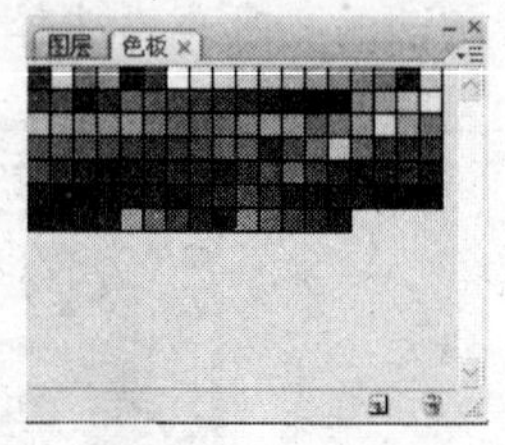

图 1-39　合并面板

（4）关闭其他控制面板组后选择“窗口”→“工作区”→“存储工作区”菜单命令，打开“存储工作区”对话框，在“名称”文本框中输入要保存的名称，如图 1-40 所示。

（5）单击 存储 按钮，将自定义好的工作界面存储起来。如果要恢复到默认的工作界面，只需选择“窗口”→“工作区”→“默认工作区”菜单命令，如图 1-41 所示。

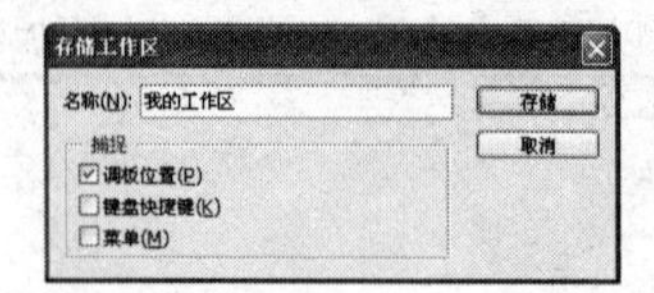

图 1-40 “存储工作区”对话框

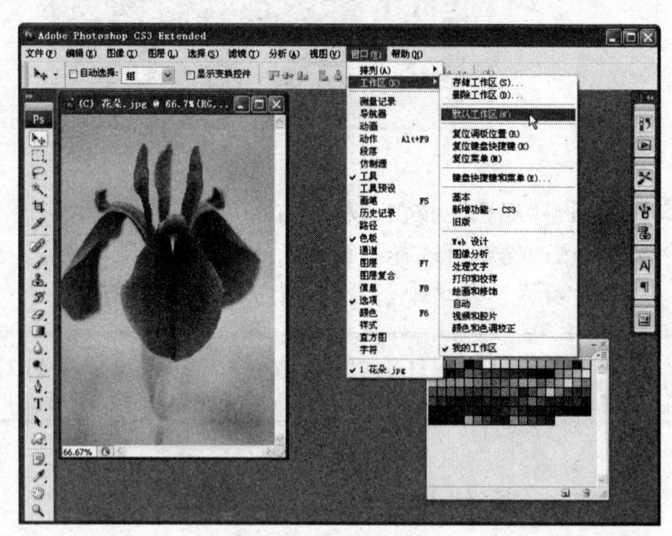

图 1-41　恢复到默认界面

提示：存储工作区后，选择“窗口”→“工作区”菜单底部显示的相应名称，便可切换到定义的工作界面中。如果不存储自定义的工作界面，当下次启动 Photoshop CS3 后，将恢复为默认的工作界面。

知识回顾与拓展

本操作练习了拆分与合并控制面板的操作，目的是让大家熟练掌握控制面板组的基本使用方法，为提高工作效率打下良好的基础。对于初学者来说可以使用默认的工作界面，熟练软件后可以根据设计需要调整工作界面。

任务五 绘图颜色的设置与填充

任务目标

在 Photoshop 中用工具绘制图形和填充图形前都需要先设置颜色，绘图颜色包括前景色和背景色，前景色用于显示当前绘图工具的颜色，背景色用于显示图像的底色，即画布本身的颜色。本任务将通过设置前景色与背景色，以及填充图形颜色等操作，掌握绘图颜色的设置与填充。

操作一 设置前景色与背景色

前景色与背景色一般是通过工具箱中的“前景色/背景色”图块来设置，单击最上面的颜色块，可以在打开的“拾色器（前景色）”对话框中任意设置一种颜色作为前景色，单击最下面的色块，可以设置一种颜色作为背景色，除此之外还可以通过“颜色”控制面板、“色板”控制面板和吸管工具设置颜色。本操作将练习使用不同的方法设置颜色。

◆ 操作要求

掌握使用拾色器、“颜色”控制面板、“色板”控制面板和吸管工具设置绘图颜色的方法。

◆ 操作步骤

（1）新建一个空白图像文件，单击工具箱中的前景色或背景色图标，打开如图 1-42 所示的“拾色器”对话框。

（2）单击并拖动垂直颜色条上的滑块到紫色颜色区域，此时左侧将显示该颜色区域的颜色，在需要的颜色位置上单击即可设置为该颜色，如图 1-43 所示。

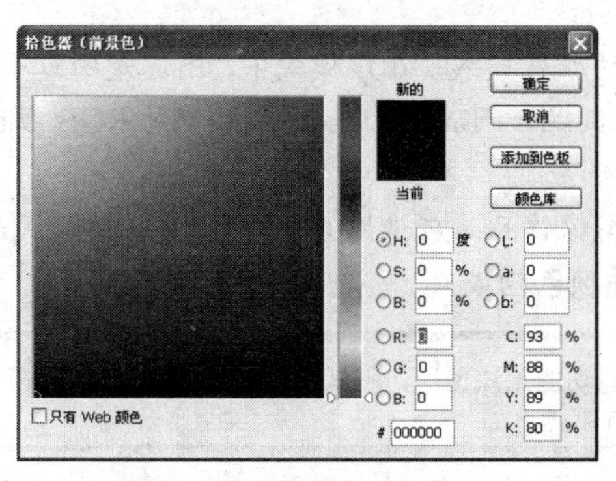

图 1-42 “拾色器”对话框

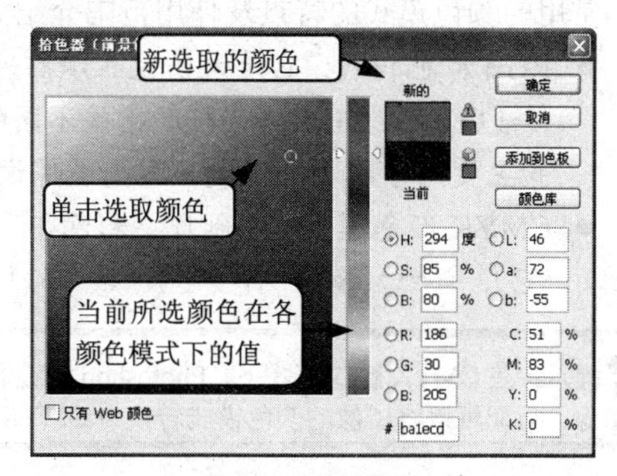

图 1-43 选择颜色

提示：在设置颜色时也可分别对“R”、“G”、“B”3 个文本框中的值进行微调来设置颜色，印刷图像一般选择使用“C”、“M”、“Y”、“K”颜色值，即 CMYK 颜色模式。

（3）单击"确定"按钮，此时工具箱中的背景色色块将显示为紫色。

（4）打开"颜色"控制面板，在色样上单击取样颜色，此时工具箱中的前景色将变为设置的颜色，也可以直接在上方的"R"、"G"、"B"3个文本框中输入颜色值来设置，如图1-44所示。

（5）在"颜色"控制面板组中单击"色板"标签，打开"色板"控制面板，将鼠标光标移到需要的色块上并单击鼠标，可以将其设置为当前前景色，如图1-45所示。

（6）按住【Alt】键不放在"色板"控制面板某个色块上单击鼠标，可以将其设置为当前景色。图1-46所示为设置前景色后的效果。

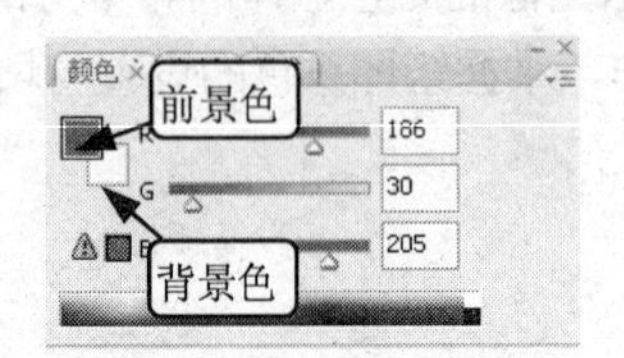

图1-44 在"颜色"控制面板中设置颜色

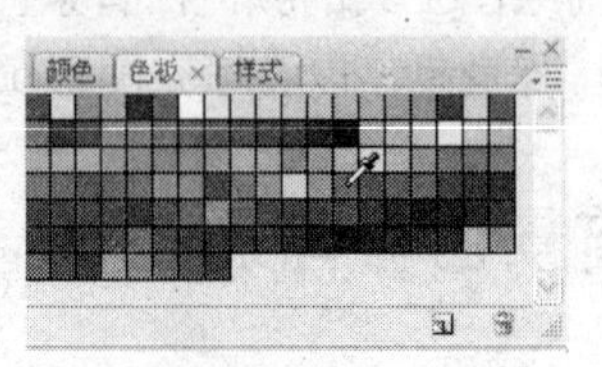

图1-45 在"色板"控制面板中选取颜色

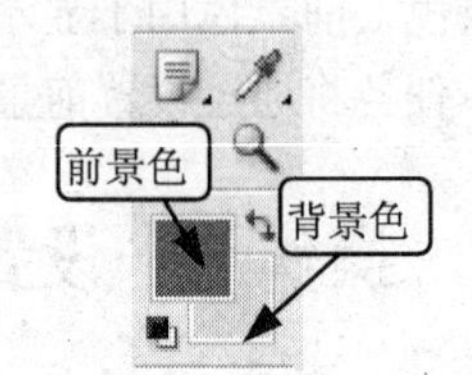

图1-46 设置的颜色

知识回顾与拓展

本操作练习了颜色的设置，用"色板"控制面板和拾色器设置颜色的方法是比较常用的。如果知道某个颜色的值可以使用拾色器进行设置，如红色的RGB值为"R:255，G:0，B:0"。另外，使用吸管工具也可设置颜色，方法是选择工具箱中的吸管工具，将鼠标光标移至图像窗口中所需的颜色上，单击便可将单击点的颜色值设为前景色，按住【Alt】键不放单击可设为背景色。

颜色模式是指同一属性下不同颜色的组合，不同的颜色模式用于不同的用途，Photoshop为用户提供了RGB颜色、CMYK颜色、Lab颜色、索引、灰度和位图等颜色模式。选择"图像"→"模式"菜单下的命令，可以查看当前图像的颜色模式或转换为其他颜色模式。

常用的颜色模式的特点及使用范围介绍如下。

- RGB颜色模式：它是大多数显示器采用的颜色模式。在该模式下，图像是由红（R）、绿（G）、蓝（B）这3种颜色按不同的比例混合而成的。Photoshop中的RGB颜色模式主要用于网页图像和日常的图像设计练习。
- CMYK颜色模式：在制作要彩色印刷的图像作品时应使用CMYK模式。该模式由青（C）、洋红（M）、黄（Y）、黑（K）4种颜色构成。

提示：在CMYK颜色模式下，Photoshop滤镜和其他功能无法使用，所以一般先使用RGB颜色模式编辑图像，后期可以将图像的颜色模式转换为CMYK颜色模式。

- Lab颜色模式：L表示图像的亮度，取值范围为0～100；a表示由绿色到红色的光谱变化，取值范围为-120～120；b表示由蓝色到黄色的光谱变化，取值范围和a相同，该模式是由RGB颜色模式转换为CMYK颜色模式的中间模式。
- 索引颜色模式：又称为图像映射颜色模式，只有256种颜色。

- 灰度颜色模式：它由具有 256 级灰度的黑白颜色构成，灰度图像中的每个像素都有一个 0（黑色）到～255（白色）的亮度值。使用黑白或灰度扫描仪生成的图像通常以灰度模式显示。
- 位图颜色模式：该模式的图像由黑白两色构成。在转换时只有处于灰度颜色模式或多通道颜色模式下的图像才能转化为位图颜色模式。

操作二　填充图形颜色

本操作将练习如何用设置的颜色来填充图形，包括使用菜单命令、油漆桶工具和快捷键 3 种方法。

◆ 操作要求

（1）使用“填充”菜单命令填充图形。

（2）按【Alt+Delete】快捷键用前景色填充图形，按【Ctrl+Delete】快捷键用背景色填充图形。

◆ 操作步骤

（1）选择“文件”→“新建”菜单命令，打开“新建”对话框，进行如图 1-47 所示的设置，单击“确定”按钮，新建一个图像文件。

（2）单击工具箱中的背景色图标，打开“拾色器（背景色）”对话框，单击并拖动垂直颜色条上的滑块到上方的红色颜色区域，并选择如图 1-48 所示的颜色作为背景色。

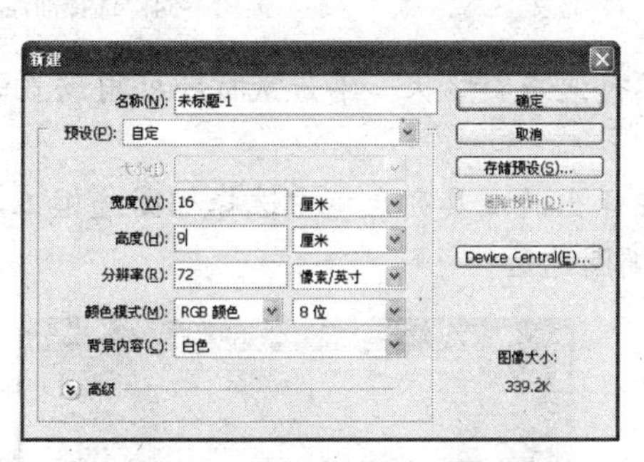

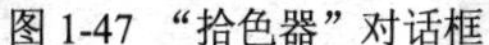
图 1-47 “拾色器”对话框

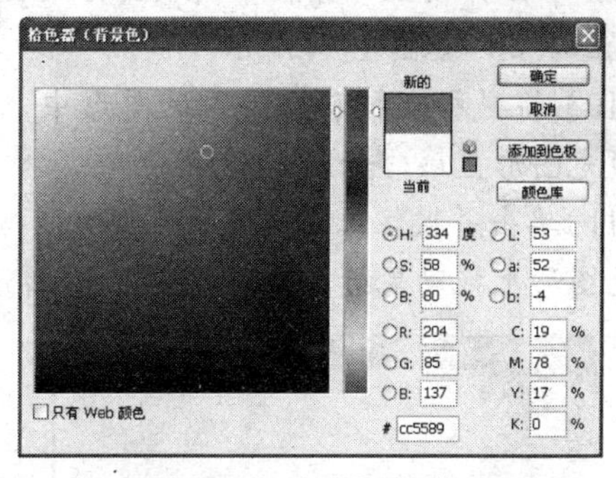

图 1-48　选择背景颜色

（3）单击“确定”按钮，此时工具箱中的背景色色块将显示为所选的颜色，在新建的图像窗口中按【Ctrl+Delete】快捷键用背景色填充图形背景，如图 1-49 所示。

（4）单击工具箱中的图标或在其工具列表框中选择矩形选框工具，如图 1-50 所示。

（5）在填充后的背景图形中间左上角位置按下鼠标左键不放并拖动至右下角位置释放，绘制如图 1-51 所示的选择区域。

（6）在“颜色”控制面板组中单击“色板”标签，打开“色板”控制面板，将鼠标光标移到第 1 排第 2 个黄色色块上并单击，将其设置为当前前景色，如图 1-52 所示。

（7）设置前景色后按【Alt+Delete】快捷键，可以用前景色填充选择区域，效果如图 1-53 所示。

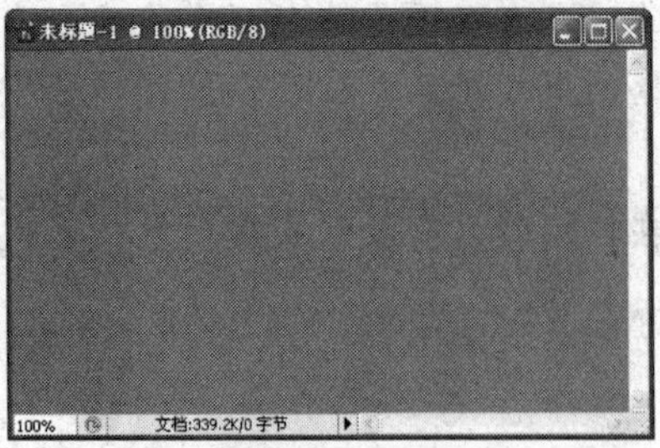

图 1-49　填充图形背景

图 1-50　选择工具

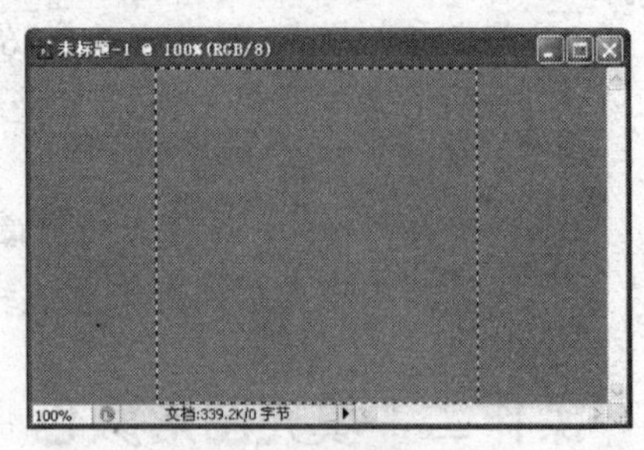

图 1-51　绘制选区

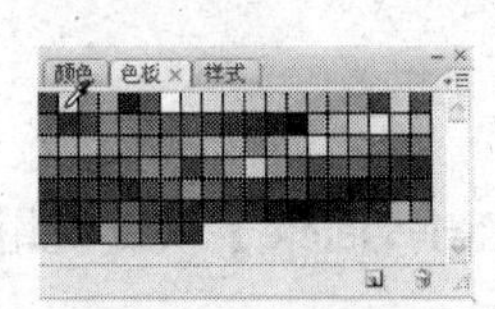

图 1-52　选择前景色

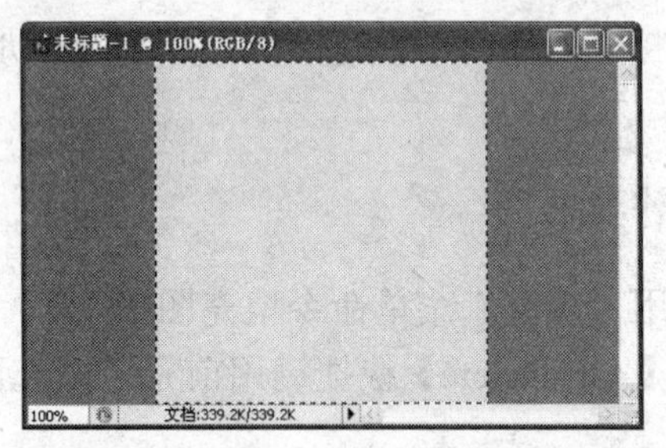

图 1-53　填充选择区域

提示：设置前景色和背景色后按【X】键或单击工具箱中拾色器右上角的按钮，可以将工具箱中的前景色与背景色交换位置。

（8）在选区以外的图形位置单击，取消选区的选择，在“色板”控制面板中单击第 4 行第 12 个色块，将前景色新设置为绿色。

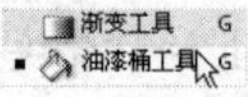

（9）单击并按住工具箱中的图标不放，在其工具列表框中选择油漆桶工具，如图 1-54 所示。

图 1-54　选择油漆桶工具

（10）将鼠标光标移至最右的图形中，光标将变成形状。单击鼠标即可用设置的前景色来填充图形区域，如图 1-55 所示。

（11）单击并按住工具箱中的图标不放，在弹出的工具列表框中选择椭圆选框工具，在黄色图形上拖动鼠标，绘制如图 1-56 所示的椭圆选区。

图 1-55　填充图形区域

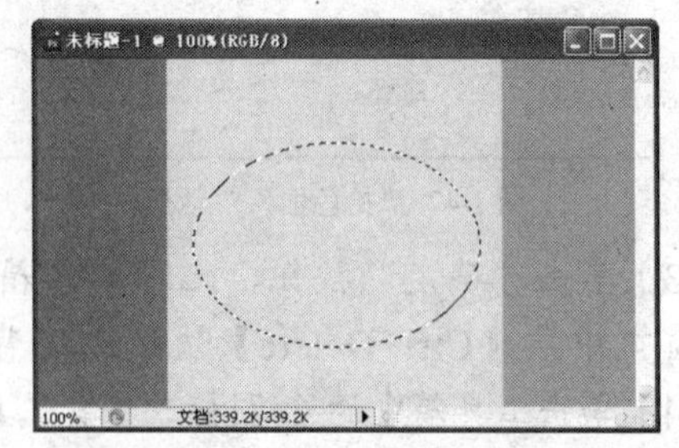

图 1-56　绘制椭圆选区

（12）选择“编辑”→“填充”菜单命令，打开“填充”对话框，在“使用”下拉列表框中选择用前景色、背景色或图案填充，这里选择“图案”选项，如图 1-57 所示。

（13）单击“自定图案”右侧的下拉箭头，在弹出的图案列表框中选择如图 1-58 所示的图案样式。

（14）单击“确定”按钮，用图案填充后的图形效果如图 1-59 所示。

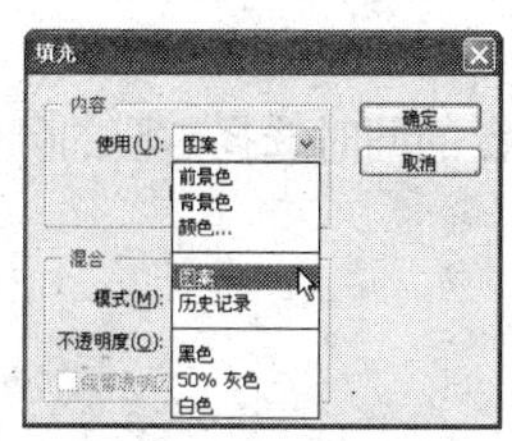

图 1-57　选择“图案”选项

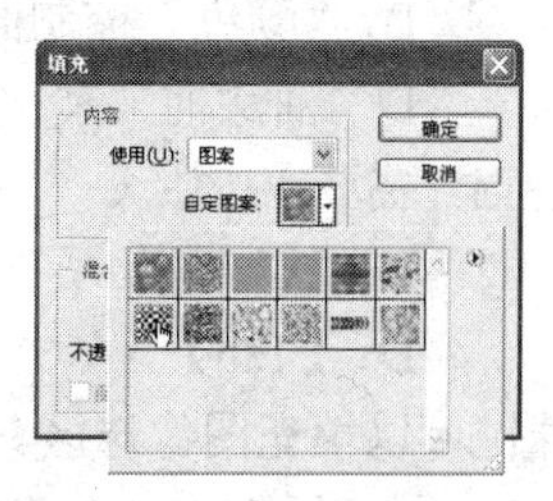

图 1-58　选择图案样式

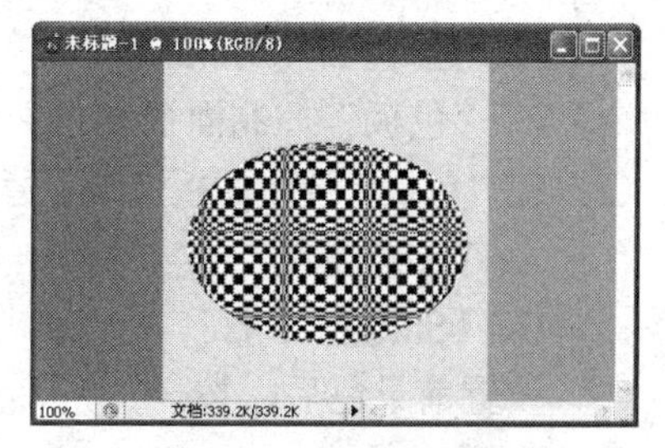

图 1-59　用图案填充选区

提示：使用油漆桶工具同样可以填充选择区域。另外，在“填充”对话框中只有在“使用”下拉列表框中选择“图案”选项后，“自定图案”才能变为可用状态。

知识回顾与拓展

本操作介绍了 Photoshop 中填充图形的 3 种方法。在填充时一般是先创建图像选区再进行填充，若不创建选区则是对整个背景或图层填充颜色。使用快捷键填充图形是设计中最常用的方法，它与在“填充”对话框中选择前景色和背景色进行填充的作用是相同的，不同的是使用“填充”命令可以对填充的内容和不透明度等进行调整，实现特殊填充效果。“填充”对话框中主要选项的作用如下。

- “使用”下拉列表框：用于设置填充内容，可选择前景色、背景色、颜色、图案、历史记录、黑色、50%灰色或白色进行填充。若选择“颜色”选项，可以打开“拾色器”对话框并从中选择颜色来填充。
- “模式”下拉列表框：用于选择填充的着色模式，其作用是改变填充图形与它下面的背景图形的混合效果。
- “不透明度”数值框：用于设置填充后的不透明度，默认为 100%，即完全覆盖，如果降低填充的不透明度，可以使后面图形显示出来。

课 后 练 习

一、填空题

（1）Photoshop CS3 的工作界面由标题栏、菜单栏、__________、__________、__________、工作区、控制面板组和调板区等部分组成。

（2）选择“文件”菜单下的__________菜单命令，可以新建一个图形文件；选择“文件”菜单下的__________菜单命令，可以将新建的图形文件存储到计算机中。

（3）选择“文件”菜单下的_________菜单命令，或单击属性栏右侧的_________按钮，可以打开 Adobe Bridge 操作窗口。

（4）选择工具箱中的__________，可以对窗口中的图像进行放大或缩小。

（5）选择工具箱中的__________，可以用前景色填充图像选择区域。

二、选择题

（1）使用下面哪种方式不能用于设置前景色或背景色（　　）。

A．“拾色器”对话框　　　　B．“颜色”控制面板

C．“色板”控制面板　　　　D．油漆桶工具

（2）在“色板”控制面板中设置背景色时，需要在按住（　　）键的同时选择需要的颜色。

A．【Alt】　　　　B．【Ctrl】

C．【Shift】　　　　D．【Tab】

（3）设置前景色后，按（　　）快捷键可以填充图像选区。

A．【Alt】　　　　B．【Alt+Delete】

C．【Ctrl】　　　　D．【Ctrl+Delete】

三、问答题

（1）简述 Photoshop CS3 工作界面各组成部分的作用。

（2）如何打开一个图像文件？

（3）在 Adobe Bridge 中怎样批重命名图像素材？

（4）如何修改图像文件的大小和画布的大小？它们有什么区别？

（5）如何拆分并组合控制面板？

（6）如何局部放大图像显示区域？

（7）如何使用“填充”菜单命令填充图像选区？

四、上机操作题

（1）启动 Photoshop CS3，新建一个分辨率为 300 像素/英寸，宽为 700 像素，高为 900 像素的图像文件。

（2）打开素材模块一中提供的素材“中国结.jpg”图像文件，如图 1-60 所示，使用缩放工具对其进行放大显示；使用“图像大小”菜单命令将“中国结.jpg”图像大小缩小到原来的一半；使用“画布大小”菜单命令将“中国结.jpg”图像四周增加 2 厘米的画布背景。

（3）练习运用前景色与背景色的设置与填充知识绘制如图 1-61 所示的图形效果。

提示：分别用椭圆选框工具创建 3 个椭圆选区，左上角的选区填充为蓝色，右上角的选区填充为红色，下方的选区使用“填充”菜单命令填充为橙色，不透明度为 30%，完成后再用油漆桶工具将与蓝色相交的区域填充为黄色。

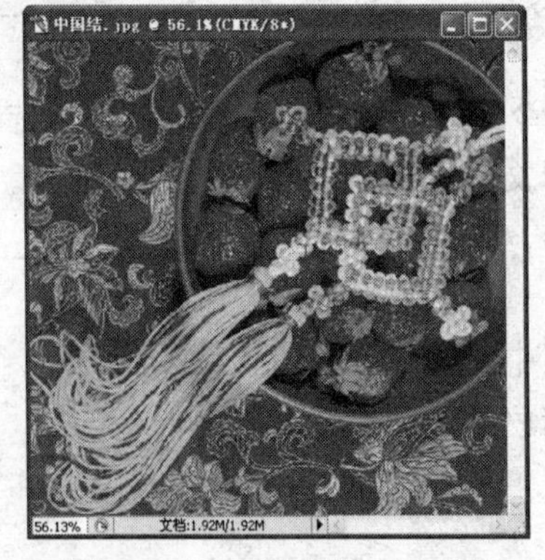

图 1-60　打开“中国结.jpg”素材

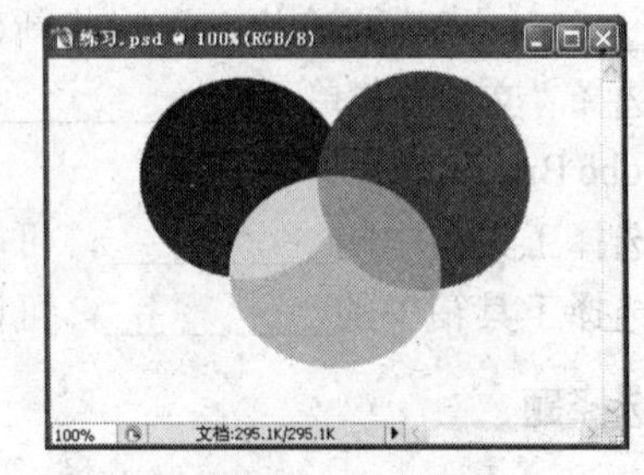

图 1-61　绘制图形

模块二　选区的绘制和编辑

模块简介

在 Photoshop 中当需要对图像的某个局部进行处理时，首先要用选区选取某个图像区域后再进行操作，创建图像选区的作用有两个，一是用于绘制所需形状的轮廓区域后进行填充；二是用于选取需要编辑的图像区域，这样即可只对选区内的图像添加各种效果，而对选区外的图像没有影响。掌握选区的绘制与编辑是进行图像处理的基本操作，本模块主要介绍工具箱中选区工具的使用、“选择”菜单下相关命令的使用以及如何编辑选区内的图像。

学习目标

- 掌握矩形选框工具和椭圆选框工具的使用方法
- 掌握磁性套索工具、多边形套索工具和套索工具的使用方法
- 掌握魔棒工具的使用方法
- 掌握“选择”菜单下相关命令的使用
- 掌握选区内图像的移动、复制、变换和描边操作

任务一　选区工具的使用

任务目标

工具箱中的选区工具包括矩形选框工具、椭圆选框工具、单行选框工具、单列选框工具、套索工具、多边形套索工具、磁性套索工具和魔棒工具，其中选框工具主要用于绘制矩形和圆形等规则选区，套索工具主要通过在图像用鼠标创建的轨迹自动生成选区，而魔棒工具主要用于选取某一颜色区域内的图像。本任务将通过制作苹果宣传画，制作特色菜推荐宣传画和改变玫瑰图像颜色等操作，掌握选区工具的使用。

操作一　制作苹果宣传画

在工具箱中用鼠标按住不放，在弹出的选框工具列表中有矩形选框工具、椭圆选框工具、单行和单列选框工具，通过这些工具可以创建矩形、圆形、单行和单列等规则选区。本操作将练习使用矩形选框工具和椭圆选框工具在一个水果图像上绘制相应的图形，最后添加文字，制作成如图2-1所示的苹果宣传画效果。

◆ 操作要求

规则选区工具在实际设计中有两方面的应用，一是绘制形状选区后通过填充得到图形；

二是用于选取矩形及椭圆区域内的图像以便于进行编辑。这两种应用都在本操作中进行了体现，再通过在图形上添加文字使一幅苹果图像变为宣传画效果。具体制作要求如下。

（1）使用矩形选框工具选取“苹果”图像左侧区域，删除选区内的图像后填充为绿色。

（2）使用椭圆选框工具绘制左侧的各圆形选区后填充颜色。

（3）选择椭圆选框工具后，使用添加到选区功能绘制右下角的特殊图形选区后填充。

（4）使用文字工具输入图中的文字。

图 2-1　苹果宣传画效果

◆ 操作步骤

（1）选择“文件”→“打开”菜单命令，打开提供素材中的“苹果.jpg”图像文件，如图 2-2 所示。

（2）选择工具箱中的矩形选框工具，将鼠标光标移到图像窗口最左上角，单击后按住鼠标左键不放，拖动鼠标至左下方适当大小后释放鼠标，绘制如图 2-3 所示的矩形选择区域。

图 2-2　打开素材

图 2-3　绘制矩形选区

（3）按【Delete】键删除选取的图像，将前景色设为绿色，按【Alt+Delete】快捷键填充选区。

（4）在选区外单击任意位置取消选区，选择工具箱中的椭圆选框工具，将鼠标光标移到绿色矩形上端中间位置并单击，在按住【Shift】键的同时用鼠标拖动绘制一个正圆形选区，如图 2-4 所示。

☎ 提示：使用椭圆选框工具直接拖动可以绘制一个椭圆选区，绘制选区后若选区位置不合适可以按键盘上的光标键对选区位置进行微移。

（5）按【Ctrl+Delete】快捷键将选区填充为白色（背景色默认为白色），按向下光标键将选区移至白色圆形下方适当位置后填充为白色，用同样的方法连续绘制如图 2-5 所示的图形。

图 2-4　绘制圆形选区

图 2-5　移动并填充圆形选区

(6) 选择工具箱中的椭圆选框工具◯，在第 1 个白色圆形上绘制一个稍小的圆形选区，然后填充为橙色，如图 2-6 所示。

(7) 连续按向下光标键将选区移至第 2 个白色圆形上，将其填充为橙色，用同样的方法分别在第 3、第 4 个圆形上绘制橙色的圆形，完成后的效果如图 2-7 所示。

图 2-6　绘制并填充选区

图 2-7　移动并填充选区效果

(8) 选择工具箱中的椭圆选框工具◯，在右侧苹果图像的右下角位置单击并拖动鼠标，绘制一个小椭圆选区，然后单击选中属性栏中的“添加到选区”按钮，此时鼠标光标将变成+形状，按住鼠标不放拖动绘制一个与原选区交叉的选区，如图 2-8 所示。

(9) 释放鼠标后将得到两个圆形选区合并后的选区，再在选区右侧绘制一个椭圆选区，将得到如图 2-9 所示的选区效果。

图 2-8　添加到选区

图 2-9　绘制的选区效果

(10) 将选区填充为黄色，按向下光标键将选区向下移动一些距离，用吸管工具在左侧绿色矩形上单击吸取颜色，然后按【Alt+Delete】快捷键填充选区为绿色，效果如图 2-10 所示。

(11) 按【Ctrl+D】快捷键取消选区，选择工具箱中的横排文字工具T，在其属性栏的“字体”下拉列表框中选择“华文行楷”字体，在“字号”下拉列表框中选择 48T 48点，将前景色设置为“白色”。

(12) 在图像中单击，出现插入点后输入“苹”字，按【Ctrl+Enter】快捷键结束输入后，选择工具箱中的移动工具，将“苹”字移至左侧第 1 个圆形上，然后用同样的方法输入“果”、“之”、“乡”3 个字，并分别移至相应的圆形上，效果如图 2-11 所示。

图 2-10 移动并填充选区

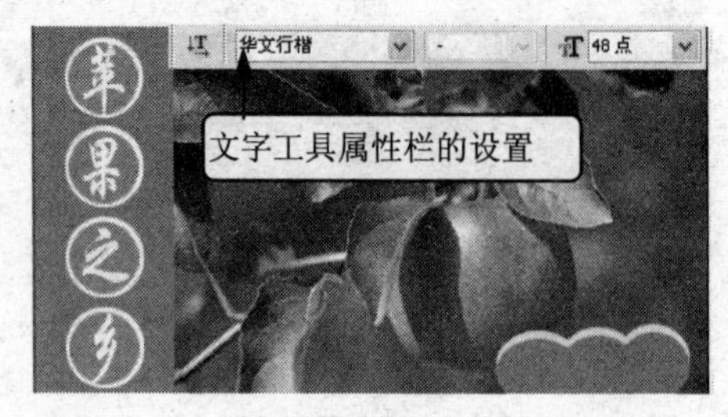

图 2-11 输入文字

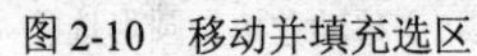

（13）选择横排文字工具T在右下角图形上单击，输入“欢迎您”，完成本操作的制作，最终效果如图 2-1 所示，将文件另存为“苹果之乡.psd”。

提示：用文字工具输入文字后将在“图层”控制面板中自动出现相应的文字图层，即输入的文字实际上被分别放置在相应的文字图层中，因此可以用移动工具调整文字至任意位置。

知识回顾与拓展

本操作练习了矩形选区和椭圆选区的绘制方法，以及选区的移动和填充操作。在绘制矩形选区时，若按住【Shift】键不放再拖动可以绘制矩形选区，取消选区也可通过选择“选择”→“取消选择”菜单命令进行。另外，本操作是直接在背景图形上进行图形绘制的，因此编辑后如果要继续修改比较麻烦，实际设计时可以先新建一个图层再进行填充等编辑，后面会详细讲解图层的使用。

创建选区时，还可通过设置属性栏参数来绘制所需的选区，各选框工具属性栏中的参数基本相同，这里以矩形选框工具为例介绍各参数，其属性栏如图 2-12 所示。各选项含义如下。

图 2-12 矩形选框工具属性栏

- ：当图像中已创建有选区的情况下，通过这4个按钮可以实现选区的布尔运算。单击“新选区”按钮，表示创建新选区，原选区将被覆盖；单击“添加到选区”按钮，表示添加到创建的选区将与已存在的选区进行合并；单击“从选区减去”按钮，表示将从原选区中减去重叠部分成为新的选区；单击“与选区交叉”按钮，表示将创建的选区与原选区的重叠部分作为新的选区。图2-13所示为这几种选区创建的效果示意图。

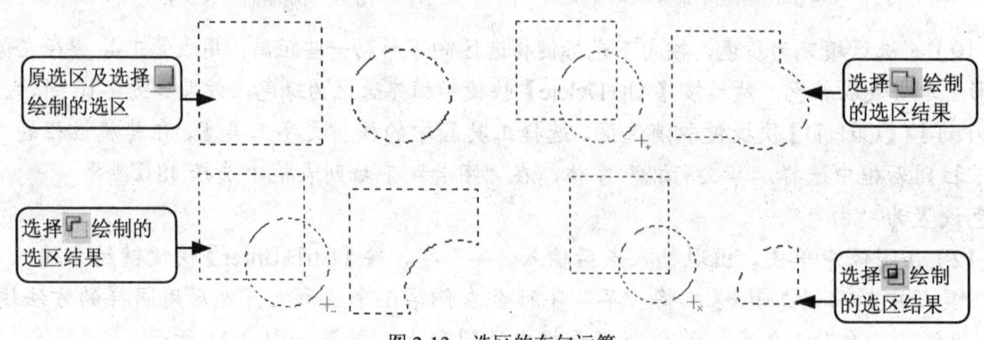

图 2-13 选区的布尔运算

- 羽化：指使绘制的选区边缘具有一种模糊的羽化效果，在绘制选区前设置羽化后填充颜色，可以发现图形边缘具有虚化效果。其取值范围在0～250像素之间，羽化值越大，则选区的边缘越模糊。
- “消除锯齿”复选框：该复选框在椭圆选框工具状态中才可用，用于消除选区边缘的锯齿。
- 样式：用于设置选区的形状，其中，“正常”选项表示可以创建不同大小和形状的选区；选择“约束长宽比”选项后在其右侧的“宽度”和“高度”文本框中输入具体的数值可以设置选区宽度和高度之间的比例；选择“固定大小”选项后在右侧的文本框中输入一个数值即可创建指定大小的选区。

单行和单列选框工具的使用方法有所不同，方法是单击工具箱中的单行或单列选框工具后，在图像中单击，将创建1个像素的单行或单列选区，使用时可将图像进行放大后再进行编辑。

操作二　制作特色菜推荐宣传画

套索工具组包括索套工具、多边形套索工具和磁性套索工具。本操作将练习运用这3个工具来选择图像和创建选区，完成如图2-14所示的画面合成效果。

图2-14　画面合成前后的对比效果

◆ 操作要求

套索工具在图像处理中的运用较为广泛，不仅可以精确选取图像实现抠图，也可以绘制任意形状的图像选区。本操作的宣传画就是结合不同套索工具的特性，将菜品图像调入背景中。具体制作要求如下。

（1）使用磁性套索工具选取“鸡”图像后，拖动到“特色菜.psd”素材。

（2）使用多边形套索工具选取“虾”图像后，拖动到“特色菜.psd”素材。

（3）选择套索工具创建羽化选区后填充，制作图像四周的柔化虚边效果。

◆ 操作步骤

（1）选择“文件”→“打开”菜单命令，打开素材“特色菜.psd”，该图像中已添加了相关文字和背景，下面为其添加图形效果。

（2）选择“文件”→“打开”菜单命令，打开素材“鸡.jpg”，按住工具箱中的索套工具不放，在弹出的工具列表框中选择磁性套索工具，在窗口中的盘子边缘位置单击，确定要选取图像的起点，如图2-15所示。

（3）沿着盘子图像轮廓继续移动鼠标，将根据要选取图像边界的颜色来自动捕捉图像边界，并在鼠标经过的轨迹上显示一条虚线和一些控制点，如图2-16所示。

图 2-15　确定选区的起点

图 2-16　移动鼠标选取图像

（4）继续沿着盘子图像轮廓移动鼠标，最后移至起点位置，此时光标将变成形状，单击将使绘制的选区自动闭合，选取的图像如图 2-17 所示。

提示：用磁性套索工具选取图像时如果出现的虚线没有在需要的位置上，可以按【Delete】键依次撤销前面的虚线，再在需要选取的位置单击并拖动添加控制点重新选取。

（5）选择工具箱中的移动工具，将鼠标光标移到选取的图像内，按住鼠标左键不放将选取的图像拖动复制到“特色菜.psd”窗口中，再拖动到左侧适当位置，效果如图 2-18 所示。

图 2-17　选取的图像

图 2-18　将选取的图像移到设计图像中

提示：如果拖动后的图像大小不合适可以按【Ctrl+T】快捷键后进行缩放，至合适大小后再按【Enter】键确定。

（6）选择“文件”→“打开”菜单命令，打开素材“虾.jpg”，按住工具箱中的索套工具不放，在弹出的工具列表框中选择多边形套索工具，将鼠标光标移至要选取的虾图像边缘左上角，单击确认选区的起始点，再沿着图像边界移动鼠标使出现的虚线靠近图像一边，如图2-19所示。

（7）到达需要转角的位置单击产生一个控制点，再继续拖动鼠标选取图像的一边，需要转角时再单击产生一个控制点，用该方法沿虾图像边缘继续选取，最后回到起点位置光标将变成形状，单击闭合选择区域，选取效果如图2-20所示。

图 2-19　选取图像

图 2-20　选取的虾图像

提示：在用多边形套索工具选取图像时，按住【Shift】键，可按水平、垂直或者45°方向选取线段；按住【Delete】键，可删除最近选取的一条线段。

（8）选择工具箱中的移动工具，将鼠标光标移到选取的虾图像选区内，按住鼠标左键不放将选取的图像拖动到“特色菜.psd”窗口中，再拖动到左侧适当位置，效果如图2-21所示。

图2-21　将虾图像拖至设计图像中

（9）在“图层”控制面板底部单击按钮，新建一个图层4，如图2-22所示。

提示：“图层”非常重要，它是Photoshop中绘图和处理图像的基础，新建一个图层的作用是使后面的填充位于单独的图层上，并调整到鸡和虾图像的后面，若不创建图层填充的图像将遮住下面的鸡和虾图像。

（10）在图层4上按住鼠标不放，将其拖动到图层2的下方释放鼠标，调整后的图层顺序如图2-23所示。

图2-22　创建图层

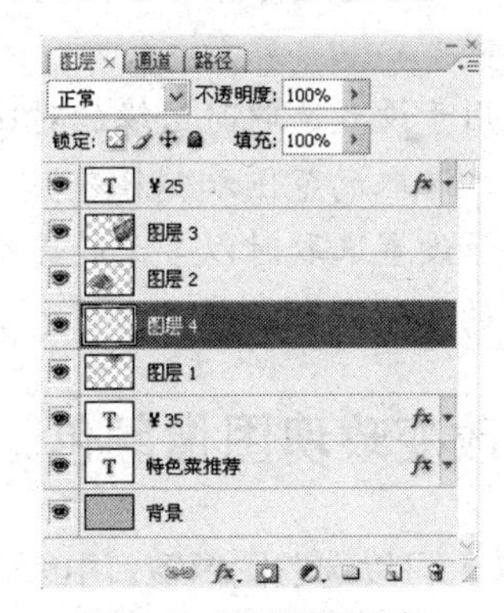

图2-23　调整图层顺序

（11）选择工具箱中的索套工具，在其工具属性栏中单击选中“添加到选区”按钮，再在“羽化”文本框中输入30px，如图2-24所示。

图2-24　设置套索工具参数

（12）在鸡菜品图像中边缘适当位置单击一点作为起始点，按住鼠标不放沿图像的轮廓进行移动，最后回到图像的起始点时释放鼠标闭合选区，再用同样的方法在右侧虾菜品图像四周创建选区，闭合后选区如图2-25所示。

（13）将前景色设为黄色，按【Alt+Delete】快捷键填充选区，效果如图2-26所示。

图 2-25　用套索工具创建选区

图 2-26　填充选区

（14）按【Ctrl+D】快捷键取消选区，完成本操作的制作，保存图像，最终效果如图 2-14 右图所示。

知识回顾与拓展

本操作练习了 3 种套索工具的使用，其中套索工具适用于创建沿手绘方式绘制的各种任意形状的选区；多边形套索工具适用于选取边界多为直线或边界曲折的多边图形；磁性套索工具适用于选取所需选择图像与背景颜色相差较大的情况，并可以根据要选取图像边界的颜色，来自动捕捉图像中对比度较大的图像边界，从而快速、准确地选取复杂图像。

套索工具和多边形套索工具属性栏的参数，与前面介绍的选框工具相同。选区作用相同。磁性套索工具属性栏如图 2-27 所示。其中新增了几个选项，含义如下。

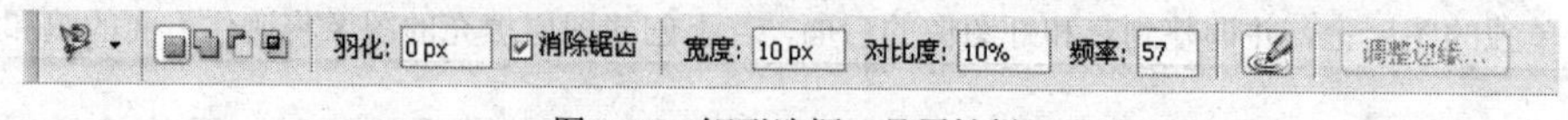

图 2-27　矩形选框工具属性栏

- 宽度：用于设置选取时能够检测到的边缘宽度，即捕捉颜色像素的范围大小，范围为 0～40 像素。
- 对比度：用于设置选取时边缘的对比度（捕捉灵敏度），其取值范围为 1%～100%。数值越大，选取的范围就越精确。
- 频率：用于设置选取时以多大的速率产生控制点数，其取值范围为 0～100。数值越大，产生的控制点数就越多。

操作三　改变玫瑰图像颜色

使用魔棒工具可以选取图像窗口中颜色相同或相近的图像区域。本操作将练习运用魔棒工具快速选取背景图像和其中的白色玫瑰花，然后改变其颜色，其前后对比效果如图 2-28 所示。

图 2-28　改变图像颜色前后的对比效果

◆ 操作要求

在处理图像过程中经常会需要调整图像的颜色。调整图像颜色主要通过选择“图像”→“调整”菜单下的命令来实现，默认是对整幅图像进行调整，如果对其局域颜色进行调整就需要先选取这部分图像。本操作就是运用魔棒工具来选取背景和花朵图像后改变其颜色。具体制作要求如下。

（1）使用魔棒工具选取背景图像后填充为浅绿色。

（2）使用魔棒工具选取玫瑰花图像后调整为粉红色。

◆ 操作步骤

（1）选择“文件”→“打开”菜单命令，打开素材“玫瑰花.jpg”，选择工具箱中的魔棒工具，在其属性栏中将“容差”设为8，如图2-29所示。

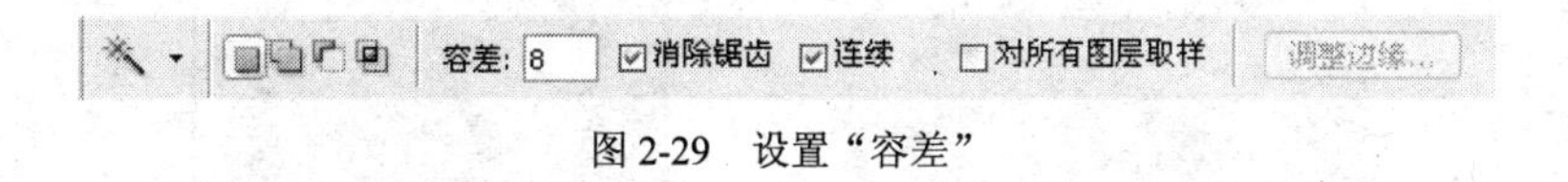

图2-29　设置“容差”

（2）将鼠标光标移至玫瑰花图像上方的浅色背景上，光标将变成形状，单击选取颜色相近的图像区域，如图2-30所示。

（3）按住【Shift】键不放，连续单击未被选取的图像背景区域加选选区，选取整个图像背景，如图2-31所示。

图2-30　选取结果

图2-31　选取后的背景

（4）将前景色设为浅绿色（R:204,G:225,B:152），按【Alt+Delete】快捷键填充选区，效果如图2-32所示。

（5）取消选区后选择工具箱中的魔棒工具，在其属性栏中将“容差”设为30，在黄玫瑰图像上单击选取图像，结果如图2-33所示。

（6）按住【Shift】键不放，继续单击未被选取的玫瑰图像，在选取左下角玫瑰图像时，将“容差”设为20后再按住【Shift】键不放选取，选取后的玫瑰图像如图2-34所示。

（7）选择“图像”→“调整”→“色彩平衡”菜单命令，打开“色彩平衡”对话框，分别拖动对话框中的3个滑块，使玫瑰图像变成粉红色，如图2-35所示。

图 2-32　填充图像背景

图 2-33　选取玫瑰图像

图 2-34　选取的玫瑰图像

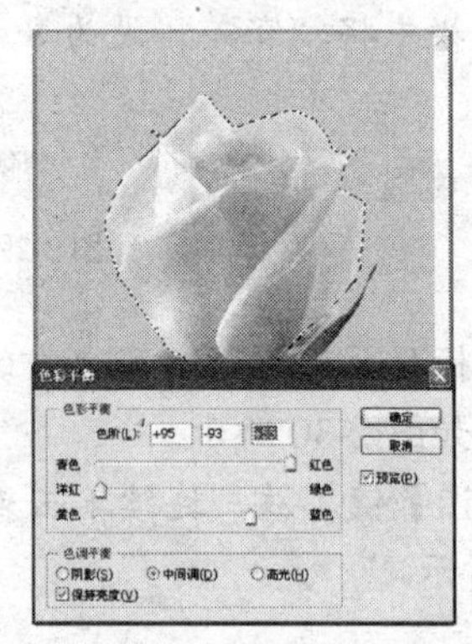

图 2-35　调整图像色彩平衡

提示：用魔棒工具单击的位置不同，选取的结果也会不一样。

（8）单击“确定”按钮关闭对话框，取消选区使玫瑰图像变成粉红色，完成本操作的制作，将图像另存为“玫瑰花.psd”。

知识回顾与拓展

本操作练习了魔棒工具的使用。按住【Shift】键不放加选选区，与选中属性栏中的“添加到选区”按钮的作用相同，如果选取了多余的选区也可以按住【Alt】键不放，减去不需要的选区。

魔棒工具属性栏中各主要参数的含义如下。

- “容差”选项：用于设置选取的颜色范围的大小，输入的数值越大，选取的颜色范围也越大；数值越小，选取的颜色就越接近，范围也就越小。
- “消除锯齿”复选框：用于消除选区边缘的锯齿。
- “连续”复选框：选中该复选框，可以只选取相邻的图像区域；若不选中该复选框时，可以将不相邻的区域也添加到选区。
- “对所有图层取样”复选框：当图像中含有多个图层时，选中该复选框，将对图像中所有的图层起作用，未选中时只对当前层起作用。

任务二　“选择”菜单的使用

任务目标

除了使用选区工具创建选区外，还可利用“选择”菜单下的命令来创建或编辑选区，包括“反向”、“羽化”、“色彩范围”、“变换选区”、“存储选区”、“载入选区”等命令。本任务将通过制作合成婚纱效果图、调整花朵颜色、绘制标志图案、存储和载入苹果选区等操作，掌握“选择”菜单的使用方法。

操作一　制作图像合成效果

创建选区后通过“反向”命令可以将当前的选区反选，通过“羽化”命令可以对选区进行羽化，使选区边缘具有模糊效果。本操作将练习制作如图 2-36 所示的图像合成效果。

图 2-36　画面合成效果

◆ 操作要求

合成图像是指将几幅图像素材组合在同一个画面中并形成一个整体，在合成图像时常通过羽化操作使图像边缘具有渐隐效果，从而使图像的边缘处变得柔和，本操作就是运用羽化操作使狗、花海和草地图像合成一幅艺术照效果。具体制作要求如下。

（1）用魔棒工具选取“狗.jpg”的背景图像，再通过反向选择选取其中的动物图像。

（2）将选取的动物图像拖至“天空”背景图像，再拖入花海素材，在图像边缘创建不规的选区进行羽化后删除部分不需要的图像，使边缘柔和到背景中。

（3）运用“反向”命令选取“花朵.jpg”中的花朵图像，并拖动至天空背景适当位置。

◆ 操作步骤

（1）选择“文件”→“打开”菜单命令，打开素材“狗.jpg”，选择工具箱中的魔棒工具，在其属性栏中将“容差”设为 30，在背景上单击直到选取整个背景，如图 2-37 所示。

（2）选择“选择”→“反向”菜单命令或按【Shift+Ctrl+I】快捷键，对选区进行反选，此时将选取狗图像。

（3）选择“选择”→“羽化”菜单命令或按【Alt+Ctrl+D】快捷键，打开“羽化选区”对话框。在“羽化半径”文本框中输入羽化半径值 4，如图 2-38 所示，单击“确定”按钮应用设置。

（4）打开素材“天空.jpg”，选择工具箱中的移动工具，将鼠标光标移到选取的狗图像选区内，按住鼠标左键不放将选取的图像拖动复制到“天空”窗口中，按【Ctrl+T】快捷键，将右上角出现的控制点向内拖动缩小图像，如图 2-39 所示。

（5）至适当大小后按【Enter】键确认缩小，然后将狗图像移至背景上的适当位置，效果如图 2-40 所示。

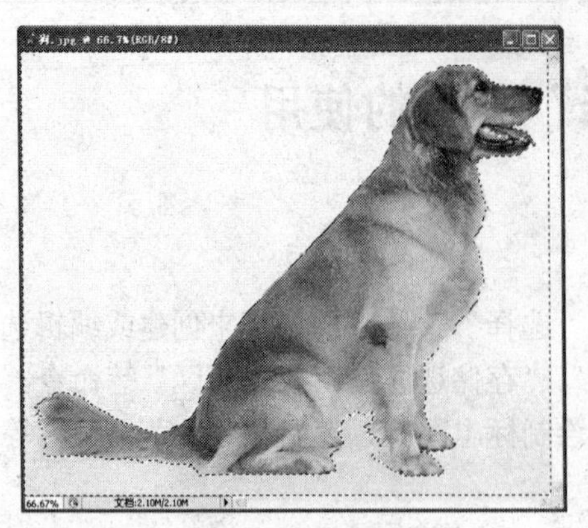

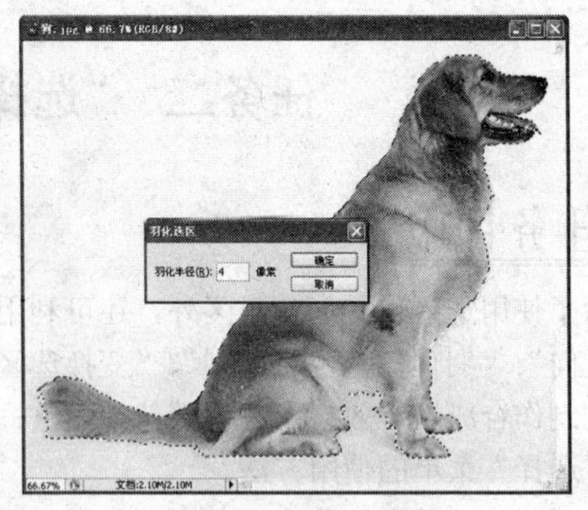

图 2-37　选取背景　　　　图 2-38　羽化选区

提示：这里前面对狗选区进行了羽化，因此拖至天空背景后其边缘比较柔和，而按【Ctrl+T】快捷键实际上就是自由变换，不仅可以缩小图像，还可以进行旋转等，将在本章后面详细介绍其应用。

图 2-39　缩小图像　　　　图 2-40　调整后的画面效果

（6）打开素材“花海.jpg”，用矩形选框工具创建如图 2-41 所示的图像选区，再选择移动工具将选区内的图像拖动复制到天空图像中，并移至画面下方，如图 2-42 所示。

图 2-41　绘制矩形选区　　　　图 2-42　调整在画面中的位置

（7）选择工具箱中的索套工具，在花海左侧单击后，按住鼠标左键不放随意拖动，选取左侧部分不需要的图像区域，如图 2-43 所示。

（8）选择“选择”→“羽化”菜单命令或按【Alt+Ctrl+D】快捷键，打开“羽化选区”对话框。在“羽化半径”文本框中输入羽化半径值 15，如图 2-44 所示，单击“确定”按钮应用设置。

(9) 按【Delete】键，删除选区内的图像，效果如图 2-45 所示。

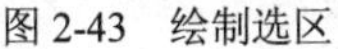

图 2-43　绘制选区

图 2-44　羽化选区

图 2-45　删除选区内的图像

(10) 用索套工具继续在狗脖子边缘创建选区并进行羽化，如图 2-46 所示，然后按【Delete】键删除图像，并使图像边缘变得柔和。

(11) 此时，右上角边缘仍比较生硬，用索套工具在右上方创建选区并进行羽化，如图 2-47 所示，然后按【Delete】键删除选区图像。

(12) 取消选区，完成本操作的合成效果，最终效果如图 2-36 所示。最后将文件另存为"遥望.psd"。

图 2-46　绘制并羽化选区

图 2-47　绘制并羽化选区

知识回顾与拓展

本操作练习了"反向"和"羽化"命令的使用，"反向"命令使用得较为频繁，在选取颜色背景上的复杂图像时往往都是先选取背景部分，再通过反向选取得到所需图像的选区，这样快捷得多。另外，很多图像在羽化选区后并不能立即查看其效果，这时可通过移动或复制图来查看边缘的羽化效果，羽化值越大，图像边缘就越模糊。

操作二　调整花朵颜色

使用"色彩范围"命令可以按指定的图像颜色来选取图像，而且还可控制颜色的容差，类似于魔棒工具的功能，灵活运用可以选择复杂图像或制作特殊效果。本操作将练习运用"色彩范围"命令选取花朵图像，然后将其颜色由浅色变为红色，如图 2-48 所示。

图 2-48　改变花朵颜色的前后对比效果

◆ 操作要求

“色彩范围”命令主要运用于图像颜色调整和特殊复杂图像的抠图处理中，本操作主要通过该命令来选取众多的花朵并改变其颜色。具体制作要求如下。

（1）用“色彩范围”命令选取素材中的樱花图像

（2）获取选区后用“色彩平衡”命令改变其颜色。

◆ 操作步骤

（1）打开素材“樱花.jpg”，选择“选择”→“色彩范围”菜单命令，将打开“色彩范围”对话框。

（2）将鼠标指针移到对话模式的预览图像上，指针将变成吸管形状，单击粉红色花朵的一点选取颜色，如图 2-49 所示。

（3）选择“选择范围”单选钮，此时预览框的白色部分为选择区域，黑色部分为未选择区域，根据预览框的显示拖动上方的“颜色容差”滑块值，如图 2-50 所示。

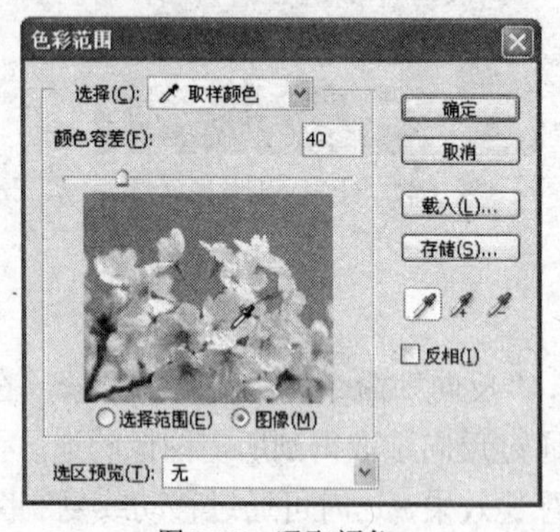

图 2-49　吸取颜色

图 2-50　调整颜色容差

（4）单击按下右下角的按钮，将鼠标指针移至工作界面内预览框中显示为灰色的图像区域上单击取色，将添加颜色选择范围，如图 2-51 所示。

（5）此时“色彩范围”对话框中需选取的花朵图像将呈白色显示，单击“确定”按钮，得到如图 2-52 所示的图像选区。

（6）选择“图像”→“调整”→“色彩平衡”菜单命令，打开“色彩平衡”对话框，分别拖动对话框中的 3 个滑块，使花朵图像变成粉红色，其参数设置如图 2-53 所示。

图 2-51　添加颜色选择范围

图 2-52　选取的图像

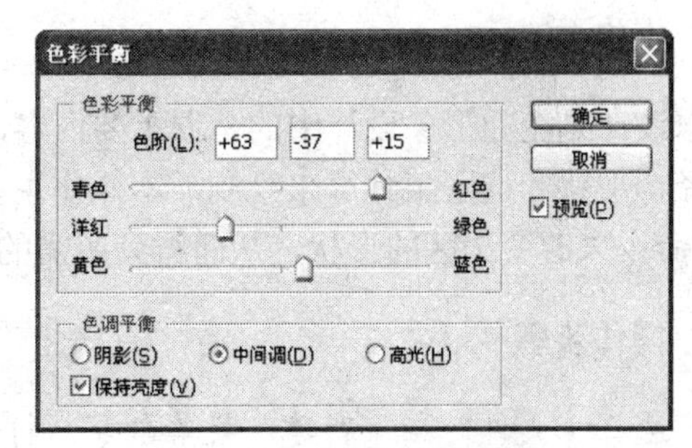

图 2-53　调整图像色彩平衡

（7）单击“确定”按钮关闭对话框，取消选区，完成本操作的制作，最终效果如图 2-48 右图所示，将图像另存为“樱花.psd”。

知识回顾与拓展

本操作主要练习了“色彩范围”命令的使用，通过本操作可以看出使用该命令可以灵活控制需选择的图像区域，在选取颜色时既可以在“色彩范围”对话框的预览框中点取，也可以直接在工作界面的图像窗口中点取，其结果是相同的。

“色彩范围”对话框中各主要参数的含义如下。

- 选择：在其下拉列表框中可以选择一种取样颜色方式。选择“取样颜色”表示可用吸管工具进行取样颜色；选择“溢色”选项表示可选取某些无法印刷的颜色范围；其他颜色选项分别表示将选取图像中相应的色彩作为取样颜色。
- 颜色容差：用于设置选取相近颜色范围大小。可以直接输入数值或通过拖动滑块来控制值的大小，值越小，能够选择的颜色范围就越小。
- “选择范围”单选钮：中该单选钮，在预览窗口内以灰度的形式显示选取范围的预览图像。
- “图像”单选钮：中该单选钮，在预览窗口中显示整个图像的正常状态，以便进行颜色取样。
- 选区预览：用于设置原图像窗口的选区预览方式。其中“无”表示在原图像窗口不显示选区预览；“灰度”表示以灰色调显示未被选择的区域；“黑色杂边”表示以黑色显示未被选择的区域；“白色杂边”表示以白色显示未被选择的区域；“快速蒙版”表示以蒙版颜色显示未被选择的区域。

- “反相”复选框：选中该复选框，可以实现选择区域与未被选择区域的相互切换。
- ：吸管工具用于取样颜色；单击吸管工具可以添加取样颜色；单击吸管工具可以从选区范围内减去颜色范围。

操作三　绘制标志图案

创建图像选区后，通过“选择”菜单下的“变换选区”命令改变选区的形状，通过“修改”子菜单下的命令，还可以对选区进行扩大、缩小、扩边、平滑等修改操作。本操作将练习运用这两个命令来绘制如图 2-54 所示的标志图形。

◆ 操作要求

标志设计是企业形象设计中的一项重要内容，在 Photoshop 中主要运用路径、形状和选区工具等来绘制，本操作主要运用“变换选区”和“收缩”命令来改变选区的形状，从而得到所需的标志图形。

图 2-54　绘制标志图形

◆ 操作步骤

（1）选择“文件”→“新建”菜单命令，打开“新建”对话框，进行如图 2-55 所示的设置，单击“确定”按钮新建一个空白图像文件。

（2）选择工具箱中的矩形选框工具，将鼠标光标移到空白图像中间位置拖动绘制一个长条矩形选区，然后填充为红色，如图 2-56 所示。

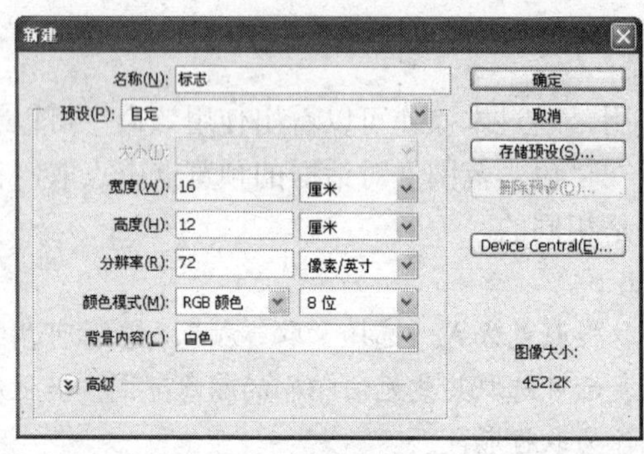

图 2-55　新建图形

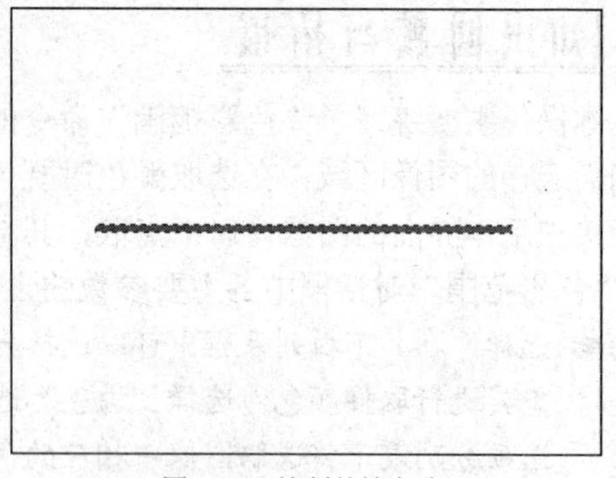
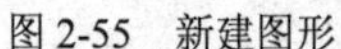

图 2-56　绘制并填充选区

（3）选择“选择”→“变换选区”菜单命令，四周将出现控制节点，在选区内单击鼠标右键，在弹出快捷菜单中选择“旋转 90 度（顺时针）”菜单命令，选区如图 2-57 所示。

（4）按【Enter】键应用变换，将选区填充为红色，再按【Ctrl+D】快捷键取消选区。

（5）选择工具箱中的椭圆选框工具，将鼠标光标移到两个红色矩形相交位置，单击后按住【Shift】键不放，拖动绘制一个正圆形选区，如图 2-58 所示。

（6）将选区填充为红色，再选择“选择”→“修改”→“收缩”菜单命令，在打开的“收缩选区”对话框中将“收缩量”设置为 6 像素，如图 2-59 所示。

（7）单击“确定”按钮得到一个比原来选区小的正圆形选区，将前景色设为黄色后填充选区，效果如图 2-60 所示。

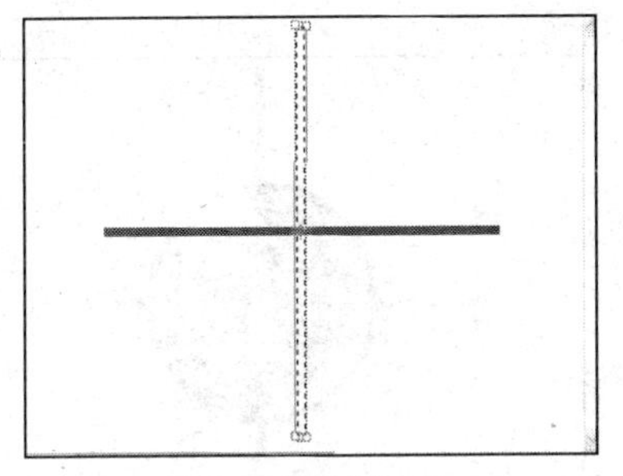

图 2-57　旋转选区

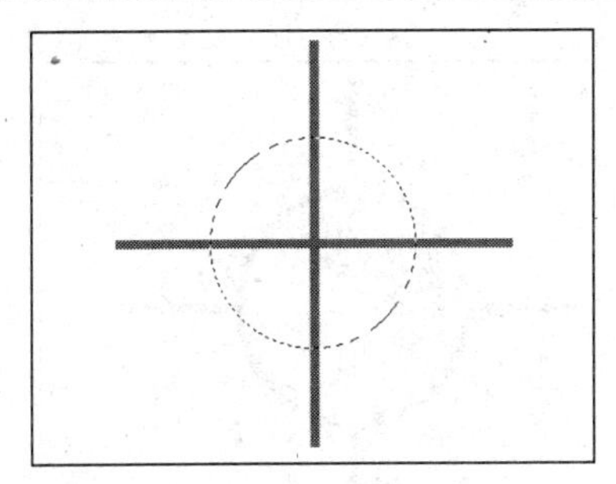

图 2-58　绘制椭圆选区

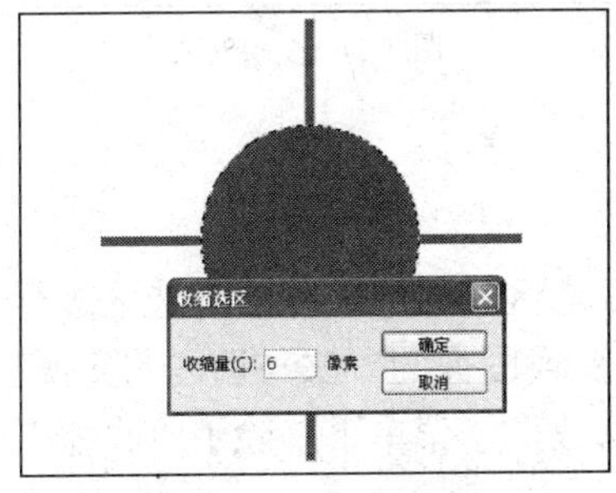

图 2-59　收缩选区

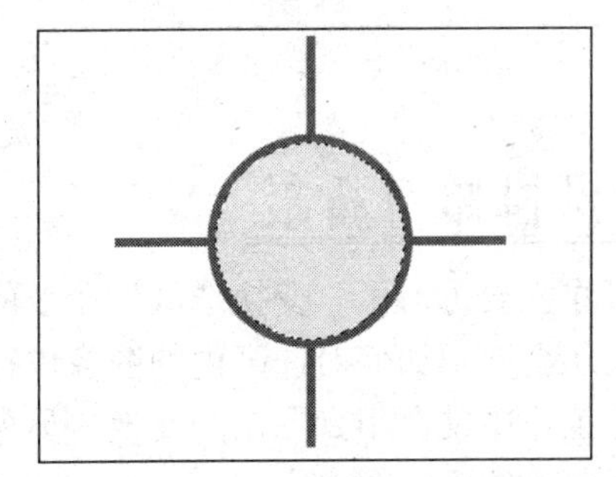

图 2-60　填充收缩后的选区

提示：变换选区只是改变选区的形状、大小和位置等外观属性，但并不会改变选区内的图像内容。完成变换选区后按【Esc】键可以取消变换，使选区恢复到原来的形状。

（8）选择“选择”→“变换选区”菜单命令，出现变换框后单击鼠标右键，在弹出的快捷菜单中选择“变形”菜单命令，如图 2-61 所示。

（9）将鼠标指针移至选区左侧上方和最下方的控制点上，单击并按住鼠标左键不放向右拖动变形，如图 2-62 所示。

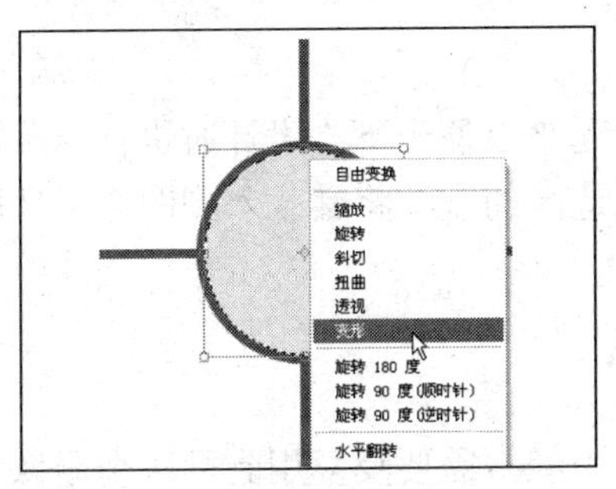

图 2-61　选择“变形”菜单命令

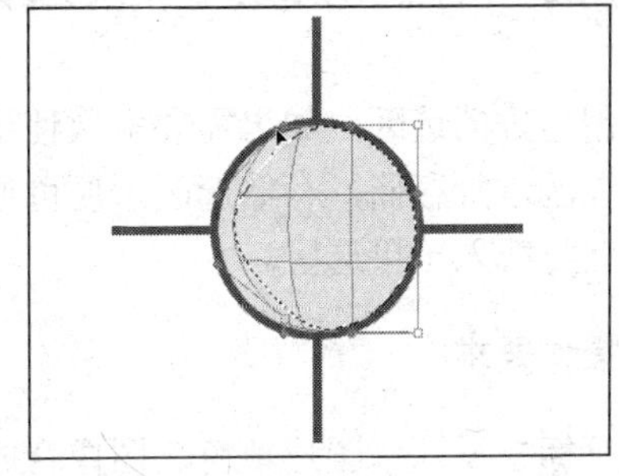

图 2-62　变形选区

（10）继续将鼠标指针移至选区右侧各控制点上，单击并按住鼠标左键不放向左拖动变形，使其变为弯曲形状，如图 2-63 所示。

（11）按【Enter】键应用变换，将选区填充为红色，再选择“选择”→“变换选区”菜单命令，将鼠标指针移至左侧变换的中间控制点上向右拖动进行水平翻转，然后再适当缩选区，如图 2-64 所示。

（12）按【Enter】键应用变换，将选区填充为红色，取消选区后完成本操作的绘制，最终效果如图 2-54 所示，将文件保存为“标志.psd”。

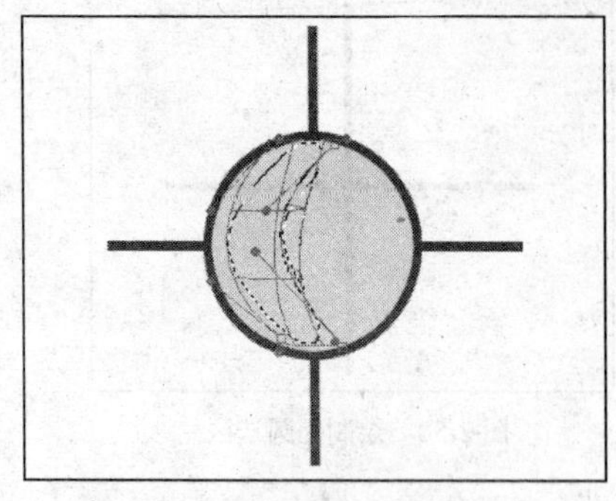
图 2-63　继续改变选区形状

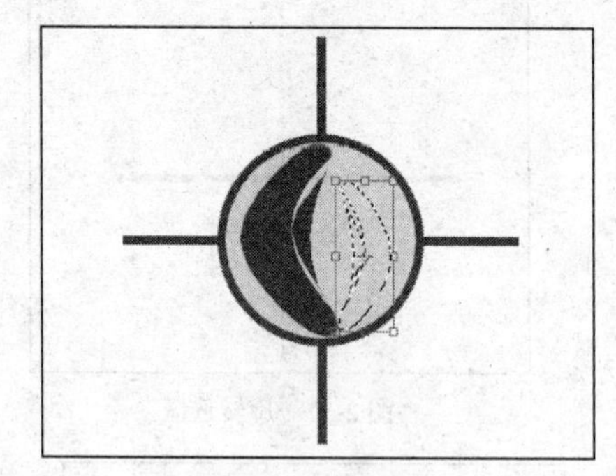
图 2-64　变换选区

知识回顾与拓展

本操作主要练习了“变换选区”命令的使用以及选区的修改，除了对选区进行变换外，本章后面还会介绍如何对选区内的图像进行变换，其变换图像的方法与选区的变换基本相同，但在实际工作中常会用到图像的变换。另外，在“修改”子菜单下，除了“收缩”命令外还包括下面 3 个选区修改命令。

- “边界”命令：选择该命令将打开“边界选区”对话框，在“宽度”文本框中输入扩边的大小值（取值为 1～64），即可在原选区边缘上向外进行扩边。
- “平滑”命令：选择该命令将打开“平滑选区”对话框，在“取样半径”文本框中输入平滑数值，可以使选区变得连续而平滑。
- “扩展”命令：选择该命令将打开“ 扩展选区”对话框，在“扩展量”文本框中输入 1～100 的数值，可以向原选区外扩展选区。

操作四　存储和载入苹果选区

对于创建好的选区，如果需要多次使用或保存起来以便于下次设计时进行修改调整，这时可以将选区进行存储，存储选区后便可通过载入选区的方法将其载入到图像中使用。本操作将练习储与载入苹果选区。

◆ 操作要求

在进行标志设计、图形填色、图像合成等设计中经常需要反复用到同一个图像的选区，为了方便设计常需要存储选区。本操作将在“开心苹果.jpg”图像中存储苹果的选区，然后再载入苹果选区。

◆ 操作步骤

（1）打开素材“开心苹果.jpg”，用魔棒工具选取背景图像，按【Ctrl+Shift+I】快捷键反向选取苹果图像，如图 2-65 所示。

（2）选择“选择”→“存储选区”菜单命令，打开“存储选区”对话框，在“名称”文本框中输入存储选区的名称“苹果皮”，其他保持默认设置，如图 2-66 所示。

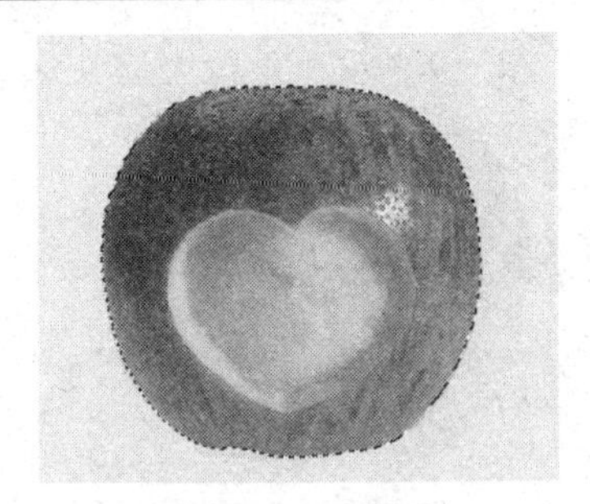

图 2-65　选取苹果

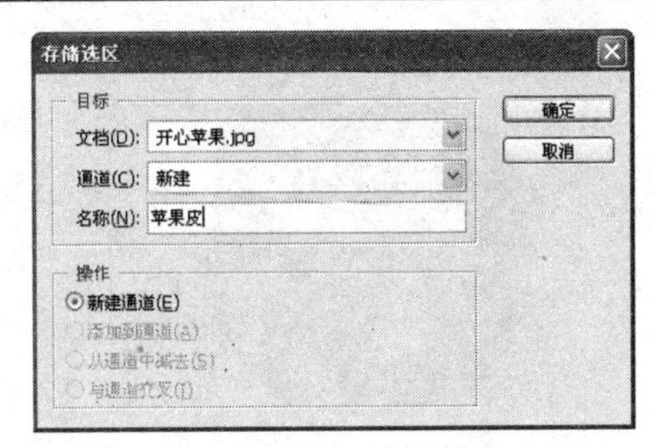

图 2-66　存储整个苹果选区

（3）单击“确定”按钮存储选区，使用磁性套索工具或魔棒工具选取中间的心形苹果图形，如图 2-67 所示。

（4）选择“选择”→“存储选区”菜单命令，打开“存储选区”对话框，在“名称”文本框中输入存储选区的名称“心形苹果”，其他保持默认设置，如图 2-68 所示。

图 2-67　选取心形苹果

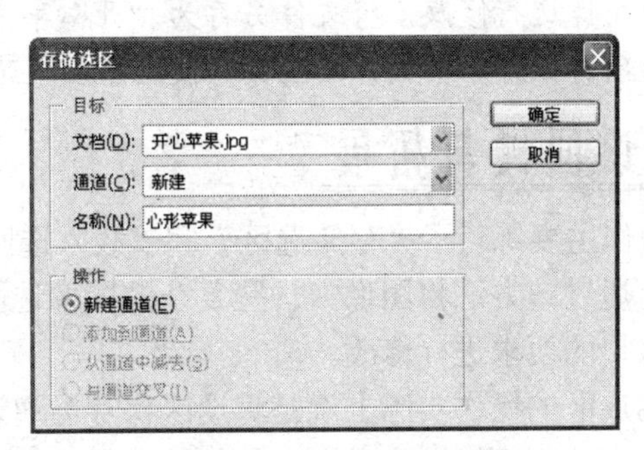

图 2-68　存储心形苹果选区

（5）此时已在文件中存储了前面的两个图形选区，取消选区，然后选择“选择”→“载入选区”菜单命令，打开“载入选区”对话框，在“通道”下拉列表框中选择要载入的“苹果皮”选项，如图 2-69 所示。

（6）单击“确定”按钮便可载入整个苹果的选区，再次选择“选择”→“载入选区”菜单命令，打开“载入选区”对话框，在“通道”下拉列表框中选择要载入的“心形苹果”选项，并选择“从选区中减去”单选钮，如图 2-70 所示。

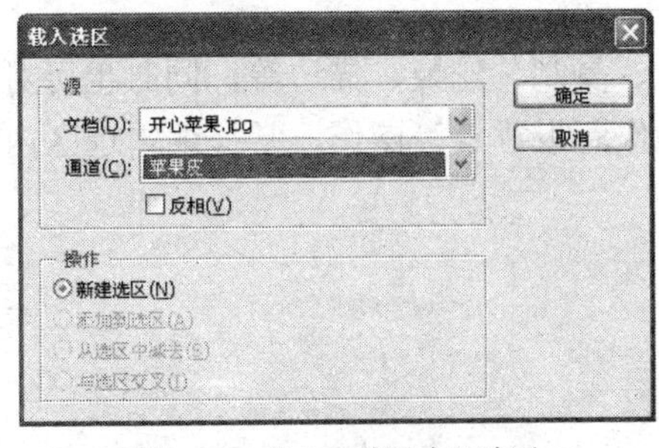

图 2-69　载入“苹果皮”选区

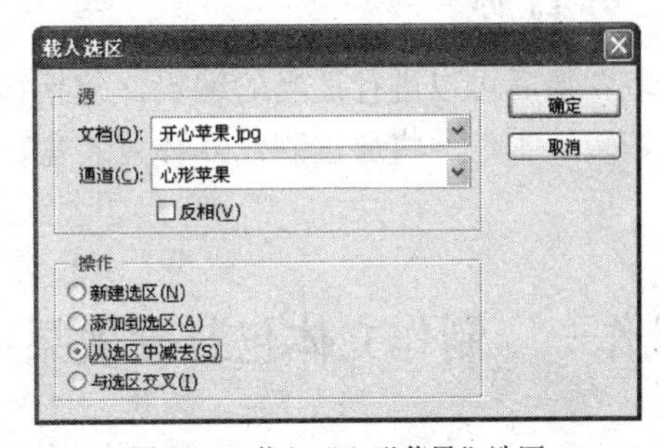

图 2-70　载入“心形苹果”选区

（7）单击“确定”按钮，此时图像中将选取有苹果皮的区域，如图 2-71 所示，此时便可通过色彩调整命令改变其颜色，或进行操作。图 2-72 所示为使用“色彩调整”命令改变选区内图像颜色后的效果。

图 2-71　载入选区

图 2-72　调整选区内的图像颜色

提示：载入选区时若图像中已有选区，则“载入选区”对话框“操作”选项栏中的各单选钮变为可用状态，表示载入的选区将与已有的选区进行加、减等布尔运算，与前面选区的加减原理是一样的。

（8）如果要调整心形苹果图像的颜色或进行修改，可载入“心形苹果”的选区。为了便于以后对该图像进行修改，将文件另存为“开心苹果.psd”，在“存储为”对话框中选择“Alpha 通道”选项再保存，下次打开图像时便无需再次选取图像进行编辑。

知识回顾与拓展

本操作主要练习了“存储选区”和“载入选区”命令的使用，设计人员可通过该方法将图像中一些复杂的图像选区保存下来，便于后期根据客户的要求进行修改。

存储选区的操作实际上就是将选区保存为通道，因此存储选区后在“通道”控制面板中将显示相应的选区通道，如图 2-73 所示。需要使用存储在通道中的选区时可按住【Ctrl】键不放，单击通道栏左侧的缩览图来载入选区。

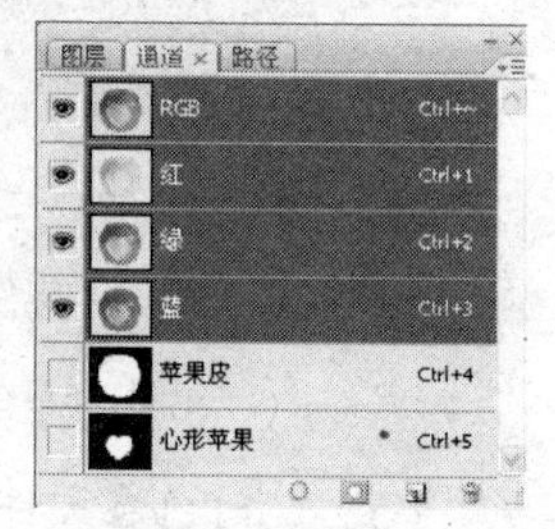

图 2-73　选区通道

任务三　编辑选区内的图像

任务目标

选取图像后可以进行适当的编辑，包括移动、复制、变换、描边等，同时也可对整个图像进行编辑。本任务将通过制作立体包装盒、制作海报背景等操作，掌握编辑选区内图像的方法。

操作一　制作立体包装盒效果

创建图像选区后可以通过移动工具调整图像的位置，或通过复制操作复制图像，还可通过选择“图像”→“自由变换”菜单命令改变图像的形状、大小和位置。本操作将练习运用图像的移动、复制与变换操作，将几幅素材进行组合，制作成如图 2-74 所示的包装盒立体效果。

图 2-74　包装盒立体效果

◆ 操作要求

在包装设计中通常是先制作出包装盒的平面展开图，再运用自由变换操作将其制作成立体包装盒效果。在制作时要注意立体透视的效果。具体制作要求如下。

（1）用移动工具分别将“01.jpg”和“02.jpg”整幅图像拖动复制到新建图像中并进行变换。

（2）选取并复制“01.jpg”中的局部图像到新图像中进行变换，制作成立体效果。

（3）用移动工具将“指甲.jpg”整幅图像拖动复制到新建图像，调整其大小和位置后作为包装盒的背景。

◆ 操作步骤

（1）选择“文件”→“新建”菜单命令，打开“新建”对话框，进行如图 2-75 所示的设置，单击“确定”按钮新建一个图像文件。

（2）将前景色设为蓝色，按【Alt+Delete】快捷键将新图像背景填充为蓝色，然后打开素材“01.jpg”和“02.jpg”，如图 2-76 所示。

（3）将素材“01.jpg”切换为当前窗口，选择工具箱中的移动工具，将整幅图像拖动复制到新建的“包装盒”文件中，生成图层 1。

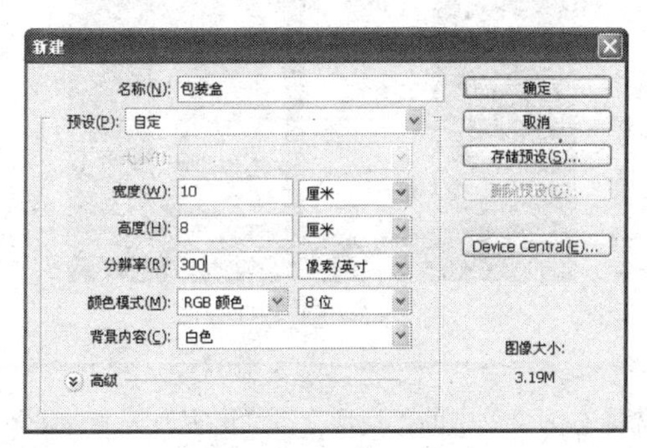

图 2-75　新建文件

图 2-76　打开的图片

提示：用移动工具将图像从一幅图像拖动到另一幅图像中，实际上就是复制该图像到另一图像中，它与按【Ctrl+A】快捷键选取整幅图像后进行拖动复制的结果一样，复制图像到另一幅图像后将自动生成相应的图层。

（4）在“包装盒”文件中按【Ctrl+T】快捷键或选择“编辑”→“自由变换”菜单命令，此时复制的整个素材图片四周将出现变换框及控制节点。

（5）将鼠标指针移至变换框 4 个角上任意一个控制节点上，按住【Shift】键不放拖动控制节点将图片等比例放大，如图 2-77 所示。

（6）按【Enter】键应用变换，选择移动工具，将鼠标指针移至图像内，当鼠标光标变成▶形状时，拖动鼠标将图片移至图像右侧适当位置。

（7）用同样的方法将“02.jpg”图片拖动复制到“包装盒”文件中，生成图层 2，然后按【Ctrl+T】快捷键进行等比例缩放变换，使其大小与右侧图片基本相同，如图 2-78 所示。

（8）按【Enter】键应用变换，在“图层”控制面板中单击选中图层 1，按【Ctrl+T】快捷键出现变换框，在变换框内单击鼠标右键，在弹出的快捷菜单中选择“扭曲”菜单命令，如图 2-79 所示。

（9）将鼠标指针分别移到变换框左上角的控制点上，按下鼠标左键不放向下拖动进行变形，将左下角的控制点向上拖动进行变形，将右上角的控制点向上拖动进行变形，将右下角的控制点向上拖动进行变形，如图 2-80 所示。

图 2-77　缩放 01 图片大小

图 2-78　缩放 02 图片大小

图 2-79　选择“扭曲”菜单命令

图 2-80　进行扭曲变形

提示：在变换过程中如果对效果不满意，还可选择右侧菜单中的“变形”、“透视”等命令进行变换，如果要取消变换恢复到原来的效果，按【Esc】键即可。

（10）按【Enter】键应用变换，用移动工具将变换后的图片向左移动至左侧图片旁边，在“图层”控制面板中单击选中图层 2，按【Ctrl+T】快捷键出现变换框，在变换框内单击鼠标右键，在弹出的快捷菜单中选择“扭曲”菜单命令，如图 2-81 所示。

（11）单击右上角的控制点并按住鼠标左键不放，向下拖动至右侧图片的角点上进行对齐，单击右下角的控制点并按住鼠标左键不放，向上拖动至右侧图片的角点上进行对齐，再拖动其他两个角上的控制点进行变形，结果如图 2-82 所示。

图 2-81　选择“扭曲”菜单命令

图 2-82　进行扭曲变形

（12）按【Enter】键应用变换，切换到素材“01.jpg”的窗口中，用矩形选框工具框选如图 2-83 所示的局部图像。

（13）按【Ctrl+C】快捷键或选择“编辑”→“复制”菜单命令，复制选区内的图像，切换到“包装盒”文件中按【Ctrl+V】快捷键粘贴图像，生成图层 3，按【Ctrl+T】快捷键出现变换框，将其等比例放大后应用变换，并移至包装盒的顶端，如图 2-84 所示。

图 2-83　选择并复制图像

图 2-84　移动图片位置

（14）按【Ctrl+T】快捷键出现变换框，在变换框内单击鼠标右键，在弹出的快捷菜单中选择“扭曲”菜单命令，拖动左下角控制节点对齐到包装盒的右上角，再分别调整其他角上的控制节点进行变形，效果如图 2-85 所示。

（15）按【Enter】键应用变换，为了使包装盒更为真实，在“图层”控制面板中选择图层 2，选择“图像”→“调整”→“亮度/对比度”菜单命令，在打开的对话框中将“亮度”滑块向左拖动降低亮度，再将“对比度”滑块向右拖动增加对比度，如图 2-86 所示。

（16）单击“确定”按钮，在“图层”控制面板中选择图层 3，选择“图像”→“调整”→“亮度/对比度”菜单命令，在打开的对话框中将“亮度”设为−20，再将“对比度”设为−14，应用设置。

（17）最后为包装盒添加背景，打开素材“指甲.jpg”，用移动工具将整个图片拖动复制到“包装盒”文件中，生成图层 4，如图 2-87 所示。

图 2-85　变换图像

图 2-86　调整图片亮度/对比度

（18）此时由于背景图片遮住了包装盒，在“图层”控制面板中单击选中背景所在的图层 4，按住鼠标左键不放，将其向下拖动至图层 1 后面释放鼠标，此时背景将位于包装盒下面，如图 2-88 所示。

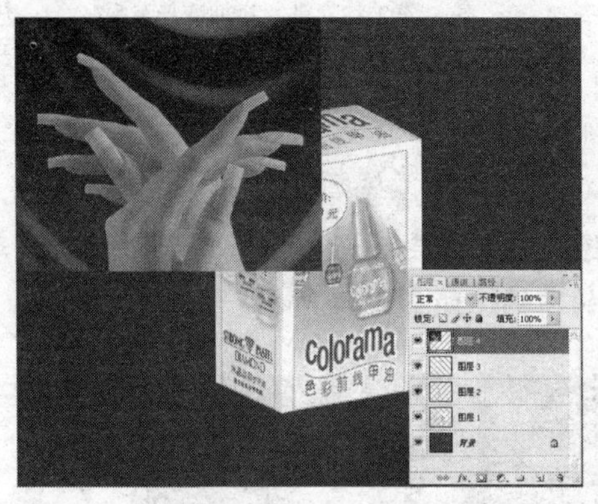

图 2-87　复制的背景图像

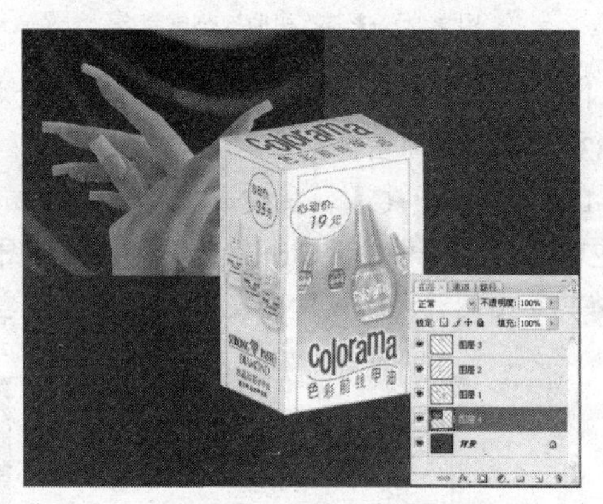

图 2-88　改变图层顺序

（19）按【Ctrl+T】快捷键出现变换框，拖动背景四角上的控制点，将背景图片缩放到覆盖整个图像背景，按【Enter】键应用变换，完成本操作的制作，保存“包装盒.psd”效果图像，最终效果如图 2-74 所示。

提示：本操作用到了图层的知识，选择相应的图层后按【Ctrl+T】快捷键实际上是对整个图层中的图像进行变换，如果要对图层中的局部图像进行变换时才需先选取。

知识回顾与拓展

本操作主要练习了图像的移动、复制与变换操作，其中选取需要移动的图像或相应的图层后，按键盘上的光标键可进行微移，在移动的同时按住【Shift】键不放可以向水平、垂直和 45°方向上移动图像。图像的变换是本操作的重点，在 Photoshop 中变换图像时有两种方法，一是直接按【Ctrl+T】快捷键，二是选择“编辑”→“变换”菜单下的相应命令（与在变换框内的鼠标右键快捷菜单中的各命令相同）。图 2-89 所示为进行变换操作后的属性栏参数。各变换操作的作用及操作方法如下。

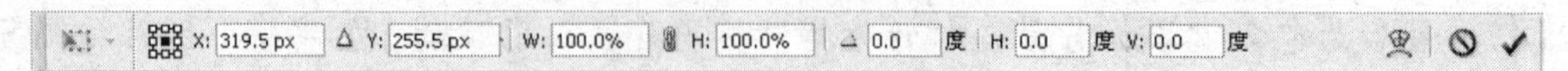

图 2-89　变换参数属性栏

- 缩放变换：将鼠标指针移至变换框上任一控制节点上，当鼠标指针变成双向箭头时，按住并拖动鼠标，可以对图像进行缩放。在缩放时也可直接在属性栏中的 W: 100.0% 和 H: 100.0% 框中输入精确的缩放比值，单击按下图标时表示等比缩放。
- 旋转变换：将鼠标指针移至变换框以外，当光标变为形状时，拖动鼠标可使图像按顺时针或逆时针方向绕选区中心进行旋转。也可在属性栏中的 0.0 度框中输入旋转角度，或在“变换”菜单中选择“旋转 180 度”等菜单命令进行精确旋转。
- 斜切变换：选区将以自身的一边作为基线进行变换。在“变换”菜单中选择“斜切”菜单命令后，将鼠标指针移至控制点旁边，当鼠标指针变为或形状时，按住鼠标左键不放并进行拖动即可。
- 扭曲变换：是指选区各个控制点产生任意位移，从而使图像变形。在“变换”菜单中选择“扭曲”菜单命令后，将鼠标指针移至任意控制点上并按下鼠标左键拖动即可。
- 透视变换：使图像具有一定的透视效果，选择“透视”菜单命令后，将鼠标指针移至变换框 4 个角处的任意控制点上并按下鼠标左键水平或垂直拖动即可。
- 变形变换：选择“变形”菜单命令后，变换框内会出现垂直相交的变形网格线，在网格内单击并拖动可实现图像的变形。

图 2-90 所示为上述几种变换操作的示意图，变换结束后按【Enter】键或单击属性栏中的✓按钮应用变换效果，按【Esc】键取消变换，图像保持原来的形状。

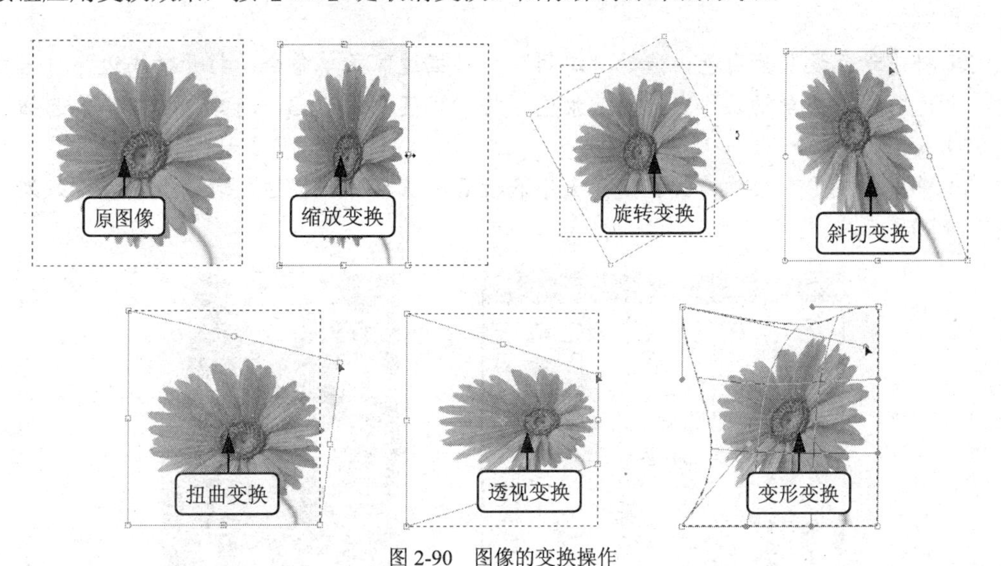

图 2-90　图像的变换操作

操作二　制作海报背景

使用“描边”命令可以用设置的颜色填充选区的边缘，以突出图像边缘轮廓。本操作将主要练习运用图像的描边操作，为一幅含有背景和人物的海报图像添加描边效果，处理前后的对比效果如图 2-91 所示。

图 2-91　为图像添加描边前后的对比效果

◆ 操作要求

描边在招牌设计、海报设计中经常用到，以突出图像的轮廓。本操作通过对人物进行描边和添加椭圆形描边效果，使海报背景更为生动，后期可以为其添加文字。具体制作要求如下。

（1）用“描边”命令为人物添加白色描边效果。

（2）在背景上绘制椭圆选区，羽化后用“描边”命令添加白色描边效果。

◆ 操作步骤

（1）选择“文件”→“打开”菜单命令，打开素材“健身.psd”，该图像含有两个图层，单击选中图层 1。

（2）将前景色设置为白色，选择“编辑”→“描边”菜单命令，打开“描边”对话框，此时“颜色”框中已自动设为当前的前景色，将“宽度”设为 3，选择“居中”单选钮，如图 2-92 所示。

（3）单击“确定”按钮，按指定的大小和位置对选区进行描边，取消选区查看效果，如图 2-93 所示。

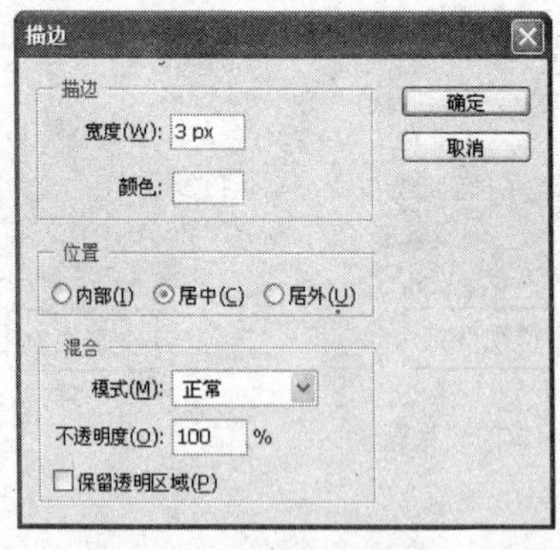

图 2-92　设置描边参数

图 2-93　描边图像效果

提示：描边时也可直接在“描边”对话框单击“颜色”框后面的拾色器，打开“拾色器”对话框选择描边颜色。

（4）选择工具箱中的椭圆选框工具，在图像下方绘制一个椭圆形选区，然后按【Ctrl+Shift+D】

快捷键羽化选区，如图 2-94 所示，单击“确定”按钮应用羽化效果。

（5）在“图层”控制面板中选中背景图层，选择“编辑”→“描边”菜单命令，打开“描边”对话框，将描边颜色设为黄色，“宽度”设为 5px，选择“居外”单选钮，如图 2-95 所示。

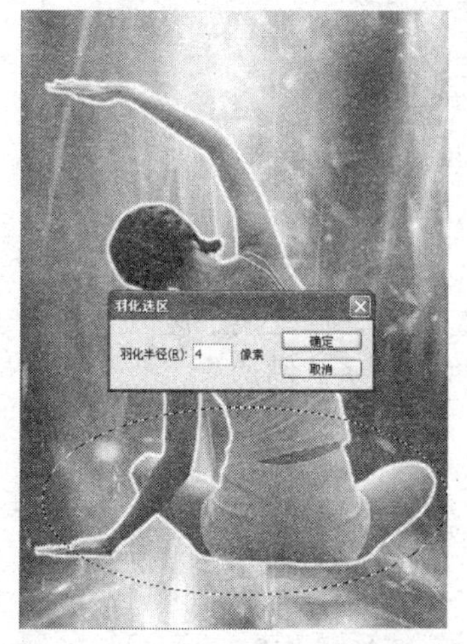

图 2-94　绘制并羽化选区

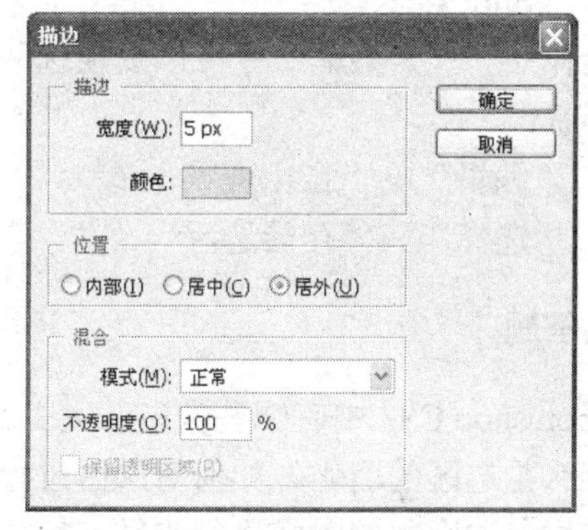

图 2-95　设置描边参数

（6）单击“确定”按钮，取消选区后完成本操作的制作，最终效果如图 2-91 右图所示，保存图像文件即可。

知识回顾与拓展

本操作主要练习了“描边”命令的使用。描边参数中的“宽度”取值范围为 1～16 像素；“位置”选项栏用于选择描边的位置，“居内”单选钮表示在选区边框以内进行描边，“居中”单选钮表示以选区边框为中心进行描边，“居外”单选钮表示在选区边框以外进行描边；“混合”选项栏用于设置描边不透明度和着色模式等，其作用与“填充”对话框中相应选项的作用相同。

课后练习

一、填空题

（1）Photoshop CS3 中的选框工具包括__________、__________、单行和单列选框工具。

（2）用__________工具可选取颜色相同或相近的图像，用__________工具可以移动图像。

（3）选择__________菜单命令可以将当前的选区反选，选择__________菜单命令可以对选区进行羽化。

（4）按__________键可以进行自由变换操作，变换结束后按__________键可以应用变换。

二、选择题

（1）使用下面的（　　）可以根据要选取图像边界的颜色来自动捕捉图像中对比度较大

的图像边界。

A．索套工具　　　　　　　　　　B．多边形套索工具

C．椭圆选框工具　　　　　　　　D．磁性套索工具

（2）创建图像选区后按住（　　）键不放可以继续增加绘制选区，按住（　　）键不放可以减少选区。

A．【Alt】　　　　　　　　　　B．【Ctrl】

C．【Shift】　　　　　　　　　D．【Tab】

（3）选择（　　）菜单命令可以变换选区的形状，选择（　　）菜单命令可以变换选区内图像的形状。

A．“编辑”→“自由变换”　　　　B．“选择”→“变换选区”

C．“选择”→“存储选区”　　　　D．“编辑”→“描边”

三、问答题

（1）Photoshop CS3 中有哪些选取工具？简述各选取工具的特点。

（2）什么是选区的羽化？如何对选区进行羽化？

（3）怎样对选区内的图像进行旋转、缩放、扭曲等变换操作？

（4）如何存储和载入图像选区？

（5）选取图像后如何移动或复制到其他图像文件中使用？

（6）如何对选区进行描边？

四、上机操作题

（1）打开素材“T 恤.jpg”和“人物.jpg”，将人物图片运用选区羽化、反向和删除图像等操作合成到 T 恤上，素材和效果如图 2-96 所示。

提示：用磁性套索工具大致选取人物部分图像，进行羽化后拖动复制到“T 恤.jpg”文件中，再用椭圆选框工具绘制一个椭圆选区，反向并羽化选区后删除不需要的图像。

（2）打开素材“汽车.jpg”和“文字.png”，用移动工具将“文字”拖动复制到汽车上，运用缩放、扭曲和透视等变换操作将文字制作成如图 2-97 所示的效果。

图 2-96　合成人物与 T 恤

图 2-97　汽车上的文字效果

模块三　绘画和修饰工具的使用

模块简介

利用 Photoshop 中的绘画和修饰工具可以进行图形绘制和编辑处理，其中绘画工具主要包括画笔工具、铅笔工具和渐变工具，修饰工具包括裁切工具、修复画笔工具、修补工具、红眼工具、图章工具、橡皮擦工具、加深工具、减淡工具和模糊工具等。掌握这些工具的使用有利于制作图像。本模块将通过实例任务驱动的方式介绍绘画和修饰工具的使用。

学习目标

- 掌握用画笔工具和铅笔工具绘图的方法
- 掌握用渐变工具绘制各种渐变图形的方法
- 掌握用裁切工具裁切图像的方法
- 掌握用修复画笔工具和修补工具处理图像缺陷的方法
- 掌握图章工具和橡皮擦工具的应用
- 了解加深工具、减淡工具和模糊工具的应用

任务一　绘画工具的使用

任务目标

Photoshop 中的绘画工具和铅笔工具的用法基本相同，常用于手绘一些线条图形或带艺术笔触的图案，渐变工具可以绘制带有渐变效果的图形。本任务将通过绘制背景和星光图形、绘制海底效果等操作，掌握绘制工具的使用方法。

操作一　绘制背景和星光图形

在工具箱中用鼠标按住工具不放，在弹出的工具列表中有画笔工具、铅笔工具和颜色替换工具。本操作将练习使用画笔工具和铅笔工具绘制如图 3-1 所示的图形效果。

◆ **操作要求**

在 Photoshop 中如果要进行手绘，主要使用画笔工具和铅笔工具来实现，画笔工具自带了丰富的笔触样式，本操作就是运用艺术笔触来绘制其心形背景和心形上的星光效果，再通过绘制线条等来进行修饰。具体制作要求如下。

（1）使用画笔工具的笔触样式绘制背景图形。

（2）将鸭子和心形素材添加到背景中，载入混合画笔样式后使用画笔工具在心形图片上绘制星光。

图 3-1　绘制的图形效果

◆　**操作步骤**

（1）选择“文件”→“新建”菜单命令，进行如图 3-2 所示的参数设置，单击“确定”按钮新建一个图像文件。

（2）选择工具箱中的画笔工具，单击工具属性栏中“画笔”选项右侧的下拉箭头，在弹出的列表框中选择“散布叶片”笔触样式，如图 3-3 所示。

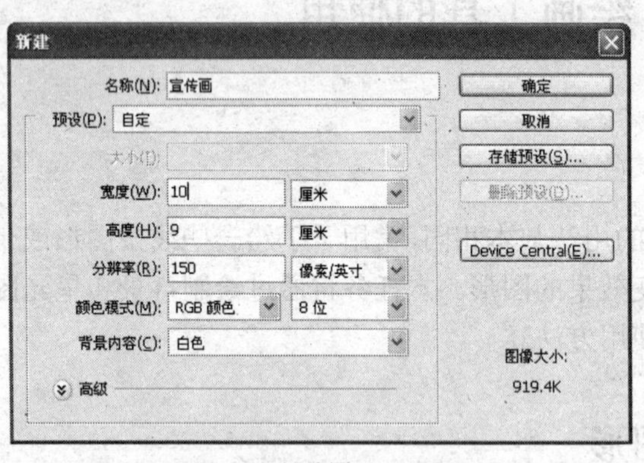

图 3-2　新建图形

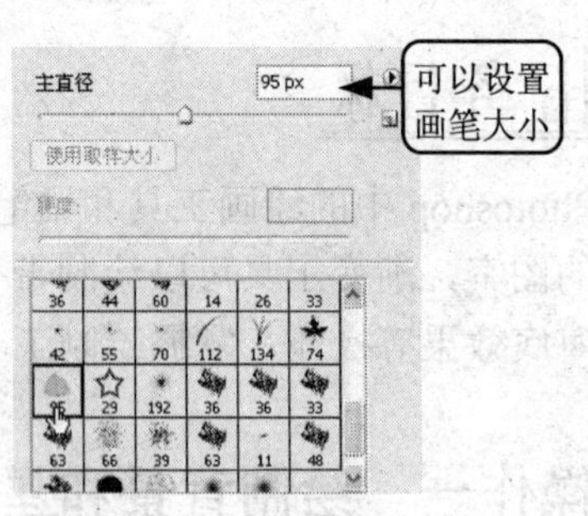

图 3-3　选择笔触样式

（3）设置前景色为粉红色（R:250，G:166，B:179），在窗口中左上角位置单击并按住鼠标左键不放拖动绘制图形，效果如图 3-4 所示。

提示：读者在绘制时得到的效果可能与本书不一样，这是因为使用画笔工具在图像区域内单击并拖动的位置与方向不一样时会得到不同的效果。

（4）打开素材“鸭子 01.jpg”，用磁性套索工具选取人物部分，按【Ctrl+Alt+D】快捷键对选区进行羽化，设“羽化半径”值为 10 像素，如图 3-5 所示，然后单击“确定”按钮。

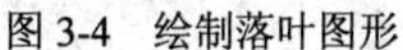

图 3-4　绘制落叶图形

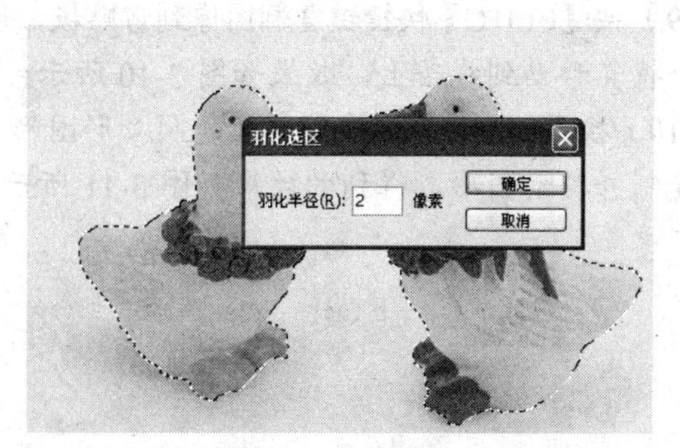

图 3-5　创建选区

（5）选择工具箱中的移动工具，将选取的图像拖动复制到“宣传画”文件中，按【Ctrl+T】快捷键调整好其大小和位置，如图 3-6 所示，然后按【Enter】键应用变换。

（6）选择工具箱中的铅笔工具，单击工具属性栏中“画笔”选项右侧的下拉箭头，在弹出的列表框中选择“尖角 3 像素”画笔样式，再将“主直径”设为 2px，如图 3-7 所示。

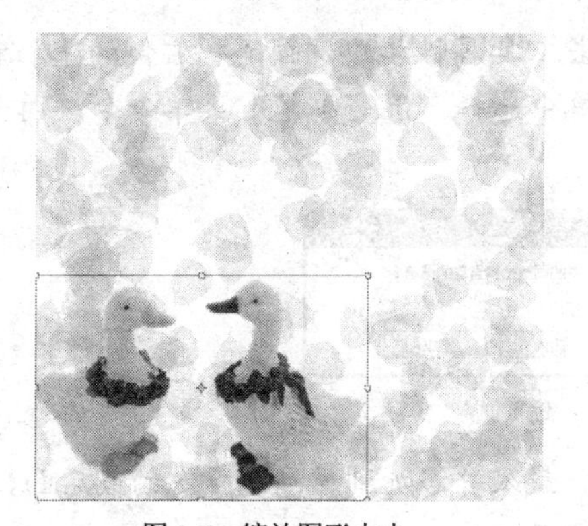

图 3-6　缩放图形大小

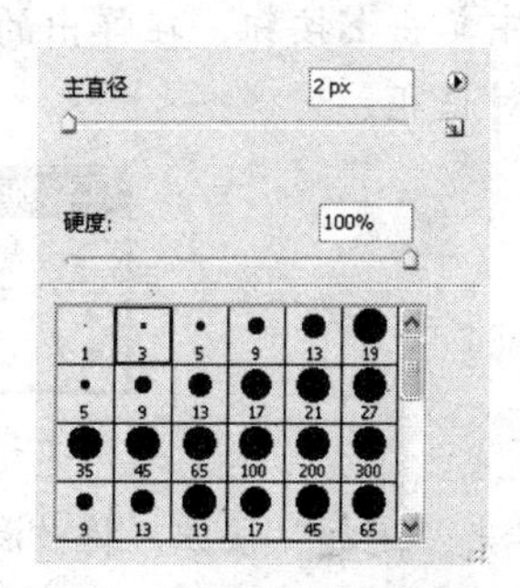

图 3-7　选择画笔样式和大小

（7）设置前景色为橙色（R:250，G:166，B:179），在窗口上方顶端位置单击，然后按住【Shift】键不放向下拖动，释放鼠标后绘制出一条直线，用同样的方法再绘制几条直线，效果如图 3-8 所示。

（8）打开素材“心形.jpg”，选择工具箱中的魔棒工具，将“容差”设为 7，单击选取白色背景，按【Ctrl+Shift+I】快捷键反向选择心形图像，如图 3-9 所示。

图 3-8　绘制线条

图 3-9　选择图形

（9）按【Ctrl+C】快捷键复制图像到剪贴板，切换到“宣传画”文件中按【Ctrl+V】快捷键粘贴，将其移动到线条上，效果如图 3-10 所示。

（10）按【Ctrl+V】快捷键继续复制心形图形，并移至其他线条上面，用同样的方法连续几次复制并移动图形，得到的效果如图 3-11 所示。

图 3-10　复制心形图像

图 3-11　多次复制图像效果

（11）选择工具箱中的画笔工具，单击工具属性栏中“画笔”右侧的下拉箭头，在弹出的列表框中单击按钮，在弹出的下拉菜单中选择“混合画笔”菜单命令，打开如图 3-12 所示的提示对话框。

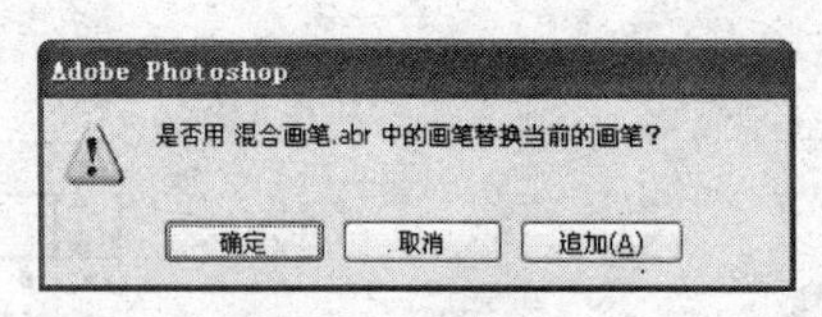

图 3-12　载入画笔

（12）单击“追加”按钮，将“混合画笔”载入并添加到原画笔样式的最后面，在“画笔”列表框中选择载入后的星光样式，如图 3-13 所示。

（13）单击属性栏右侧的按钮，打开“画笔”调板，拖动“间距”下方的滑块，增加笔触间距，如图 3-14 所示。

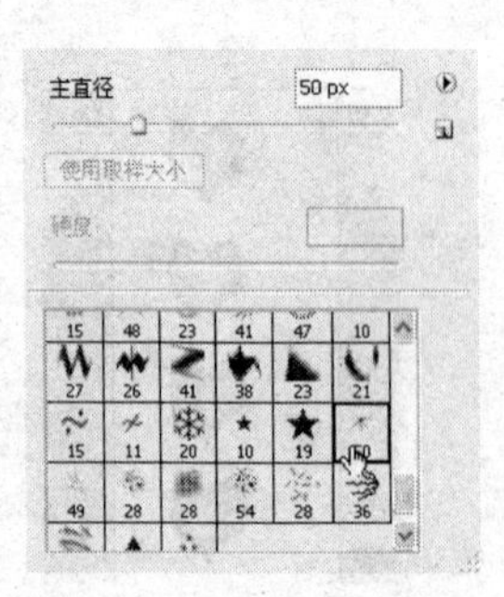

图 3-13　选择画笔样式

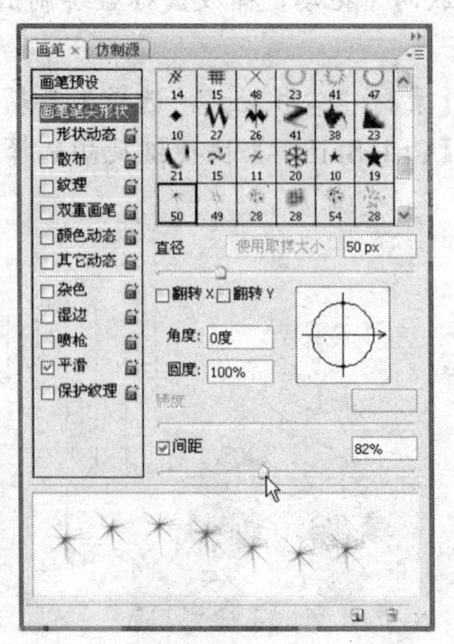

图 3-14　设置间距

（14）将前景色设置为白色，在心形图形上拖动添加白色星光效果，完成本例的制作，最终效果如图 3-1 所示，将作品保存为“宣传画.psd”。

提示：在如图 3-12 所示的对话框中单击“确定”按钮后，新载入的画笔样式将覆盖原来的画笔样式，单击“取消”按钮不载入画笔。单击“画笔”调板右上角的按钮，在弹出的下拉菜单中选择“复位画笔”菜单命令，可以恢复到默认的画笔样式。

知识回顾与拓展

本操作练习了画笔工具和铅笔工具的使用方法，画笔工具适用于绘制比较柔和的图形，而铅笔工具适用于绘制较为生硬，即不产生虚边的图形。在实际设计中绘图时为了便于后期进行编辑修改，可以在绘图前单击“图层”控制面板底部的“创建新图层”按钮，新建一个空白图层，这样绘制的图形便位于新图层中。

画笔工具的属性栏和铅笔工具基本相同。图 3-15 所示为画笔工具的属性栏。各选项含义如下。

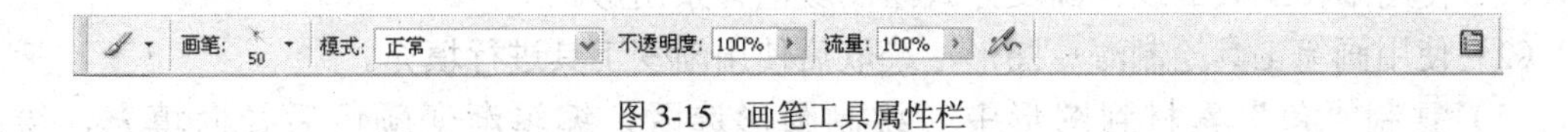

图 3-15　画笔工具属性栏

- 画笔：在其下拉列表框中可以选择画笔的笔触样式和大小，可以载入其他画笔使用。
- 模式：默认为正常模式，即绘图时将使用前景色完全覆盖下面图像的颜色，除正常模式外的其他模式，大多是以前景色和当前图层中的图像底色，以某种方式互相作用而产生图像效果，后面将在介绍图层的混合模式时介绍各混合模式的作用。
- 不透明度：用于设置笔画颜色的不透明度，可直接输入数值或单击图标，再拖动滑块来进行调节，其取值为 1%～100%。
- 流量：用于设置在绘图时画笔的压力大小，值越大，绘制出的颜色就越深，反之颜色就越淡。
- ：单击按下此按钮，绘图时所喷绘出的颜色不会因按下鼠标时间的长短而改变线条的粗细和边缘的柔化效果。
- ：单击该按钮，在打开的“画笔”调板中选中左侧的“形状动态”、“散布”、“颜色动态”和“平滑”等复选框，再在右侧设置各参数可为画笔样式添加特殊效果，如设置间距、纹理等。

颜色替换工具主要用于替换图像的颜色，方法是设置好前景色后选取该工具，然后在图像上拖动涂抹即可改变图像的颜色。

在使用画笔工具和铅笔工具进行绘图的过程中可以随时改变画笔的样式及大小，也可按键盘上的左中括号键逐渐缩小画笔的大小，按键盘上的右中括号键逐渐放大画笔的大小。另外，在绘图或进行图像编辑处理时如果执行了误操作，可以按以下的方法来恢复图像：

- 按【Ctrl+Z】快捷键可以撤销最近一步操作，连续按【Ctrl+Z】快捷键可以撤销多步操作。

- “历史记录”控制面板会记录用户的每一步操作，因此如果需要恢复到图像前面的某个状态，直接在“历史记录”控制面板中单击要恢复到的历史记录即可。

操作二　绘制海底效果

渐变是指两种或多种颜色之间的过渡效果，使用工具箱中的渐变工具可以绘制出从前景色到背景色、从背景色到前景色以及多种颜色的渐变过渡图形，同时 Photoshop 提供了线性、径向、角度、对称和菱形等多种渐变方式。本操作将练习绘制如图 3-16 所示的海底效果。

◆ 操作要求

渐变填充是在 Photoshop 中进行图像处理时常用的一种工具，它可以使图像颜色更有层次感，或使单调的图像变得更为绚丽。本操作就是运用渐变工具中的线性和径向渐变的特点来绘制出形象化的图形效果。具体制作要求如下。

（1）使用渐变工具的线性渐变方式绘制颜色背景图形。

（2）使用画笔工具绘制海草图形，选取后使用渐变工具进行填充。

（3）复制“鱼”素材到图形中，绘制圆形选区，编辑渐变颜色后径向填充，绘制水泡。

图 3-16　绘制海底图形

◆ 操作步骤

（1）选择“文件”→“新建”菜单命令，进行如图 3-17 所示的参数设置，单击“确定”按钮新建一个图像文件。

（2）将前景色设置为淡蓝色（R:0，G:225，B:245），背景色设为深蓝色（R:4，G:126，B:156）。

（3）选择工具箱中的渐变工具，单击工具属性栏中渐变样本显示框右侧的三角形按钮，在弹出的列表框中选择第一个渐变样式“从前景到背景”，如图 3-18 所示。

（4）在渐变工具属性栏中单击按下“线性渐变”按钮，其他参数保持默认设置，如图 3-19 所示。

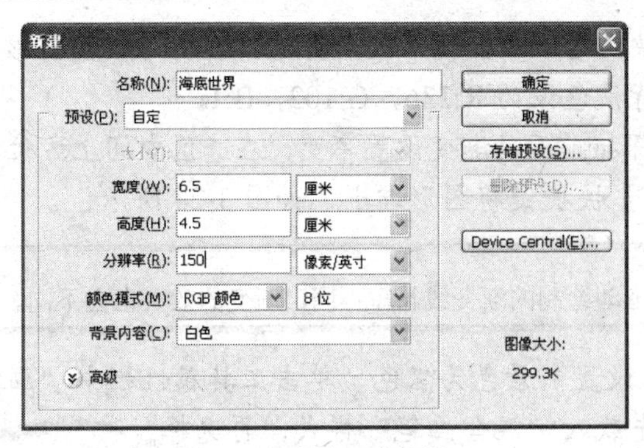

图 3-17 “新建”对话框

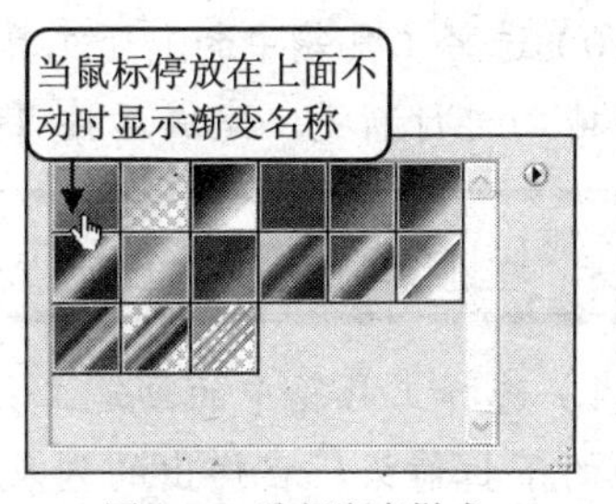

图 3-18　选择渐变样式

图 3-19　设置渐变工具参数

（5）将鼠标指针移动到新建图像顶部并按住鼠标左键，向下拖动至图像底部，渐变填充后的效果如图 3-20 所示。

（6）选择工具箱中的多边形套索工具，在图像的下方单击后拖动绘制如图 3-21 所示的不规则选区（在绘制选区时通过单击创建拐点后再拖动即可创建弧形选区）。

图 3-20　线性渐变填充效果

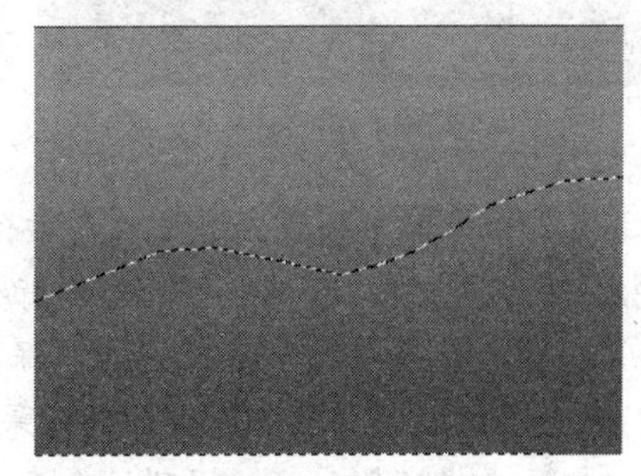

图 3-21　绘制选区

（7）将前景色设置为更淡一点的蓝色（R:83，G:210，B:226）。选择工具箱中的渐变工具，将鼠标指针移动到选区上方位置单击向下拖动至图像下方进行渐变，效果如图 3-22 所示。

（8）取消选区，单击“图层”控制面板底部的“创建新图层”按钮，新建一个空白图层，选择工具箱中的画笔工具，设置前景色为黑色，单击工具属性栏中“画笔”选项右侧的下拉箭头，在弹出的列表框中选择“尖角 9 像素”笔触样式，在图像下方绘制如图 3-23 所示的图形，在绘制过程中可以按左中括号键减小画笔的大小绘制。

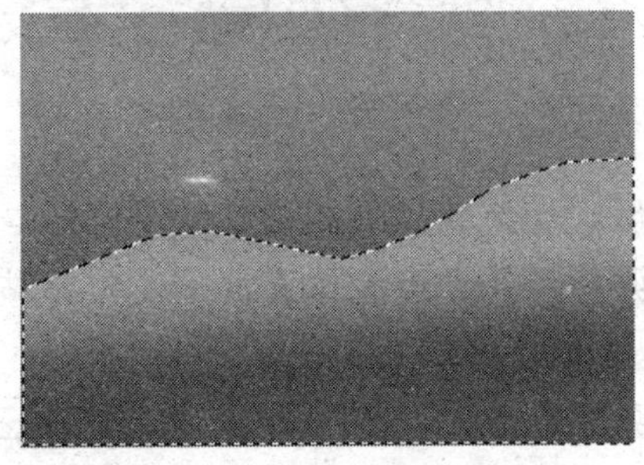

图 3-22　线性渐变填充效果

图 3-23　绘制图形

（9）选择工具箱中的魔棒工具，按住【Shift】键不放单击选取绘制的黑色图形，然后将前景色设置为 R:247，G:186，B:49，背景色设为 R:236，G:102，B:1。

（10）选择工具箱中的渐变工具，保持前面的渐变设置不变，在选区中间上方位置单击并向下拖动进行渐变，完成后按【Ctrl+T】快捷键将图形缩小，如图 3-24 所示。

提示：在进行渐变时单击的起始点不同和拖动绘制的渐变线长短不同，渐变的效果也会不同。

（11）选择工具箱中的画笔工具，设置前景色为黑色，单击工具属性栏中“画笔”选项右侧的下拉箭头，在弹出的列表框中先载入“混合画笔”样式，再选择 画笔，在图像右下方绘制如图 3-25 所示的图形。

图 3-24　渐变图形再缩小

图 3-25　绘制图形

（12）选择工具箱中的魔棒工具，按住【Shift】键不放单击选取绘制的黑色图形，然后将前景色设置为 R:196，G:238，B:215，背景色设为 R:6，G:182，B:83。

（13）选择工具箱中的渐变工具，保持前面的渐变设置不变，在选区中间上方位置单击并向下拖动进行渐变，取消选区后的效果如图 3-26 所示。

（14）打开素材“鱼.jpg”，用磁性套索工具选取鱼图像，如图 3-27 所示。

图 3-26　渐变图形

图 3-27　选取鱼图形

（15）按住【Ctrl+C】快捷键复制选区内的图形，切换到“海底世界”图像窗口中，按【Ctrl+V】快捷键粘贴图形，按【Ctrl+T】快捷键调整好其大小和位置，再复制粘贴一个鱼图形，变换其大小和位置，效果如图 3-28 所示。

（16）选择工具箱中的渐变工具，单击渐变工具属性栏中的渐变颜色框，打开如图 3-29 所示的“渐变编辑器”窗口。

图 3-28　复制和变换鱼图形

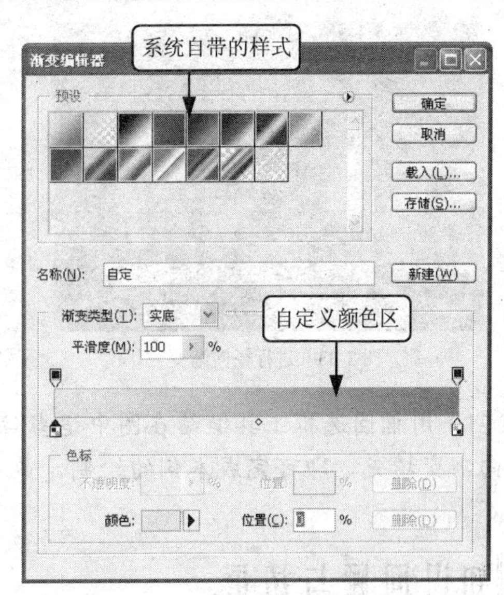

图 3-29　“渐变编辑器”窗口

（17）单击对话框下方颜色条底部最左侧的颜色滑块，此时“色标”选项栏下部分的选项变为可用，单击“颜色”后的颜色块，在打开“拾色器”对话框中选择白色，此时该滑块处的颜色将显示白色，如图 3-30 所示。

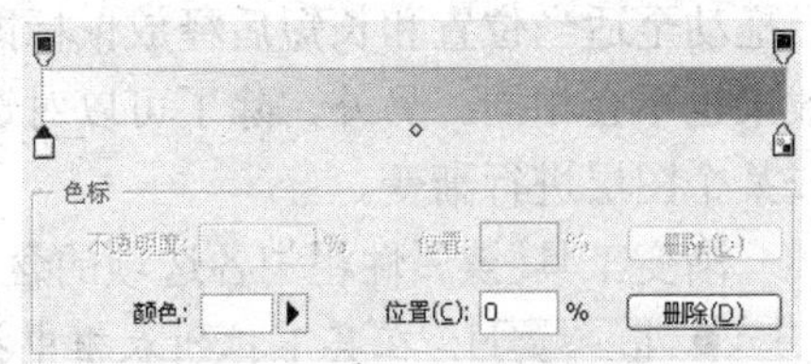

图 3-30　修改左侧滑块颜色

（18）在颜色条底部下方适当位置单击鼠标增加一个颜色滑块，如图 3-31 所示，然后单击选中添加的颜色滑块，单击“颜色”后的颜色块选择浅蓝色（R:92，G:216，B:231）。

（19）单击颜色条底部最右侧的颜色滑块，单击“颜色”后的颜色块选择白色，此时该滑块处的颜色将显示白色，单击选中中间的蓝色色块，将其右拖动至适当位置，完成渐变颜色的编辑，如图 3-32 所示。

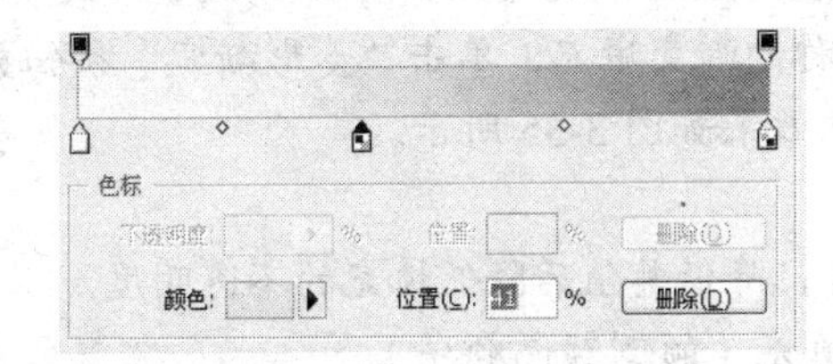

图 3-31　添加滑块

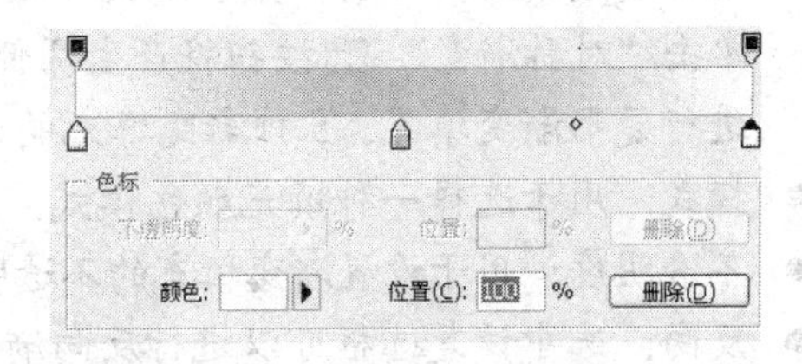

图 3-32　完成渐变颜色编辑

提示：在“渐变编辑器”窗口中可根据需要添加多种颜色的滑块，选中滑块后设置下方的“颜色”和“位置”参数修改颜色和位置范围，单击选中颜色条最上面的左右两个滑块，“不透明度”选项等变为可用状态，可设置具有不同程度的透明渐变效果，在上方单击也可添加滑块。

（20）单击“确定”按钮，将编辑的渐变颜色设置为当前状态，用椭圆选框工具在图中创建圆形选区，再选择工具箱中的渐变工具，在其属性栏中单击按下“径向渐变”按钮，在选区中间位置单击并斜向拖动，如图 3-33 所示，释放鼠标后的渐变效果如图 3-34 所示。

图 3-33　进行径向渐变

图 3-34　绘制的气泡图形

（21）用椭圆选框工具继续在图中适当位置绘制圆形选区，再使用渐变工具对选区进行径向渐变填充，即可完成本例的绘制，最终效果如图 3-16 所示，保存文件为“海底世界.psd”。

知识回顾与拓展

本操作主要练习了渐变工具的使用，设置好渐变工具的参数后，在图像窗口中单击的位置就是渐变的起点，然后按住鼠标不放进行拖动，将出现一条表示渐变方向和长短的渐变线，当拖动至适当位置和长短后释放鼠标即可进行渐变，渐变的起点和渐变线长短不同，其渐变效果也不会相同。另外，除了可以对选区进行渐变填充外，在 Photoshop 中还可对整幅图像或某个图层进行渐变。

渐变工具属性栏中各选项的含义如下。

- ：在其下拉列表框中提供了自带的渐变颜色样式供用户选择，也可单击右上角的按钮，在弹出的下拉菜单中选择底部的各命令载入其他渐变色样式。在实际使用过程中用户也可自定义渐变颜色，方法是单击中的颜色框部分。
- ：用于在 5 种渐变填充方式间进行切换，单击“线性渐变”按钮将从起点到终点进行直线渐变填充；单击“径向渐变”按钮将从中心向四周作辐射状的渐变填充；单击“角度渐变”按钮将进行围绕起点旋转的螺旋形渐变填充；单击“对称渐变”按钮将产生两侧对称的渐变填充；单击“菱形渐变”按钮将进行菱形渐变填充。5 种渐变填充的示意效果如图 3-35 所示。
- 模式：用于选择一种填充颜色模式。
- 不透明度：用于设置渐变填充的不透明度，降低其值后降低填充的不透明度。
- 反向：选中该复选框可以进行反向渐变填充（颠倒颜色顺序）。
- 仿色：选中该复选框可以使渐变的过渡更加柔和。
- 透明区域：选中该复选框将使用渐变透明效果。

图 3-35　线性、径向、角度、对称和菱形渐变

任务二　修饰工具的使用

任务目标

使用 Photoshop 中的修饰工具可以对图像进行裁切、修复、复制、擦除、调整颜色等操作，本任务将通过裁切修正照片、修复图像杂点、去除红眼、复制云朵和船图像、制作朦胧荷塘和调整图像颜色等操作，掌握修饰工具的使用方法。

操作一　裁切修正照片

使用工具箱中的裁切工具，可以把一幅图像中需要的部分裁切保留下来，将多余的图像裁切掉，常用于日常工作中对素材和网页图片素材的基本处理。本操作将练习使用裁切工具对一幅风景图像进行大小裁切。图 3-36 所示为两种不同的裁切效果。

图 3-36　裁切图像

◆　操作要求

在处理数码照片及网页上的产品图像时常需要将一幅图像中不需要的部分删除，使用裁切工具可快速实现裁切。本操作通过对照片进行裁切得到新的图像。具体制作要求如下。

（1）选择裁切工具，在图像中拖动绘制裁切区域后进行裁切。

（2）选择裁切工具，在图像中拖动绘制裁切区域后进行旋转，然后完成裁切。

◆　操作步骤

（1）选择【文件】→【打开】菜单命令，打开素材“花篮.jpg”。

（2）选择工具箱中的裁切工具，在图像窗口中单击并拖动，使虚线框框选中需要保留的图像区域，如图 3-37 所示。

（3）确认裁切区域后释放鼠标，此时将出现一个虚线变换框，变换框外面的图像将变暗，如图 3-38 所示，通过拖动虚线框上的节点可以再次调整裁切范围。

（4）确定了裁切范围后按【Enter】键，或单击工具属性栏中的✓按钮完成裁切操作，完成裁切后的效果如图 3-39 所示。

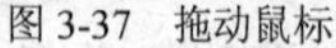

图 3-37 拖动鼠标

图 3-38 调整裁切

图 3-39 裁切效果

（5）将文件另存为“裁切一.jpg”，关闭图像后再次打开素材“花篮.jpg”，选择工具箱中的裁切工具，在图像窗口中单击并拖动绘制裁切区域，然后将鼠标指针移至变换框外左下角的控制点处，将出现旋转符号，如图 3-40 所示。

（6）按住鼠标左键不放旋转，如图 3-41 所示，按【Enter】键应用裁切效果，此时图像中的人物将被修正，效果如图 3-42 所示。

（7）将裁切后的图像文件另存为“裁切二.jpg”，完成本例的制作。

知识回顾与拓展

本操作主要练习了裁切工具的使用。如果需要精确定义裁切后的图像大小及图像分辨率，可以选择裁切工具后在工具属性栏中输入宽度和高度值，并设置好分辨率，然后在图像中拖动绘制需要裁切保留的区域，按【Enter】键后裁切的新图像将自动设置为裁切前设置的大小和分辨率。另外，在裁切过程中可以按【Esc】键取消裁切。

图 3-40 鼠标指针位置

图 3-41 调整裁切框角度

图 3-42 裁切效果二

操作二 修复图像杂点

在工具箱中用鼠标按住工具不放，在弹出的工具列表中有污点修复工具、修复画笔工具和修补工具 3 个用于修复图像缺陷的工具。其中污点修复工具用于快速修复图像中的斑点或小块杂物等；修复画笔工具可以用图像中与被修复区域相近的颜色去修复破损或划痕等图像暇疵；修补工具和修复工具的作用相似，区别在于它先要绘制一个自由选区，然后通过将该区域内的图像拖动到目标位置进行修复。本操作将练习使用这 3 个修复工具对人物图像左手臂皮肤上的黑痣、衣服上的污秽进行修复，效果如图 3-43 所示。

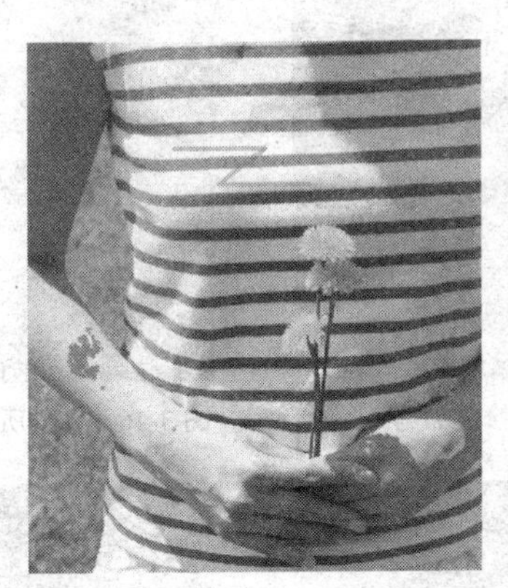
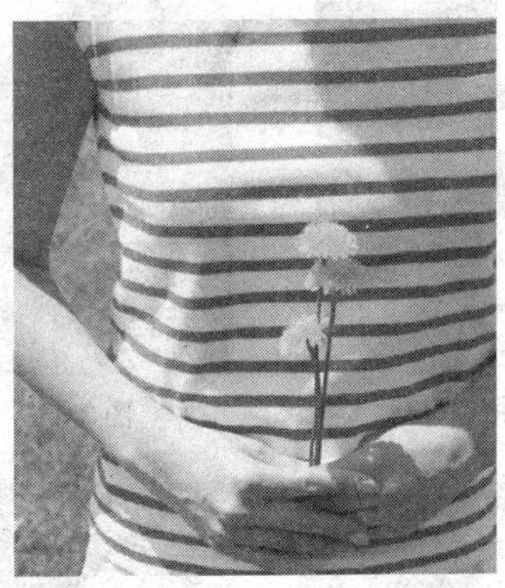

图 3-43　修复图像前后的对比效果

◆ 操作要求

在处理照片等图像时往往需要清除图像中的杂点、杂物或是其他痕迹，在 Photoshop 中运用修复工具组中的工具便可快速修复。本操作将运用修复工具来去除黑痣、暗色杂点等，具体制作要求如下。

（1）使用污点修复工具修复人物手臂皮肤中的黑痣。

（2）使用修补工具修复人物手臂上的杂点。

（3）用修复画笔工具修复人物衣服上的污秽。

◆ 操作步骤

（1）选择“文件”→“打开”菜单命令，打开素材“手.jpg”，使用工具箱中的缩放工具将手臂上有痣的区域局部放大显示。

（2）选择工具箱中的污点修复工具，在工具属性栏中设置画笔直径为 15 像素，然后将鼠标光标移动到黑痣上单击，如图 3-44 所示。

（3）Photoshop 会自动在单击处取样图像并进行修复，即去除单击处的黑痣，效果如图 3-45 所示。

（4）用同样的方法在手上另一颗黑痣上单击鼠标左键进行修复，完成后的效果如图 3-46 所示。

（5）选择工具箱中的修补工具，用抓手工具将视图平移到手臂有大片污点的部分，在有污秽的区域拖动绘制选区，如图 3-47 所示。

（6）按住鼠标左键并拖动选区到一处与污秽处具有相似正常皮肤颜色的目标区域，这里拖动到附近的手臂皮肤区域，此时拖动的目标区域中的图像将实时显示在拖动前的源区域中，如图 3-48 所示。

（7）释放鼠标，此时源选区的皮肤颜色将被修复，效果如图 3-49 所示，按【Ctrl+D】快捷键取消选区，完成对该处缺陷的修复处理。

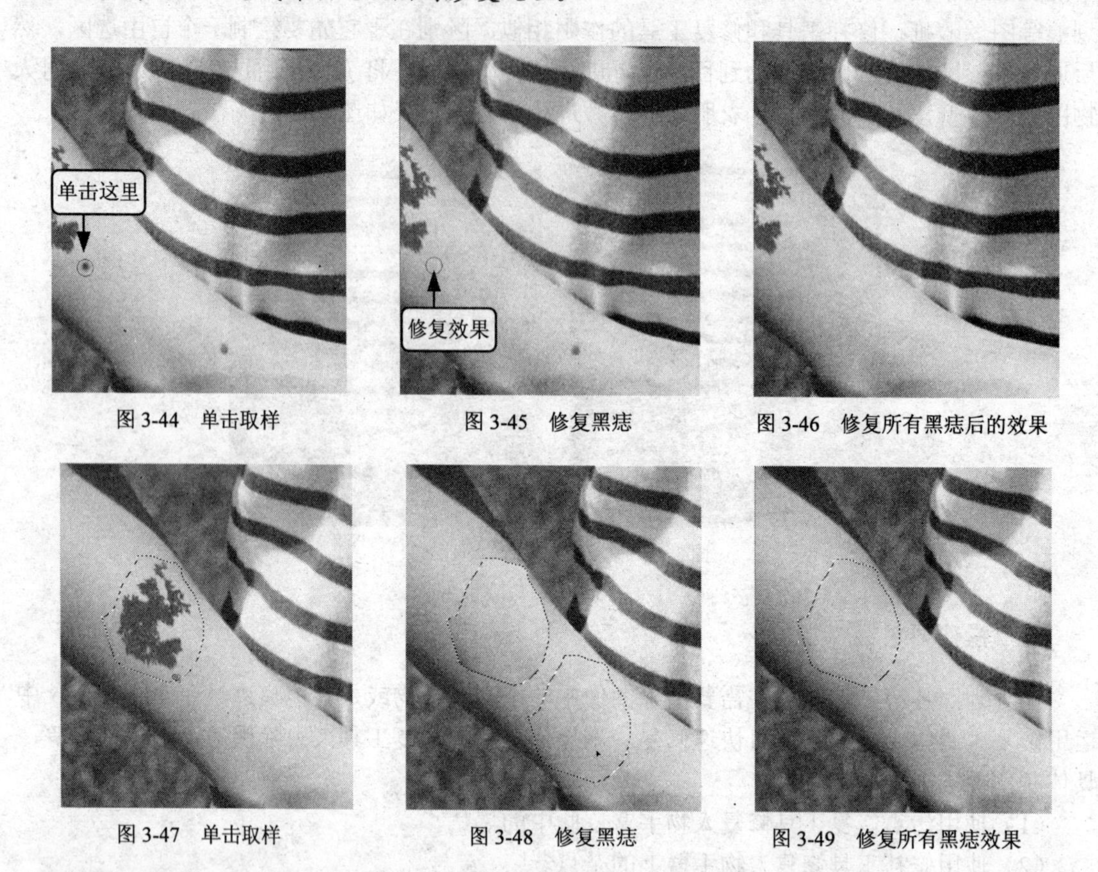

图 3-44　单击取样　　图 3-45　修复黑痣　　图 3-46　修复所有黑痣后的效果

图 3-47　单击取样　　图 3-48　修复黑痣　　图 3-49　修复所有黑痣效果

提示：使用修补工具时默认是将用目标区域中的图像修复最初选取的图像源区域，也可以在属性栏中选择“目标”单选钮，此时将使用最初选取的图像区域修复目标选取区域内的图像。

（8）用抓手工具将视图平移到上方衣服上有暗色污点的位置上，选择工具箱中的修复画笔工具，在工具属性栏中将画笔直径设置为 20px，按住【Alt】键不放，当鼠标变成⊕形状时，在旁边的正确的衣服颜色上单击取样，如图 3-50 所示。

（9）释放【Alt】键后在污点上单击并进行拖动涂抹，可以发现涂抹处的图像被取样处的图像覆盖并修复，并保持了原来的纹理，如图 3-51 所示。

（10）继续按【Alt】键在正确的图像上取样，然后在需要修复的图像上涂抹进行修复。图 3-52 所示为正在修复的效果，多次重复上述操作，即可除去暗色褶皱。

提示：在修复过程中有一个十字光标会随之移动，该光标的位置即为取样用于修复的图像位置，因此应随时根据被修复图像的颜色和位置来重新按【Alt】键取样图像，同时还可根据需要改变画笔的大小，这样才可以得到更为理想的修复效果。

（11）完成修复后将视图恢复到原来的显示大小，最终效果如图 3-43 右图所示，将图像另存为“修复图像.jpg”。

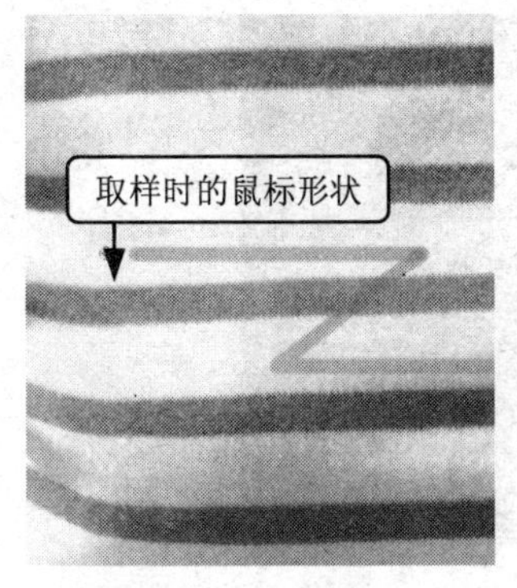

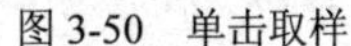
图 3-50　单击取样

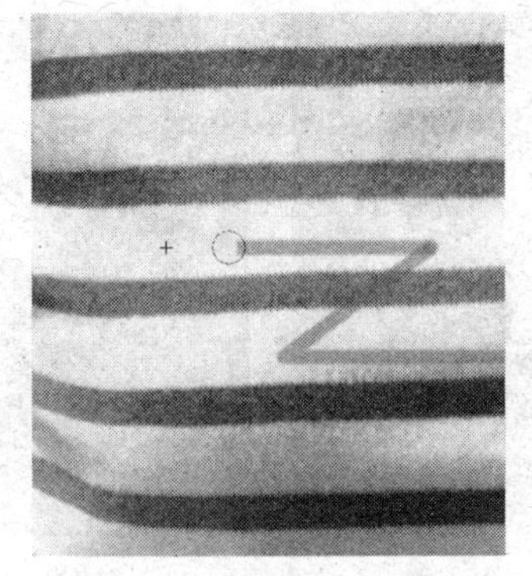
图 3-51　修复最近的图像

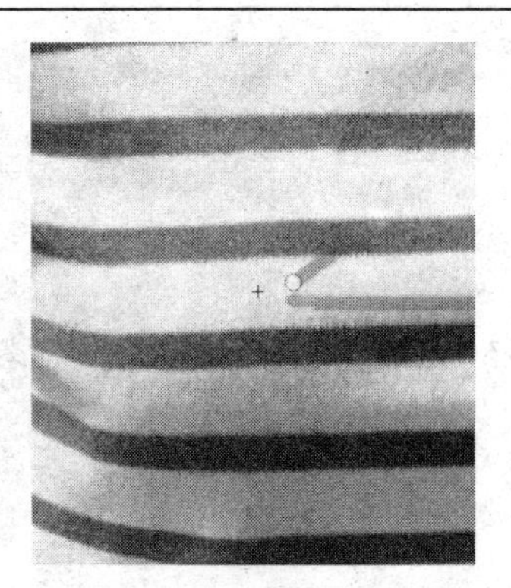
图 3-52　继续修复

知识回顾与拓展

本操作主要练习了修复工具的使用。污点修复工具的使用最为简单，也是可快速修复图像杂点的最有效工具；修复工具的优势在于在修复的同时可保留原图像的阴影、光照和纹理等效果，因此可用于消除纹理图像上的蒙尘和褶皱等；修补工具可以自由选取用于修复或被修复的图像范围。

选择工具箱中的修复工具，其工具属性栏如图 3-53 所示，各选项含义如下。

图 3-53　修复画笔工具属性栏

- 画笔：用于设置修复画笔的直径、硬度和角度等参数。
- 模式：用于选择一种颜色混合模式，选择不同的模式后其修复效果也各不相同。
- 源：用于设置修复时所使用的图像来源，若选择“取样”单选钮，则修复时将使用按住【Alt】键取样的图像用于修复；若选择“图案”单选钮，将激活其右侧的“图案”选项，在其下拉列表框中可选择一种图案用于修复。
- 对齐：选择该复选框，只能修复一个固定位置的图像，即修复所得到的是一个完整的图像；不选中该复选框时则可连续修复多个相同区域的图像。
- 样本：若图像包含多个图层时，可以选择对当前图层、当前和下方图层或所有图层上的图像进行取样。

操作三　去除红眼

在工具箱中用鼠标按住工具不放，在弹出的修复工具列表中有一个红眼工具，它可以快速去除照片中人物或动物眼睛中由于闪光灯引发的红色、白色或绿色反光斑点。本操作将练习使用该工具去除一幅小猫照片眼睛中的红斑，前后对比效果如图 3-54 所示。

◆ 操作要求

（1）用红眼工具去除红眼。

（2）用画笔工具改善处理眼球四周的偏色现象。

图 3-54　去除红眼前后对比效果

◆ 操作步骤

（1）选择“文件”→“打开”菜单命令，打开素材“小猫.jpg”，使用工具箱中的缩放工具将眼睛局部放大显示。

（2）选择工具箱中的红眼工具，在工具属性栏中设置“瞳孔大小”为 12%，“变暗量”为 50%，如图 3-55 所示。、

瞳孔大小: 12%　变暗量: 50%

图 3-55　设置参数

提示：属性栏中的“瞳孔大小”下拉列表框用于设置眼睛暗色中心的大小，“变暗量”下拉列表框用于设置瞳孔的暗度。

（3）将鼠标指针移动到小猫左眼中的红斑处单击，即可去除该处的红眼，如图 3-56 所示。

图 3-56　去除左眼的红斑

（4）将鼠标指针移至右眼的红斑处单击，即可去掉该处的红眼，效果如图 3-57 所示。此时眼睛中的红斑已基本被修复，但眼球四周的颜色仍存在红光的现象，下面进行处理。

（5）选择工具箱中的画笔工具，在工具属性栏中设画笔为“尖角 8 像素”，在“模式”下拉列表框中选择“色相”选项，将“不透明度”设为 36%。

（6）放大图像，设置前景色为黑色，在左眼的眼球四周单击并进行拖动涂沫，使其变为黑色，如图 3-58 所示。

图 3-57　去除红眼的效果

图 3-58　用画笔工具修复颜色

（7）用同样的方法在右眼的眼球四周单击并进行涂沫，使其变为黑色，完成修复，最终效果如图 3-54 右图所示，将修复后的图像保存为“去除红眼.jpg”。

知识回顾与拓展

本操作主要练习了红眼工具的使用。红眼工具在数码照片的处理中运用得十分广泛，使用也较为简单，如果只是黑色眼珠上带有红眼，使用该工具单击直接去除即可，若眼球的四周有红色反光就需要进一步运用画笔工具、颜色替换工具等进行处理。

操作四 复制云朵和船图像

使用工具箱中的仿制图章工具用可以将图像单击处作为基准点，将该基准点周围的图像复制到同一图像或另一幅图像中。本操作将练习使用仿制图章工具在“大海”图像中复制云朵和船只，复制前后的对比效果如图 3-59 所示。

图 3-59 复制图像前后对比效果

◆ 操作要求

复制图像可以选取后通过剪贴板进行复制，但复制后的图像边缘是不能自动与背景融合的，一般还需要进行处理。本操作使用图章工具进行图像复制时可以选择要复制的区域，而且可以使边缘自然与背景融合，使其看上去像真的一样。具体制作要求如下。

（1）用仿制图章工具在已有的云朵上单击取样，再在其他位置涂抹进行复制。

（2）完成后设置不透明度参数，在船只上取样，在稍远的位置复制船图像。

◆ 操作步骤

（1）选择“文件”→“打开”菜单命令，打开素材“大海.jpg”，然后选择工具箱中的仿制图章工具。

（2）在其工具属性栏中设置画笔的大小，这里选择柔角 27 像素画笔，并选中“对齐”复选框，其他参数保持默认设置，如图 3-60 所示。

图 3-60 设置仿制图章工具参数

（3）按住【Alt】键不放，此时鼠标指针将变成⊕形状，在左侧靠下方的云朵图像上单击选择基准点，如图 3-61 所示。

（4）在右侧下方没有云朵的位置单击一点作为起点，然后按住鼠标左键不放进行拖动，被拖动涂抹的区域将绘制出与选择图像相同的图像，如图 3-62 所示。

图 3-61　单击取样

图 3-62　开始复制云朵

（5）继续拖动直到复制出需要的云朵图像，在复制过程中选择的原基准点将出现一个十字光标，并随着鼠标的拖动进行移动，观察该光标的位置并沿着需要复制图像的轮廓进行移动即可更为精确地复制出图像。

提示：在拖动涂抹的过程中可随时根据需重新按【Alt】键进行采样，但一定要注意不能随意拖动鼠标，这样会将不需要的图像进行复制。

（6）用同样的方法按住【Alt】键不放，在左侧云朵图像上单击选择基准点后在右侧复制的云朵图像旁边单击并拖动，复制出需要的云朵图像，如图 3-63 所示。

（7）用同样的方法按住【Alt】键不放，在上方的云朵图像上单击选择基准点后在右侧复制出需要的云朵图像，如图 3-64 所示。

图 3-63　复制云朵

图 3-64　继续复制云朵

（8）在仿制图章工具属性栏中将画笔大小调整为 20 像素，将“不透明度”设置为 70%，如图 3-65 所示。

（9）按住【Alt】键不放，在船只一角上单击选择基准点，然后在左侧稍远位置单击并拖动进行涂抹，直到复制出整个船只图像，如图 3-66 所示。最后完成图像复制后将文件另存为“复制图像.jpg”。

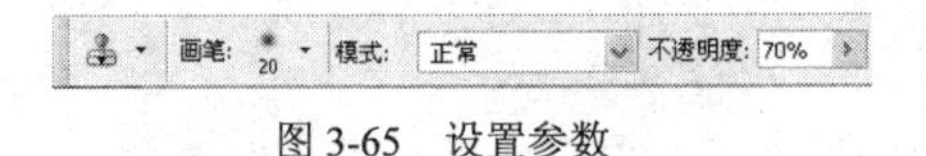

图 3-65　设置参数

图 3-66　复制船只图像

知识回顾与拓展

本操作主要练习了仿制图章工具的使用。仿制图章工具属性栏中的前面几个参数，与前面介绍的画笔工具的相关参数含义相同，“对齐”和“对所有图层取样”与前面的修复画笔工具的参数含义相同。在使用过程中，要注意需要复制图像四周的图像颜色不能区别太大，否则复制的图像将不能很好地融合到背景中，同时运用仿制图章工具同样可以去掉一些图像上多余的图像。

另外，按住工具箱中的仿制图章工具不放，在弹出的工具列表中还包括一个图案图章工具，主要用选择的图案进行图像复制，其工具属性栏如图 3-67 所示。

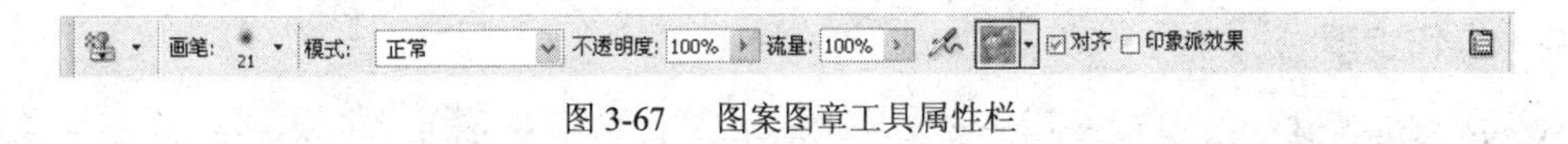

图 3-67　图案图章工具属性栏

图案图章工具的参数与仿制图章工具大部分相同，不同的是多了一个“图案”选项，单击“图案”右侧的按钮，将弹出如图 3-68 所示的选择图案下拉列表框，在其中选择一种图案后，设置好不透明度和流量等参数，在图像窗口中单击并按住鼠标左键不放来回拖动，被涂抹的区域将复制出图案效果，如图 3-69 所示。

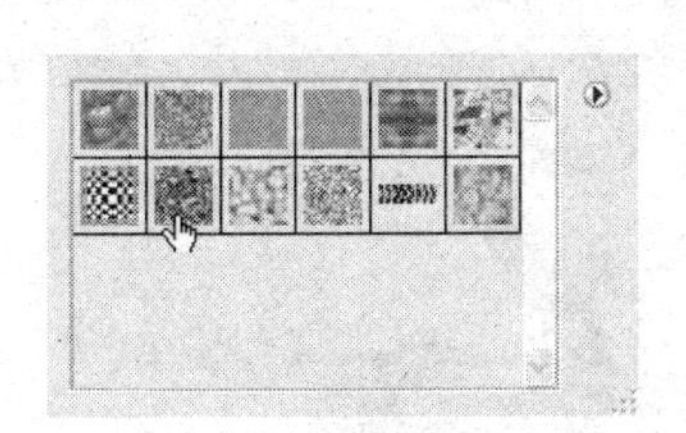

图 3-68　选择图案

图 3-69　复制图案

操作五　制作朦胧荷塘背景

在工具箱中用鼠标按住工具不放，在弹出的工具列表中有橡皮擦工具、背景色橡皮擦工具和魔术橡皮擦工具，主要用于擦除图像。本操作将练习使用橡皮擦工具对两幅荷花素材进行擦除处理，得到需要的部分图像，最后合成到背景图像。合成后的背景效果如图 3-70 所示。

图 3-70　制作荷塘背景效果

◆　操作要求

橡皮擦工具主要用于擦除不需要的图像，本操作通过设置擦除不透明度等参数得到若隐若现的图像效果。具体制作要求如下。

（1）在素材“荷花 01.jpg”中使用魔术橡皮擦工具先擦除大部分的黑色背景，再使用移动工具移动到“背景.jpg”图像中，然后使用橡皮擦工具擦除多余的图像，并通过降低不透明度擦除部分图像颜色，使其融合到背景中。

（2）将“荷花 02.jpg”文件移动至“背景”图像中，再使用橡皮擦工具进行与“荷花 01”类似的处理。

◆　操作步骤

（1）选择“文件”→“打开”菜单命令，打开素材“荷花 01.jpg”、“荷花 02.jpg”和“背景.jpg”3 幅图像。

（2）切换到“荷花 01.jpg”图像窗口中，选择工具箱中的魔术橡皮擦工具，将属性栏中的“容差”设置为 4，将鼠标指针移至图像的黑色背景颜色区域并单击，则与该颜色相同或相近的区域将被擦除。图 3-71 所示为擦除前后的效果对比。

图 3-71　用魔术橡皮擦工具擦除图像背景

（3）选择工具箱中的移动工具，将擦除后的荷花图像拖动复制到“背景.jpg”图像中，按【Ctrl+T】快捷键将其缩小，并移至背景的右下角，效果如图 3-72 所示。

（4）选择工具箱中的橡皮擦工具，在其属性栏中选择柔角 27 像素的画笔大小，“不透明度”为默认的 100%，“流量”为默认的 100%，在荷花左侧多余的杂点图像上单击并拖动着擦除，效果如图 3-73 所示。

图 3-72　缩小图像大小

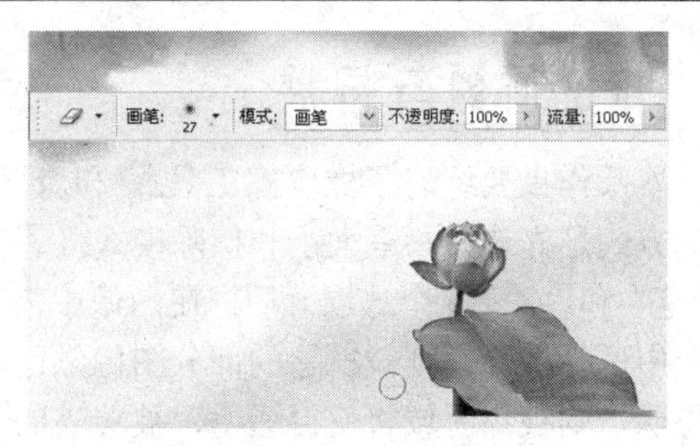

图 3-73　擦除多余的图像

（5）将橡皮擦工具属性栏中的“不透明度”设为 60%，在图像窗口中按【]】键增加画笔大小，然后在整个荷花图像中按住鼠标左键不放，拖动擦除部分图像颜色使其变浅，完成后释放鼠标，在图像边缘拖动鼠标进行再次擦除，效果如图 3-74 所示。

（6）用移动工具将处理好的荷花图像移至右下角适当位置并进行适当缩小，切换到“荷花 02.jpg”窗口中，用移动工具将整个图像拖动至背景中，并进行缩小，效果如图 3-75 所示。

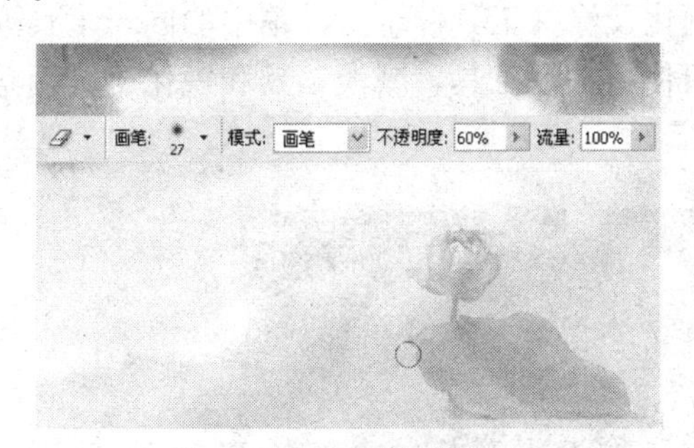

图 3-74　擦除部分图像颜色

图 3-75　调入“荷花 02”图像

（7）选择工具箱中的橡皮擦工具，将橡皮擦工具属性栏中的“不透明度”设为 100%，在“荷花 02”图片四周上按住鼠标左键不放进行拖动擦除，保留花朵部分，效果如图 3-76 所示。

（8）将橡皮擦工具属性栏中的“不透明度”设为 50%，“流量”设为 80%，在“荷花 02”图片四周的背景上拖动擦除背景，使花朵边缘变得柔和，效果如图 3-77 所示。

（9）将橡皮擦工具属性栏中的“不透明度”设为 30%，“流量”设为 100%，在整个“荷花 02”图片上按住鼠标左键不放拖动擦除部分图像颜色使其变浅，完成后将其移至左下角位置并适当缩小，完成本例的制作，最终效果如图 3-70 所示，将文件另存为“荷塘.psd”。

图 3-76　擦除花朵外的背景图像

图 3-77　擦除部分边缘图像

知识回顾与拓展

本操作主要练习了橡皮擦工具和魔术橡皮擦工具的使用。使用橡皮擦工具擦除图像的方式是先选择画笔大小和擦除模式（属性栏中的“模式”下拉列表框中提供了“画笔”、“铅笔”和“块”3个选项）后，在图像中需要擦除的位置按住鼠标左键拖动即可。若是在背景层中进行擦除，则被擦除的部分图像颜色将用当前背景色进行填充。本操作是在图层中进行擦除，则被擦区域将变得透明，被覆盖的下层图像颜色将显示出来。魔术橡皮擦工具可以进行智能擦除，在擦除图像时单击鼠标所在点颜色范围的偏差是由“容差”值决定的。

另外，背景色橡皮擦工具的用法与橡皮擦工具相同，主要用于对图像背景层进行擦除，擦除后的部分将变得透明。

操作六　调整图像颜色

减淡、加深及海绵工具位于工具箱的同一工具列表中，分别用于提高图像亮度，降低图像的亮度，加深及降低图像的饱和度。模糊、锐化及涂抹工具位于工具箱中的同一工具列表中，主要对图像进行模糊和锐化。本操作将练习使用加深工具、减淡工具和锐化工具调整图像颜色，其效果如图3-78所示。

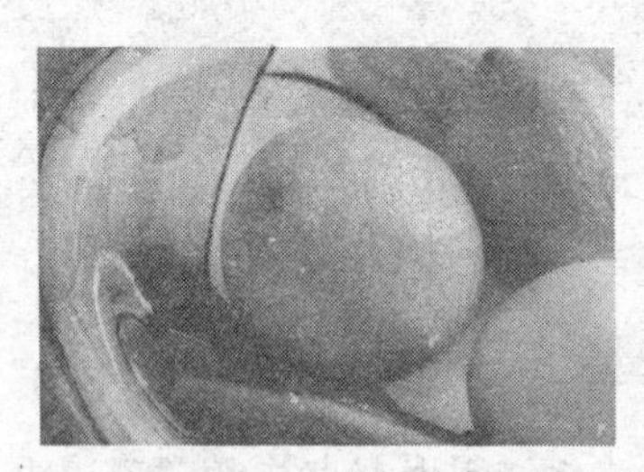
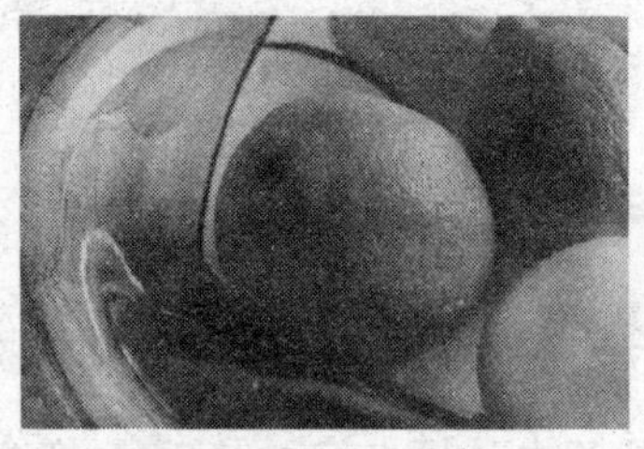

图3-78　调整图像颜色前后对比效果

◆ 操作要求

在Photoshop中调整图像颜色主要通过“图像”→“调整”子菜单下的命令来实现，该调整方法主要针对整幅图像或整个图层，而本例使用减淡、加深及锐化工具可以调整图像的局部，而且操作灵活。具体制作要求如下。

（1）先使用加深工具加深整幅图像的颜色，再对水果图像局部进行加深。

（2）使用减淡工具对局部图像进行减淡处理。

◆ 操作步骤

（1）选择“文件”→“打开”菜单命令，打开素材“水果.jpg”。

（2）选择工具箱中的加深工具，在其工具属性栏中将画笔大小设为70像素，在“范围”下拉列表框中选择“中间调”选项，将“曝光度”设为40%。

（3）在水果图像窗口中按住鼠标左键不放进行拖动，加深整幅图像的颜色，如图3-79所示。

（4）将加深工具属性栏中的“曝光度”修改为20%，按【[】键适当缩小画笔大小，在橙子和左下方的蔬菜上按住鼠标左键不放进行拖动，对其进行加深处理，效果如图3-80所示。

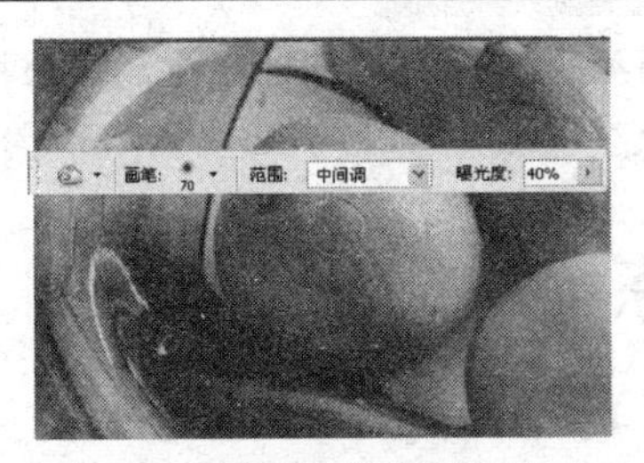

图 3-79　对整幅图像进行颜色加深

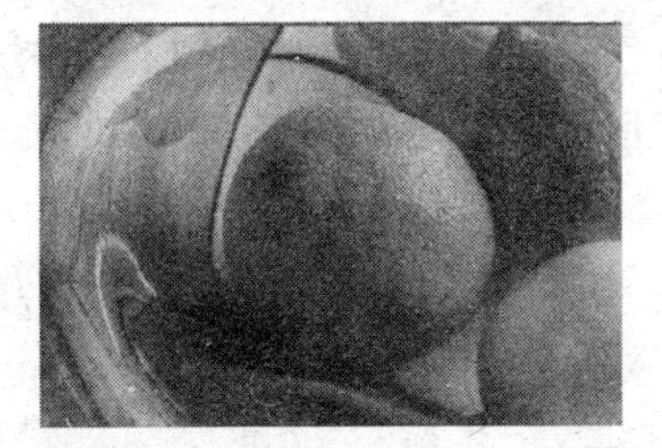

图 3-80　对水果和蔬菜进行颜色加深

（5）选择工具箱中的减淡工具，在其工具属性栏中将“曝光度”设为 33%，然后分别在左侧的蓝色图像和右下角的蔬菜上按住鼠标不放进行拖动，降低图像的亮度，效果如图 3-81 所示。

（6）选择工具箱中的锐化工具，在其工具属性栏中将“强度”设为 20%，然后分别在左侧的蓝色图像上边缘和橙子图像局部按住鼠标左键不放进行拖动，使图像的边界更加清晰，突出纹理，完成本例的制作，效果如图 3-82 所示。

（7）将调整后的图像另存为“颜色调整.jpg”文件。

知识回顾与拓展

本操作主要练习了加深工具、减淡工具和锐化工具的使用。下面对两组工具的作用及参数设置进行介绍。

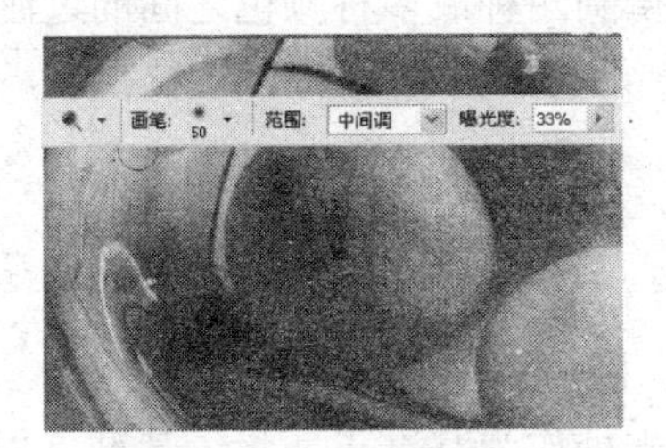

图 3-81　对局部图像进行减淡

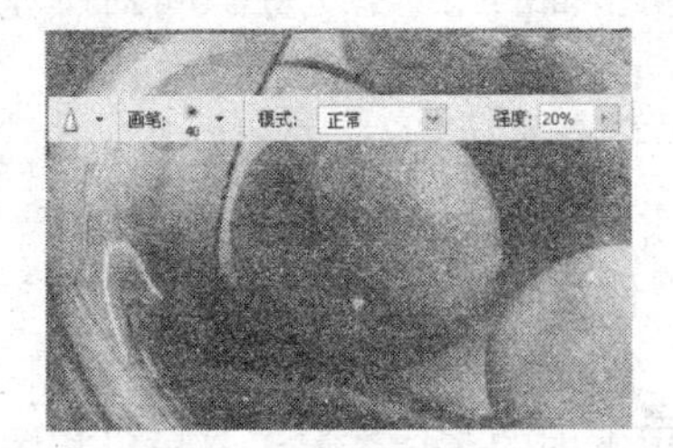

图 3-82　对局部图像进行锐化

- 加深工具：通过降低图像的曝光度来降低图像的亮度，在其工具属性栏中的“范围”下拉列表框中选择“阴影”选项，仅对图像中的较暗区域起作用；选择“中间调”选项，仅对图像的中间色调区域起作用；选择“高光”选项，仅对图像的较亮区域起作用；“曝光度”选项用于设定一次操作对图像的曝光强度。
- 减淡工具：通过提高图像的曝光度来提高图像的亮度，该工具的选项设置及使用与加深工具相同。
- 海绵工具：用于降低图像的色彩饱和度，在其工具属性栏中的“模式”下拉列表框中若选择“去色”选项，则降低图像的饱和度，使图像变灰；选择“加色”选项，则提高图像的色彩饱和度。
- 模糊工具：主要通过柔化图像中突出的色彩和僵硬的边界，使图像的色彩过渡平滑，产生模糊图像效果。
- 锐化工具：其作用与模糊工具相反，通过对图像进行锐化，使图像的边界更加清晰。该工具的参数设置及使用方法与模糊工具相同。
- 涂抹工具：用于拾取单击起点处的颜色，并沿拖动的方向展开这种颜色，从而模拟用手指在未干的画布上进行涂抹产生的效果。其工具属性栏中的“手指绘画”复选框，用于设定是否按当前前景色进行涂抹。

课 后 练 习

一、填空题

（1）Photoshop CS3 中用于绘图并可随意改变绘图画笔大小的工具包括__________和__________工具。

（2）渐变工具根据渐变效果提供了__________、__________、__________、__________、__________5 种渐变方式。

（3）使用__________工具可以把一幅图像中需要的部分裁切保留下来，将多余的图像裁切掉。

（4）使用__________工具可以快速修复图像中的斑点或小块杂物，使用__________工具可以用图像中与被修复区域相近的颜色去修复破损或划痕。

二、选择题

（1）使用下面的（　　）工具可对图像填充得到两种或多种颜色之间的过渡效果。

A．画笔工具　　B．渐变工具

C．修复画笔工具　　D．加深工具

（2）用于修复图像的工具有（　　）。

A．修复画笔工具　　B．修补工具

C．红眼工具　　D．橡皮擦工具

（3）使用下面的（　　）工具可以将图像单击处作为基准点，将该基准点周围的图像复制到同一图像或另一幅图像中。

A．画笔工具　　B．仿制图章工具

C．图案图章工具　　D．锐化工具

（4）使用下面的（　　）工具可以将图案填充到选区或被涂抹图像区域。

A．画笔工具　　B．仿制图章工具

C．图案图章工具　　D．锐化工具

（5）下面对魔术橡皮擦工具描述正确的是（　　）。

A．使用魔术橡皮擦工具时可以先选择画笔大小和擦除模式

B．擦除图像背景后，则被擦除的部分图像颜色将用当前背景色进行填充

C．可以擦除与鼠标单击处颜色相同或相近的区域

D．擦除图像后使用前景色进行填充

三、问答题

（1）使用画笔工具和铅笔工具绘图时怎样选取所需样式及大小的画笔？

（2）如何使用渐变工具进行径向渐变填充？

（3）如何裁切图像？

（4）如何使用修复画笔工具修复图像？

（5）如何使用红眼工具去除红眼？

（6）如何使用仿制图章工具复制图像？

（7）加深与减淡工具有什么作用？

四、上机操作题

（1）打开素材“雨后.jpg”，用渐变和减淡等工具制作如图 3-83 所示的雨后彩虹效果。

提示：打开“渐变编辑器”窗口，在色条下方单击添加 7 个色块，并分别设置为彩虹中的红、橙、黄、绿、青、蓝、紫 7 种颜色，然后将各色块的位置全部移向右侧，各色块之间间隔 1%的位置，然后将色条上端最左侧的色块移至右侧，再单击添加一个色块将其“不透明度设为 0%，并拖动至右侧颜色的旁边，完成的渐变编辑如图 3-84 所示。选择径向渐变方式，并将“不透明度”设置为 30%，新建一个图层 1，在图像中从下往上进行拖动渐变，完成后选择并删除绿色多余的图像，使用橡皮擦工具擦除左右两端多余的彩虹图像，再使用减淡工具将彩虹进行减淡即可。

图 3-83　雨后彩虹效果

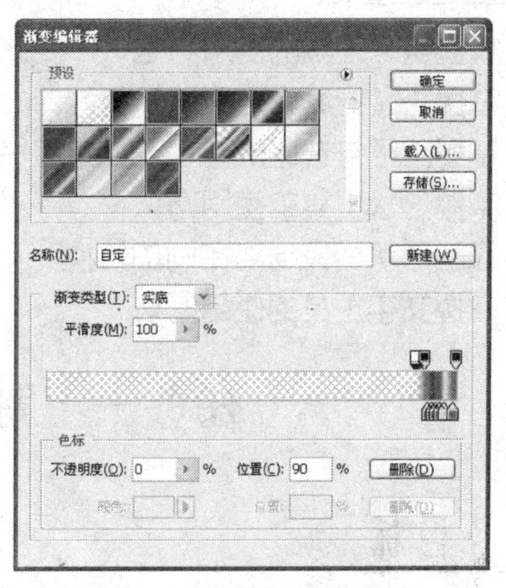

图 3-84　彩虹的渐变颜色编辑

（2）打开如图 3-85 所示的素材“小狗.jpg”，用仿制图章工具或修复工具将左侧的左余的图案去掉，再使用画笔工具为其添加蝴蝶相框效果，最终效果如图 3-86 所示。

图 3-85　打开“小狗.jpg”

图 3-86　最终效果

模块四　路径、形状和文字工具的使用

模块简介

路径、形状与文字工具都是 Photoshop 图像处理中的重要工具。使用路径工具可以更好地对图形的轮廓进行精确定位和调整，从而创建出图形的选区，通过路径工具还可以绘制出各种矢量图形；使用形状工具可以绘制出直线、矩形、圆角矩形和椭圆等形状图形，并可创建为形状矢量路径进行编辑；使用文字工具可以为制作好的图像添加各种文字。掌握这些工具的使用可以提高在 Photoshop 中处理图像的能力。本模块将通过多个实用的小例子以任务驱动的方式介绍路径、形状和文字工具的使用。

学习目标

- 掌握钢笔工具的使用方法
- 掌握路径的编辑方法
- 掌握路径与选区的互换及描边路径的操作
- 掌握形状工具的使用方法
- 了解形状工具与路径间的转换
- 掌握文字工具的使用方法

任务一　路径工具的使用

任务目标

sPhotoshop 中的路径是用一系列锚点连接起来的线段或曲线，绘制路径后可以沿着这些线段或曲线进行描边、填充操作，还可以转换为选区再进行编辑，从而创建出各种形状图形。本任务将通过选取瓷器图像、绘制名片背景和制作邮票效果等操作，掌握路径工具的使用。

操作一　选取瓷器图像

在工具箱中用鼠标按住工具不放，在弹出的工具列表中有钢笔工具、自由钢笔工具、添加锚点工具、删除锚点工具和转换点工具，其中前两个工具用于绘制路径，后 3 个工具用于编辑路径的形状。本操作将练习使用钢笔工具选取图像，然后放入新的背景中。图 4-1 所示为需要选取的素材图像及完成后的效果。

◆ 操作要求

设计师比较喜欢用钢笔工具进行图像的选取，以便于对细节处进行调整，而且可以转换为选区对选区内的图像进行编辑。本操作的效果就是运用钢笔工具选取鱼形瓷器图像，然后将路径转换为选区后移至新的背景中。具体制作要求如下。

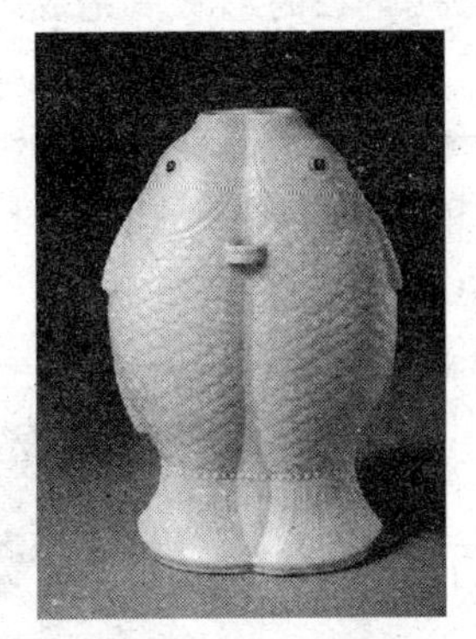
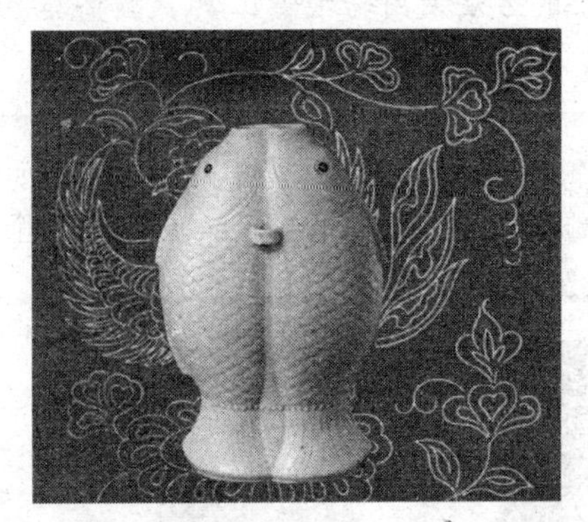

图 4-1　用路径工具选取图像前后效果

（1）使用钢笔工具沿瓷器图像的轮廓绘制一个闭合路径。

（2）将图像放大，对路径形状细节进行调整，使其满足选取需要。

（3）将路径转换为选区，移动至新背景图像中。

◆　操作步骤

（1）选择“文件”→“打开”菜单命令，打开素材文件“瓷器.jpg”，然后选择工具箱中的钢笔工具。

（2）在瓷器图像左下角边缘单击创建路径的起点，沿轮廓移动鼠标至另一位置处单击，将在该点与起点间绘制一条线段路径，继续沿要选取的图像轮廓单击绘制路径，如图 4-2 所示。

（3）用同样的方法沿瓷器边缘轮廓单击并绘制路径，最后回到路径的起点，如图 4-3 所示，在起点位置单击鼠标左键即可闭合路径，得到一个完整形状的路径，如图 4-4 所示。

图 4-2　开始绘制路径

图 4-3　回到起点

图 4-4　完成路径绘制

提示：路径上的各方块控制点称为锚点，将鼠标移到路径的起点处时鼠标形状将变成形状。

（4）用缩放工具将图像放大，可以发现绘制的路径有些位置没有轮廓边缘处，此时需要对绘制的路径进行调整。

（5）选择工具箱中的转换点工具，单击选中路径，此时路径出现锚点，用鼠标单击选中需要调整形状处的锚点，按住鼠标左键不放并拖动将在节点两边出现调整曲线，分别拖动曲线两边的上调节杆即可调整其弧度，从而使路径形状更为平滑，如图 4-5 所示。

（6）用同样的方法使用转换点工具调整其他锚点处路径的形状，完成编辑后的路径如图 4-6 所示。

提示：在编辑路径形状时选中某个锚点后按键盘上的方向键可以移动锚点的位置，根据需要也可通过选择工具箱中的添加锚点工具在路径上单击来添加一个锚点，或选择删除锚点工具，在路径的锚点上单击删除多余的锚点。

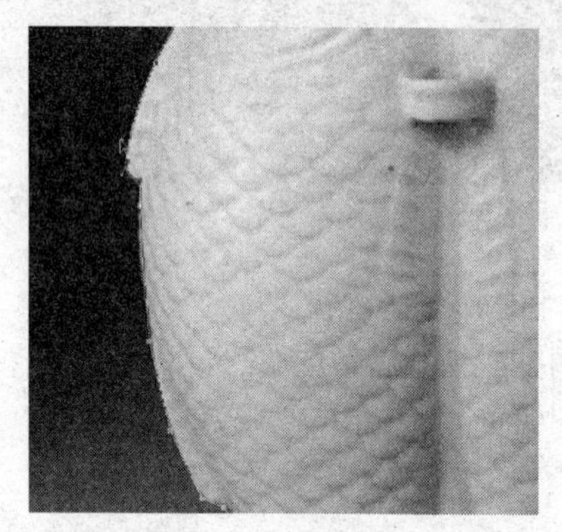

图 4-5 编辑路径形状

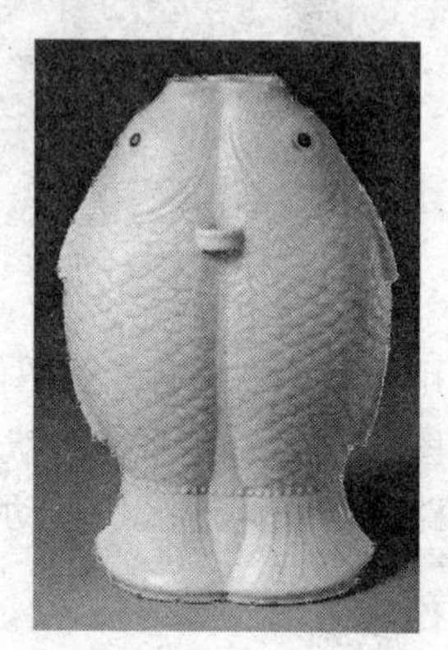

图 4-6 调整后的路径

（7）打开“路径”控制面板，此时面板中将出现绘制的工作路径，单击面板下方的“将路径转化为选区”按钮，如图 4-7 所示，即可将当前路径转化为选区，效果如图 4-8 所示。

（8）打开如图 4-9 所示的素材文件“背景.jpg”，用移动工具将选取的图像拖动至背景中并调整好大小和位置完成本例的制作，最终效果如图 4-1 右图所示，将文件另存为“瓷器.psd”。

图 4-7 “路径”控制面板

图 4-8 将路径转换为选区

图 4-9 打开的背景图像

知识回顾与拓展

本操作练习了钢笔工具和节点转换工具的使用方法，钢笔工具的使用与磁性套索工具的使用方法比较类似，不同的是使用钢笔工具绘制形状路径后可以进行编辑修改，非常方便，同时绘制的路径在保存图像后会一直存放在“路径”控制面板中，选择形状路径后还可再次显示出路径并进行编辑，因此很多设计人员常利用钢笔工具进行抠图。在实际工作中选区与路径也是可以互换的，即也可以将绘制的选区转换为路径进行编辑，方法是单击“路径”控制面板下方的“将选区转化为路径”按钮。

使用钢笔工具可以绘制直线路径和曲线路径两种路径，本例主要绘制的是直线路径，在绘制过程中单击一点后，按住【Shift】键不放再单击另一点，可以创建出水平、垂直或 45°方向上的直线路径。

若要使用钢笔工具绘制曲线路径，其方法是单击工具箱中的钢笔工具，单击确定路径的第 1 个锚点（起点），按住鼠标左键不放并拖动，可从起点处建立一条方向线，将鼠标移到另一位置处后单击并拖动，释放鼠标后即可绘制出一条曲线路径。用同样的方法可绘制出一条由多条曲线段构成的路径，如图 4-10 所示。最后将鼠标光标移到路径的起点处，待光标变成形状时单击可以绘制出一条封闭的路径。

使用自由钢笔工具可以像使用画笔工具一样，只需在图像窗口中适当位置处按下鼠标左键不放，再随着需要绘制的形状进行拖动，即可绘制出随意形状的路径，如图 4-11 所示。

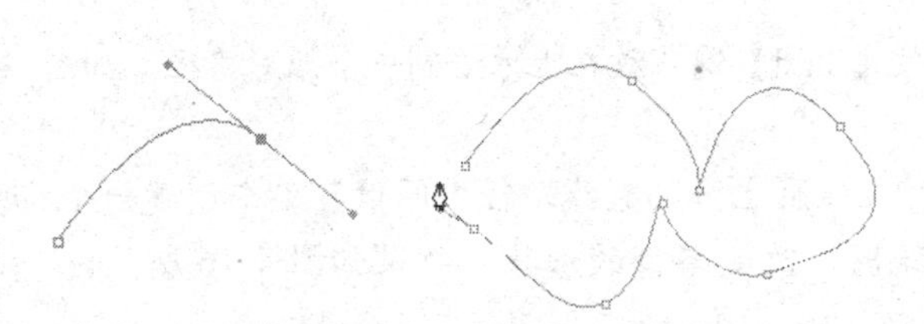

图 4-10　用钢笔工具绘制曲线路径

图 4-11　用自由钢笔工具绘制路径

操作二　绘制名片背景

使用路径工具不仅可以选取图像，还可以绘制各种形状的图形，同时绘制路径后还可通过工具箱中的路径选择工具对路径进行移动、复制等操作。本操作将练习使用钢笔工具、转换点工具和路径选择工具绘制名片背景及标志图形，完成后的效果如图 4-12 所示。

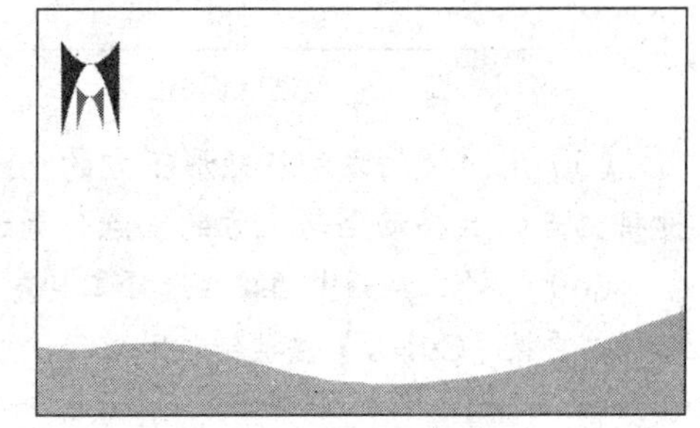

图 4-12　绘制的名片背景

◆　操作要求

设计名片时要注意名片的尺寸大小是有规范的，名片的内容主要包括企业名称标志、人物姓名、职务、联系方式和从事业务等相关文本。本操作的名片制作主要运用路径工具绘制出标志和弧形底图，设计出名片的背景部分。具体制作要求如下。

（1）使用钢笔工具在名片底部绘制曲线路径。

（2）使用钢笔工具绘制一个矩形路径，然后对其形状进行编辑。

（3）使用路径选择工具选择并复制路径，对复制的路径进行缩小。

（4）通过“用前景色填充路径”按钮对绘制的路径进行颜色填充。

◆　操作步骤

（1）选择“文件”→“新建”菜单命令，打开“新建”对话框，进行如图 4-13 所示的参数设置，单击“确定”按钮新建“名称”文件。

（2）选择工具箱中的钢笔工具，在名片下方单击一点后绘制曲线路径，完成后对形状进行调整，效果如图 4-14 所示。

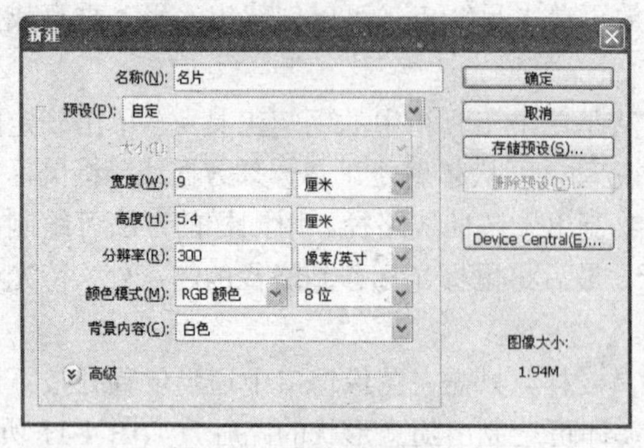

图 4-13 “新建”对话框

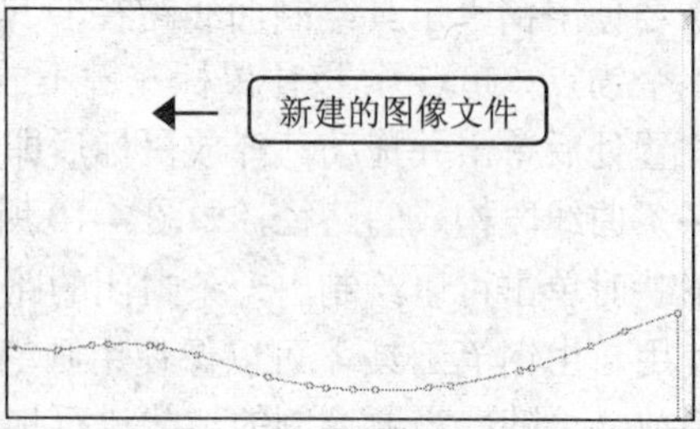

新建的图像文件

图 4-14 绘制曲线路径

（3）选择工具箱中的钢笔工具，按住【Shift】键不放在上方绘制一个矩形路径，如图 4-15 所示。

（4）选择工具箱中的添加锚点工具，在矩形上方的直线路径中间位置单击创建一个锚点，然后按向下方向键将锚点向下移动一定距离，改变路径的形状，效果如图 4-16 所示。

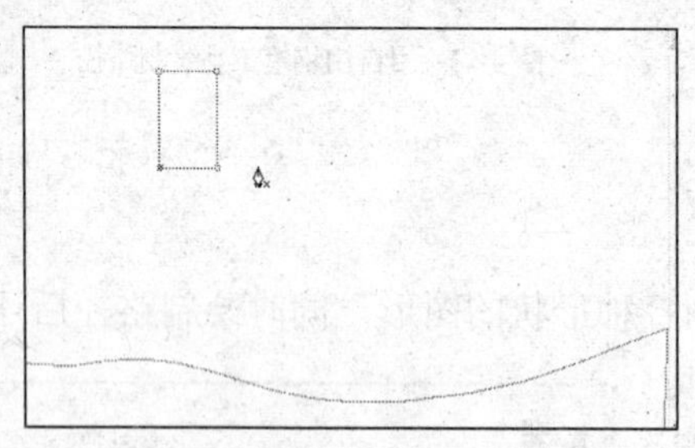

图 4-15 绘制矩形路径

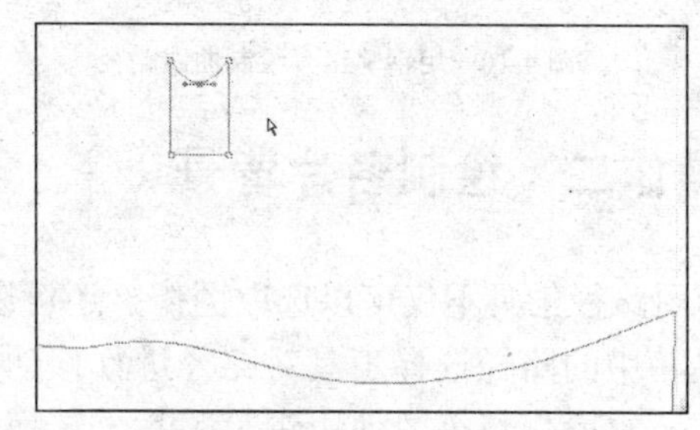

图 4-16 添加锚点并移动

（5）用同样的方法在矩形下方的直线路径中间位置单击创建一个锚点，然后按向上方向键将锚点向上移动至与上方的锚点位置进行重叠，改变路径的形状，效果如图 4-17 所示。

（6）选择工具箱中的路径选择工具，单击选择上方的图案路径，按【Ctrl+C】快捷键复制路径，再按【Ctrl+V】快捷键粘贴路径，然后按【Ctrl+T】快捷键将路径缩小，如图 4-18 所示。

提示：选择路径后通过按【Ctrl+T】快捷键可以像变换图像一样改变其大小、角度和形状等。

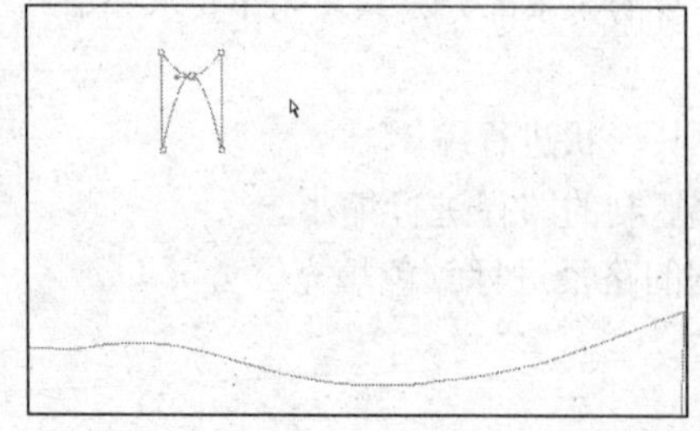

图 4-17 添加锚点并移动

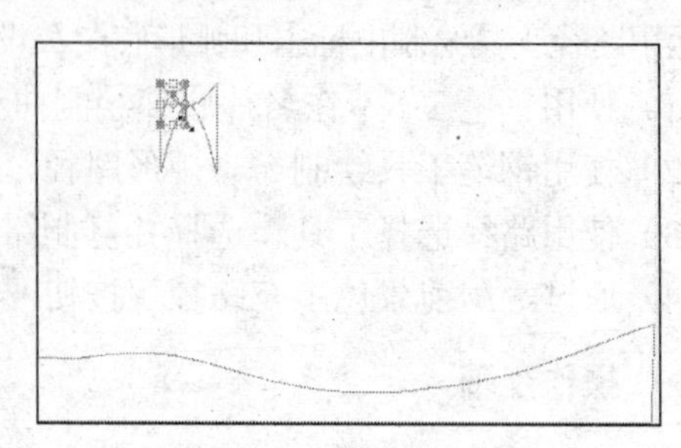

图 4-18 复制并变换路径

（7）用路径选择工具框选上方的两个路径将其拖动到名片左上角位置，完成标志路径的绘制。

（8）打开“图层”控制面板，单击面板底部的“创建新图层”按钮新建一个图层 1，然后用路径选择工具单击选择名片下方的曲线路径。

（9）切换到“路径”控制面板，将当前前景色设为绿色（R:127，G:194，B:105），单击面板下方的“用前景色填充路径”按钮，即可将当前路径填充为前景色，效果如图 4-19 所示。

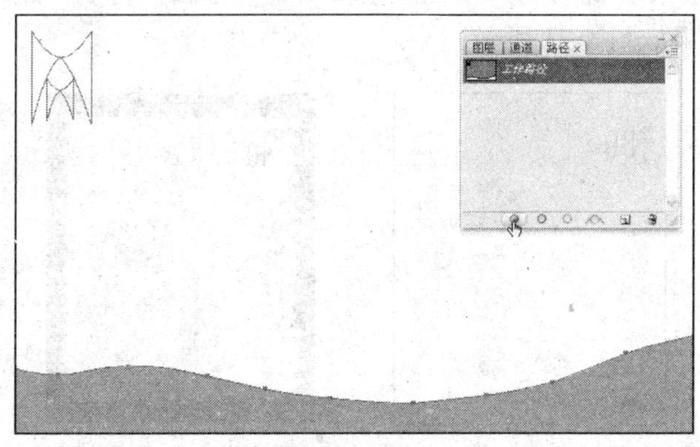

图 4-19　填充路径

（10）用路径选择工具单击选择名片左上角最大的图案路径，将前景色设为黑色，单击“路径”控制面板下方的“用前景色填充路径”按钮填充路径，用同样的方法将较小的图案路径填充为红色，效果如图 4-20 所示。

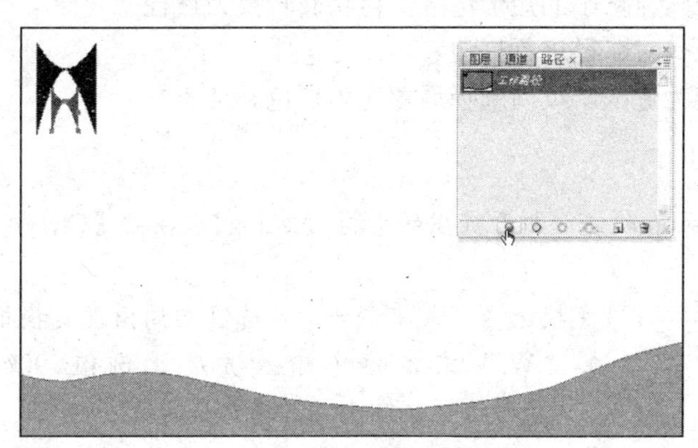

图 4-20　填充标志路径

（11）此时已完成本例的制作，为了便于查看最终效果，可以按【Ctrl+H】快捷键隐藏路径，其最终效果如图 4-12 所示，将文件保存为“名片.psd”，后面我们再为名片添加文字说明。

知识回顾与拓展

本操作练习了钢笔工具、节点转换工具和路径选择工具的使用方法，其中除了路径选择工具可以选择路径外，选择工具箱中的直接选择工具也可以选择路径，不同的是后者可以选择路径的部分锚点并进行编辑修改。绘制的路径在填充后仍然保留在图像中，若不需要可以在“路径”控制面板中将其拖动到面板下方的“删除”按钮上进行删除，在填充路径时也可以先转换为选区再进行填充操作。

操作三　制作邮票效果

绘制路径后不仅可以填充路径还可通过描边路径操作来描绘出路径的边缘轮廓。本操作将练习使用描边路径操作，路径与选区的互换操作将一幅画素材制作成邮票效果，其原始素材和制作后的邮票效果如图 4-21 所示。

图 4-21　制作的邮票效果

◆ 操作要求

邮票效果不仅仅运用于邮票素材，本操作着重介绍邮票边缘的制作，这类效果同样也可应用于各种设计中素材边缘的处理上，如照片处理等。具体制作要求如下。

（1）创建一个比素材略小的矩形选区，再将其转换为路径。

（2）运用画笔工具对路径进行描边。

（3）将路径转换为选区，反向选择后填充为黑色。

◆ 操作步骤

（1）启动 Photoshop 软件，打开提供的素材“画.jpg”，在按【Ctrl+A】快捷键全选图像，如图 4-22 所示。

（2）选择“选择”→“变换选区”菜单命令，在选区四周出现变换框，在其属性栏中的单击按下图标，然后在“W:”文本框中输入宽度比例值 90%，高将自动变为 90% Y: 127.0 px W: 90.0% H: 90.0%，此时选区将缩小，效果如图 4-23 所示。

图 4-22　全选图像

图 4-23　缩小图像选区

（3）按【Enter】键应用选区的变换操作，切换到“路径”控制面板，单击底部的“将选区转化为路径”按钮 将选区转换路径，如图 4-24 所示。

提示：本例也可直接使用钢笔工具绘制一个矩形路径。

（4）将前景色设置为黑色，选择工具箱中的画笔工具，单击其属性栏右侧的按钮，打开“画笔”调板，单击选中“画笔笔尖形状”选项，在样式列表框中选择“尖角 13”画笔，然后拖动下方的“间距”滑块，将其设为 122%，如图 4-25 所示。

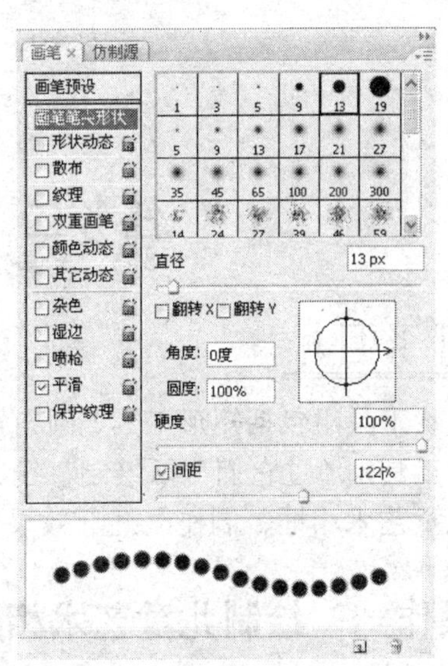

图 4-24　将选区转换为路径　　　　图 4-25　设置画笔参数

提示：画笔的大小和间距应结合图像的大小和实际需要进行设置。

（5）单击“路径”控制面板中的“用画笔描边路径”按钮，对路径进行描边，效果如图 4-26 所示。

（6）单击“路径”控制面板中的“将路径转化为选区”按钮，将路径转换为选区。

（7）按【Ctrl+Shift+I】快捷键反向选择，再按【Alt+Delete】快捷键填充选区为黑色，效果如图 4-27 所示。

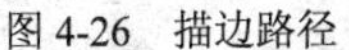

图 4-26　描边路径　　　　图 4-27　填充选区

（8）取消选区，完成本例的制作，最终效果如图 4-21 右图所示，将文件另存为“油票.jpg”。

知识回顾与拓展

本操作主要练习了对路径描边的操作，描边路径时可通过改变画笔样式得到其他艺术描边效果。描边时除使用画笔工具外，还可以使用铅笔、橡皮擦、图章等工具等描边，如果需使用其他工具描边路径，可以在按住【Alt】键的同时单击“用画笔描边路径”按钮，将打开如图 4-28 所示的“描边路径”对话框，在其中可以选择描边使用的工具。

图 4-28　选择描边工具

任务二　形状工具的使用

任务目标

形状工具组包括矩形工具、圆角矩形工具、椭圆工具、多边形工具、直线工具和自定义形状工具，通过它们可以绘制直线、矩形、圆角矩形和椭圆等形状图形。本任务将通过绘制儿童艺术相框、制作霓虹灯效果等操作，掌握形状工具的使用。

操作一　绘制儿童艺术相框

在工具箱中用鼠标按住矩形工具不放，在弹出的工具列表中有矩形工具、圆角矩形工具、椭圆工具、多边形工具、直线工具和自定义形状工具，分别用于绘制各种形状图形。本操作将练习使用椭圆工具和自定义形状工具，绘制如图 4-29 所示的儿童艺术相框效果。

图 4-29　绘制的儿童艺术相框效果

◆　操作要求

形状图形的绘制比较方便，而且有很多种形状供用户选择，因此设计人员经常使用形状来绘制图形，如名片设计、贺卡设计、艺术照片制作、宣传单中的图形设计等。本操作主要运用的是自定义形状工具中的相框、花朵和蜗牛等形状图形来制作艺术相框。具体制作要求如下。

（1）选择自定义形状工具，先载入全部形状样式。

（2）使用自定义形状绘制相框边框形状图形，绘制前选择“拼图”样式，使其具有图案和立体效果。

（3）使用、自定义形状和椭圆工具绘制相框四角上的装饰图形，加入小女孩照片。

◆ 操作步骤

（1）选择“文件”→“打开”菜单命令，打开素材文件“夏日.jpg”，如图 4-30 所示，然后选择工具箱中的自定义形状工具。

（2）在工具属性栏中单击“形状”右侧的下拉按钮，在弹出的列表框中单击右上角的按钮，在弹出的下拉菜单中选择“全部”菜单命令，如图 4-31 所示。

 提示：在如图 4-31 所示的菜单中也可选择某一类型的形状进行载入。

图 4-30　打开的背景素材

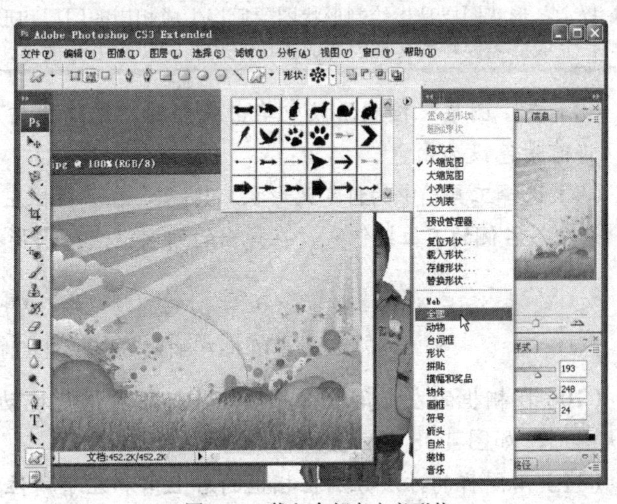

图 4-31　载入全部自定义形状

（3）在打开的如图 4-32 所示的提示对话框中单击“确定”按钮，载入全部自定义形状样式。

（4）在工具属性栏中左侧单击按下“形状图层”按钮，再单击“形状”右侧的下拉按钮，在弹出的列表框选择形状，如图 4-33 所示。

（5）在属性栏中单击“样式”右侧的下拉按钮，在弹出的列表框选择“拼图”样式，如图 4-34 所示。

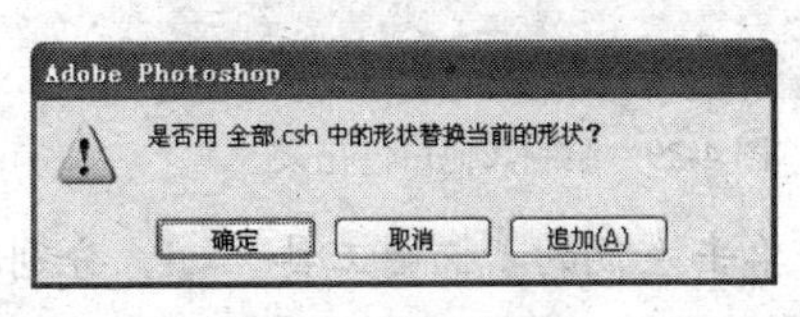

图 4-32　提示对话框

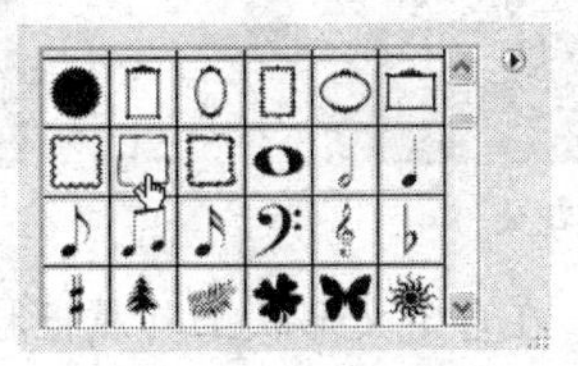

图 4-33　选择形状

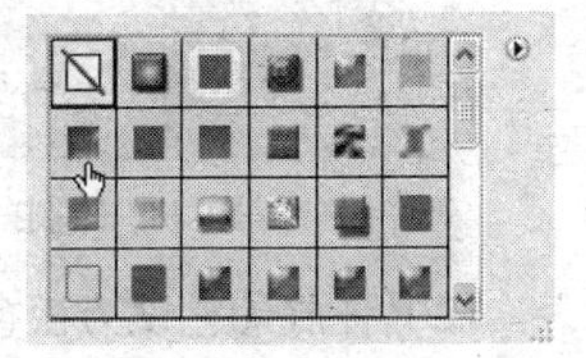

图 4-34　选择样式

（6）将前景色设为浅绿色（R:179，G:212，B:101），在“夏日”背景适当位置单击按住鼠标左键不放进行拖动，至适当大小后释放鼠标，即可绘制出相框的形状图形，并在“图层”面板中生成相应的形状图层，如图 4-35 所示。

（7）在“图层”控制面板的“形状 1”图层上单击鼠标右键，在弹出的快捷菜单中选择“栅格化图层”菜单命令，将形状图层转换为普通图层“形状 1”，如图 4-36 所示，转换后图像中的相框路径将被删除。

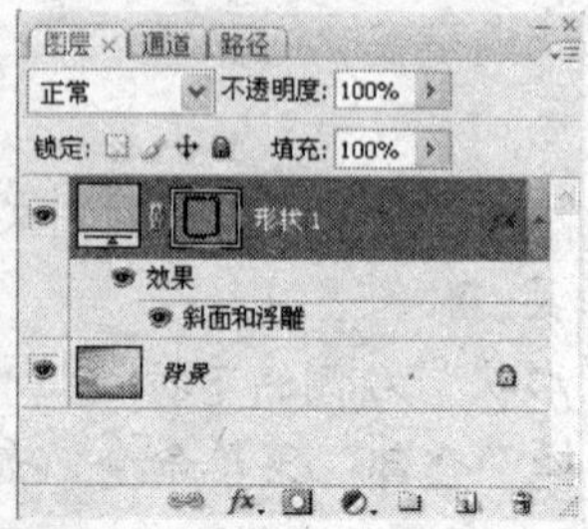

图 4-35　绘制形状

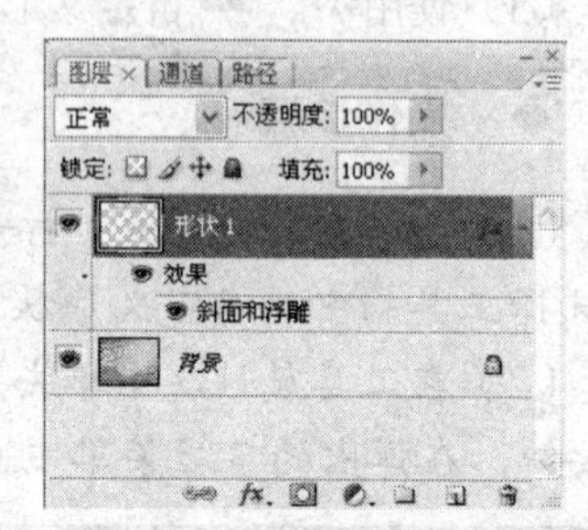

图 4-36　栅格化后的图层

提示：形状图层是指绘制形状图层后将生成相应的图层和形状路径，以便于用户对形状路径进行修改调整，完成后需要将其转换为普通图层，才能对其应用滤镜等。

（8）在“图层”控制面板中单击底部的“创建图层”按钮，新建一个空白图层“图层 1”，将前景色设为白色。

（9）选择工具箱中的自定义形状工具，在属性栏左侧单击按下“填充像素”按钮，再单击“形状”右侧的下拉按钮，在弹出的列表框选择形状，设置如图 4-37 所示。

图 4-37　自定义形状属性栏的设置

（10）在相框的左上角单击并按住鼠标不放进行拖动，至所需大小后释放鼠标，绘制花朵形状图形，如图 4-38 所示。

（11）用同样的方法分别在相框的右上角和左下角位置绘制白色花朵图形，效果如图 4-39 所示。

图 4-38　绘制白色花朵

图 4-39　绘制其他白色花朵

（12）将前景色设为橙色，在自定义形状工具属性栏中单击左侧的“椭圆工具”，分别在前面绘制的花朵中间位置单击拖动绘制橙色小圆图形，效果如图 4-40 所示。

（13）将前景色设为黄色，在形状工具属性栏中单击左侧的“自定义形状工具”，单击“形状”右侧的下拉按钮，在弹出的列表框选择形状，在相框右下角拖动绘制图形，完成后用魔棒工具单击选择绘制的蜗牛图形，如图 4-41 所示。

图 4-40　绘制花朵中的小圆形

图 4-41　绘制并选择蜗牛图形

（14）选择“编辑”→“描边”菜单命令，打开“描边”对话框，将“宽度”设为 2，将“颜色”设为紫色，选择“居外”单选钮，如图 4-42 所示。

（15）单击“确定”按钮对选区进行描边，取消选区后的效果如图 4-43 所示。

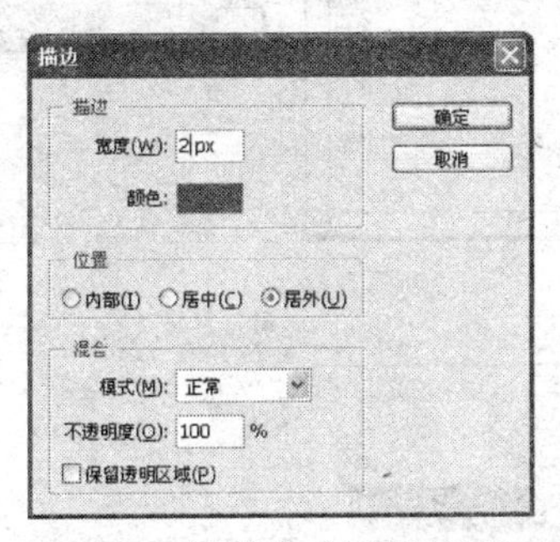

图 4-42　“描边”对话框的设置

图 4-43　描边后的蜗牛图形

（16）打开素材“小女孩.jpg”，用魔棒工具选取白色背景图形，按【Ctrl+Shift+I】快捷键反向选择人物图形，并进行羽化，如图 4-44 所示。

（17）用移动工具将选取的人物拖动至相框图形中，按【Ctrl+T】快捷键缩小，如图 4-45 所示。

图 4-44　选取人物图形

图 4-45　缩小图形

（18）按【Enter】键应用变换，调整好小女孩的位置，完成本例的制作，最终效果如图 4-29 所示，将文件另存为“艺术相框.psd”。

知识回顾与拓展

本操作主要练习了形状工具的使用，在绘制形状图形时只有“形状图层”按钮呈按下状态时，才能激活属性栏右侧的“样式”选项，若不需要添加样式，则需要在绘制前在“样式”下拉列表框中选择“默认样式”。无论使用哪种形状工具，其属性栏中的参数基本相同，且 Photoshop 中可以在各个形状工具间切换，下面介绍属性栏中各主要参数的作用。

- 按钮：分别用于创建形状图层、工作路径和填充区域。在绘图时选中按钮，则绘制填充了前景色的形状图形。图 4-46 所示为分别单击选中这 3 个按钮进行绘图的效果。

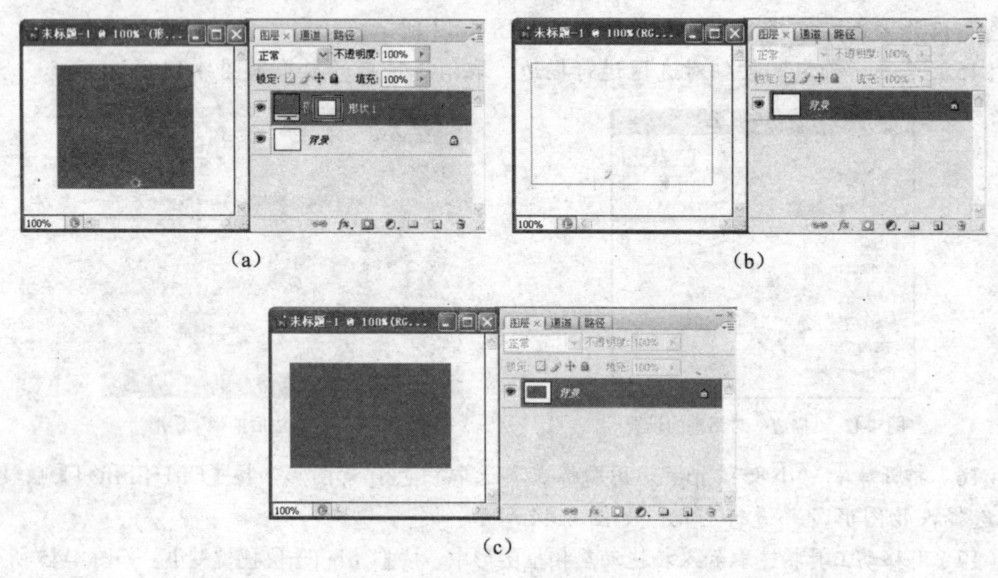

（a）（b）（c）

图 4-46　绘制的 3 种形状图形

- ：用于在钢笔工具、自由钢笔工具和各个形状工具间进行切换。
- ：选择相应的形状工具后单击其右侧的按钮，将弹出相应的参数设置框，主要用于设置形状的各个参数，如大小和形状等，不同的形状工具其参数会有所不同。选择不同的形状工具后属性栏右侧的参数也会有所不同，用户结合需要进行设置即可。

操作二　制作霓虹灯效果

运用形状工具绘制形状路径的特性即可快速地得到各种形状路径，运用路径的编辑以及与选区的转换，即可制作出各种图形。本操作将练习使用形状路径制作如图 4-47 所示的霓虹灯效果。

图 4-47　霓虹灯效果

◆ 操作要求

制作霓虹灯效果需要绘制大量的形状路径，再对其进行描边，虽然在设计中使用路径工具可以绘制路径，但如果需要某些形状路径时可直接通过形状工具进行绘制。本操作主要运用直线工具、钢笔工具和自定义形状工具来创建路径。具体制作要求如下。

（1）用钢笔工具绘制上方的折线和下方的直线路径，然后进行描边处理。

（2）用直线工具绘制多条直线路径后进行描边。

（3）用自定义形状工具绘制王冠、音乐符号等形状路径后进行描边。

（4）用横排文字蒙版工具绘制文字选区，转换为路径为进行描边。

◆ 操作步骤

（1）选择“文件”→“新建”菜单命令，打开“新建”对话框，进行如图 4-48 所示的设置，单击“确定”按钮新建文件。

（2）将前景色设为黑色，按【Alt+Delete】快捷键将图像背景填充为黑色，然后选择工具箱中的钢笔工具。

（3）在图像下方单击一点后，按住【Shift】键不放再在右侧单击一点，绘制一条直线路径，按【Esc】键后在上方单击并绘制一条折线路径，如图 4-49 所示。

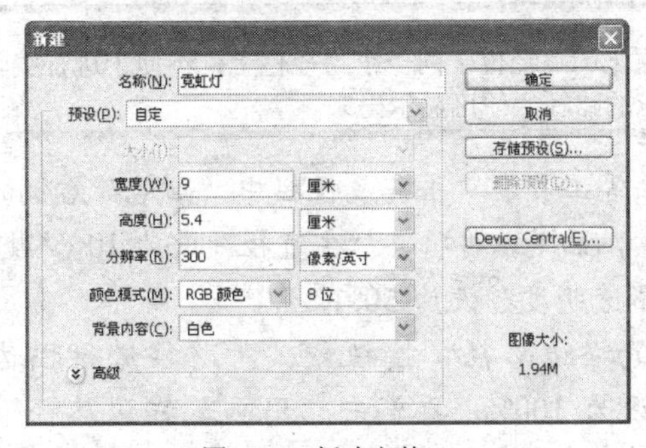

图 4-48　新建文件

图 4-49　绘制路径

（4）将前景色设为黄色，新建一个图层 1，选择工具箱中的画笔工具，单击其属性栏右侧的按钮，打开“画笔”调板，单击选中“画笔笔尖形状”选项，在样式列表框中选择“尖角 13”画笔，然后拖动下方的“间距”滑块，将其设为 135%，如图 4-50 所示。

（5）单击“路径”控制面板中的“用画笔描边路径”按钮，对路径进行描边，效果如图 4-51 所示。

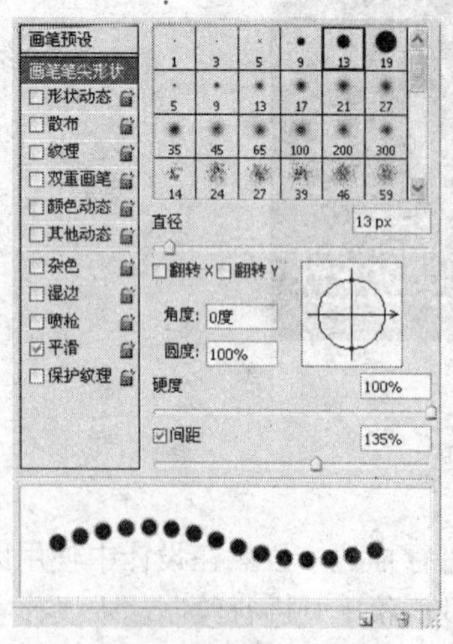

图 4-50　设置画笔参数

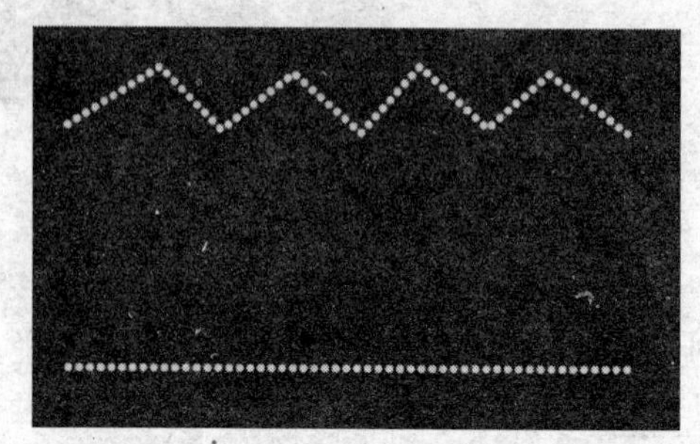

图 4-51　描边路径

（6）单击“路径”控制面板中的“创建新路径”按钮，新建一个路径 1，如图 4-52 所示。

（7）选择工具箱中的直线工具，在其属性栏中单击按下“路径”按钮，然后在图像中按住【Shift】键不放，绘制多条直线路径，如图 4-53 所示。

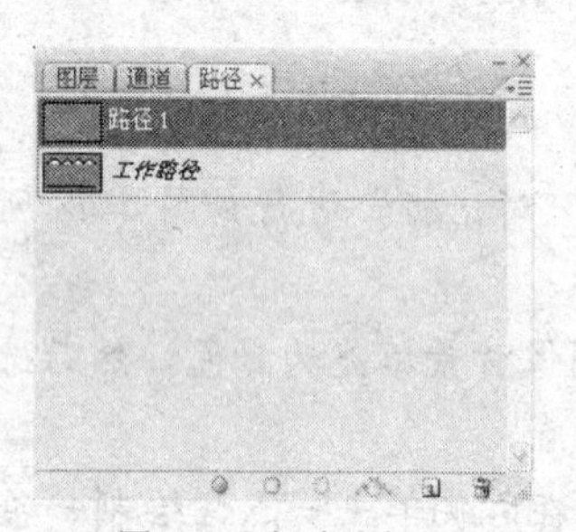

图 4-52　新建路径 1

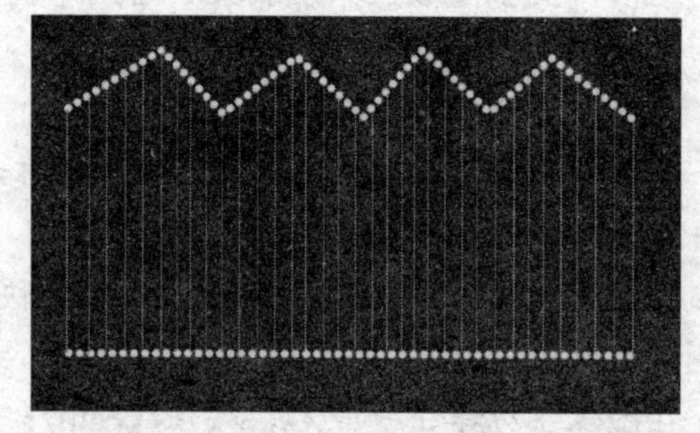

图 4-53　绘制直线路径

提示：这里若不新建路径 1，绘制的新路径将与原来的路径位于同一个路径栏上，不便于进行编辑，新建路径后将自动隐藏原来的路径，再次单击选择相应的路径栏便可显示出来。

（8）将前景色设为紫色，选择工具箱中的画笔工具，单击其属性栏中“画笔”右侧的下拉按钮▼，在弹出的列表框中选择“柔角 9 像素”画笔，再将其“主直径”设为 10，“硬度”设为 0，如图 4-54 所示，然后将属性栏中的“不透明度”设为 50%。

（9）单击“路径”控制面板中的“用画笔描边路径”按钮，对路径进行描边，然后将画笔“主直径”设为 5，“不透明度”设为 100%，再单击“用画笔描边路径”按钮，对路径进行描边。

（10）将前景色设为白色，将画笔“主直径”设为 2，“不透明度”设为 100%，再单击“用画笔描边路径”按钮，对路径进行描边，效果如图 4-55 所示。

（11）单击“路径”控制面板中的“创建新路径”按钮，新建一个路径 2，此时将隐藏路径 1 中的直线路径。

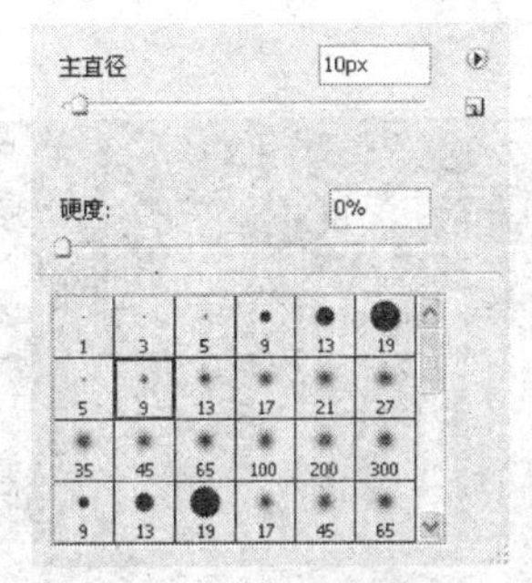

图 4-54 设置画笔参数

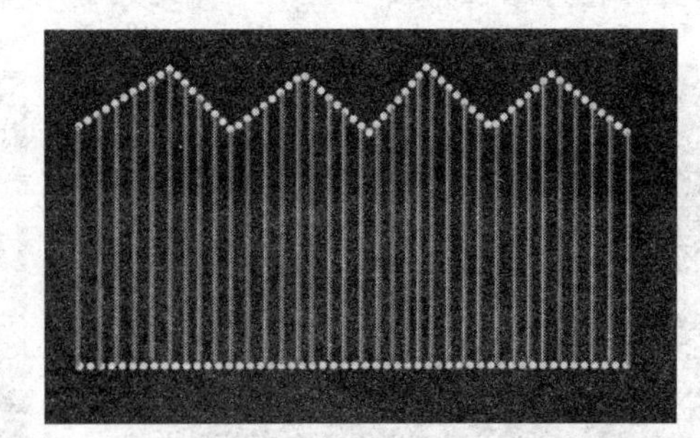

图 4-55 多次描边直线路径

（12）切换到自定义形状工具，在其属性栏中单击“形状”右侧的下拉按钮，在弹出的列表框分别选择♪、、、♫、和☎形状，在图像中单击绘制各个形状路径，效果如图 4-56 所示。

（13）选择工具箱中的路径选择工具，按住【Shift】键不放，单击选择绘制的王冠和电话机形状路径。

（14）将前景色设为红色，选择工具箱中的画笔工具，将其设为“柔角 8 像素”画笔，“不透明度”设为 100%，单击“用画笔描边路径”按钮对路径进行描边，再将前景色设为白色，画笔大小为 4 像素，单击“用画笔描边路径”按钮对路径再次进行描边，结果如图 4-57 所示。

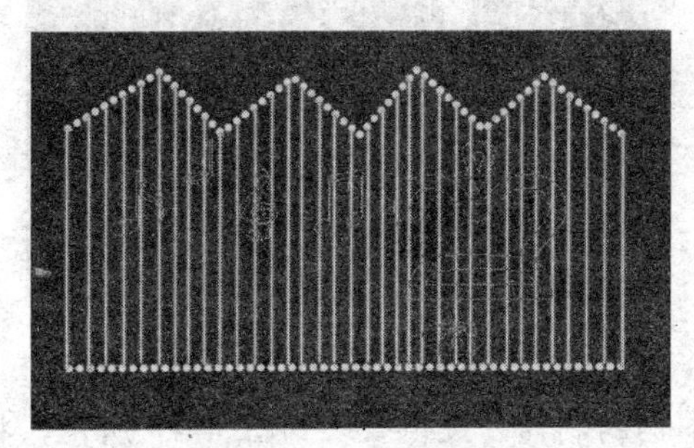

图 4-56 绘制形状路径

图 4-57 两次描边王冠和电话机形状路径

（15）选择工具箱中的路径选择工具，按住【Shift】键不放单击选择绘制第 1、4 个音乐符号形状路径。

（16）将前景色设为黄色，选择工具箱中的画笔工具，将其设为“柔角 8 像素”画笔，对其进行描边，将前景色设为白色，画笔大小为 2 像素，再次进行描边。

（17）选择工具箱中的路径选择工具，按住【Shift】键不放单击选择绘制第 2、3 个音乐符号形状路径。将前景色设为红色，将画笔大小设为“柔角 8 像素”画笔，对其进行描边，将前景色设为白色，画笔大小为 2 像素，再次进行描边。

（18）对所有形状路径进行描边，按【Ctrl+H】快捷键隐藏路径，效果如图 4-58 所示。

（19）选择工具箱中的横排文字蒙版工具，保持属性栏中的默认参数不变，在左下角位置单击，出现插入点后输入文字“王冠音乐吧”，单击任意工具退出输入状态，将得到文字的选区，如图 4-59 所示。

（20）选择“编辑”→“变换选区”菜单命令，将选区拖大，单击“路径”控制面板中的“将选区转化为路径”按钮，将文字选区转换为路径。

图 4-58　描边形状路径后的效果

图 4-59　输入的文字选区

（21）将前景色设为红色，将画笔大小设为“柔角 8 像素”画笔，对其进行描边，再将前景色设为白色，画笔大小为 3 像素，再次进行描边，按【Ctrl+H】快捷键隐藏路径，效果如图 4-60 所示。

（22）用同样的方法使用文字蒙版工具在右下角创建电话号码文字选区，如图 4-61 所示。将前景色设为绿色，将画笔大小设为“柔角 6 像素”画笔，对其进行描边，将前景色设为白色，画笔大小为 2 像素，再次进行描边。

图 4-60　文字描边后的效果

图 4-61　输入电话号码文字选区

（23）按【Ctrl+H】快捷键隐藏路径，完成本例的制作，最终效果如图 4-47 所示，将文件保存为“霓虹灯.psd”。

知识回顾与拓展

本操作主要练习了形状路径的绘制与描边的操作，描边时通过改变画笔的大小、不透明度等参数即可得到不同的效果。在设计时也可运用外发光和内发光图层样式，创建类似于本例的霓虹灯效果。图层样式将在模块六中介绍。

任务三　文字工具的使用

任务目标

在制作宣传单、广告、海报等图像设计作品时往往需要在后期添加各种文字，并对文字进行排版，使其图文并茂，在 Photoshop 中添加文字可以通过文字工具来实现。本任务将通过制作名片上的文字和制作广告宣传单等操作，掌握文字工具的使用。

操作一　制作名片上的文字

在工具箱中用鼠标按住文字工具T不放，在弹出的工具列表中有横排文字工具、直排文字工具、横排文字蒙版工具和直排文字蒙版工具。前两个工具用于为图像添加水平和直排的文字，后两个工具用于创建文字选区，在前面已有介绍。本操作将练习横排文字工具的使用以及文字字体、大小和颜色的格式设置，为前面的名片背景添加如图 4-62 所示的文字效果。

图 4-62　制作的名片

◆ 操作要求

在添加文字时如果文字较少可以直接使用文字工具在图像中单击后输入，若文字较多则可以创建段落文字，这样输入的文字位于同一个段落框中，便于进行段落格式设置。本操作主要使用横排文字工具来创建美术文字和段落文字。具体制作要求如下。

（1）用横排文字工具分别输入标记下面的名称、宣传文字、公司名称、姓名和职位文字，使其位于不同的文字图层中。

（2）分别选取创建的文字图层，对其相应的文字设置其字体、字号和文字颜色等。

（3）用横排文字工具在名片右下方绘制一个段落输入框，输入联系方式等文字。

◆ 操作步骤

（1）选择“文件”→“打开”菜单命令，打开本章前面制作的“名片.psd”文件。

（2）将前景色设置为黑色，选择工具箱中的横排文字工具T，在其属性栏中单击“字体”右侧的按钮，在弹出的下拉列表框选择“黑体”，再在“字号”下拉列表框中选择“10 点”，其他参数保持不变，如图 4-63 所示。

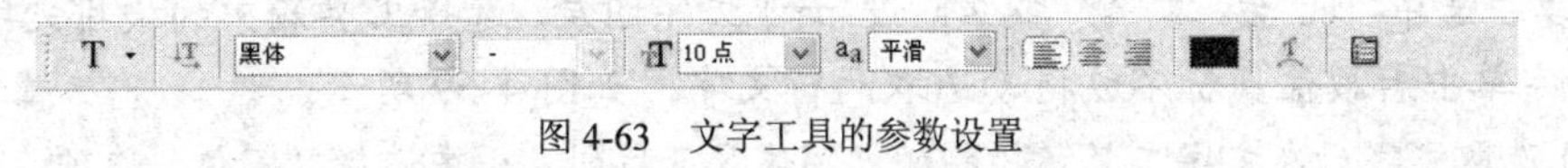

图 4-63　文字工具的参数设置

（3）将形状的鼠标指针移至标记的下方单击，将出现一个闪烁的插入点，输入“依林服饰”，如图 4-64 所示。

（4）输入结束后单击工具箱中的其他任意工具退出文字输入状态，此时将在图层控制面板中出现一个名为“依林服饰”的文字图层，如图 4-65 所示。

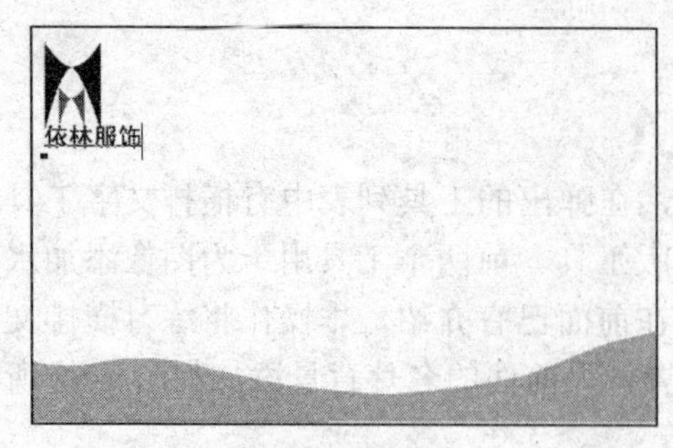

图 4-64　输入文字

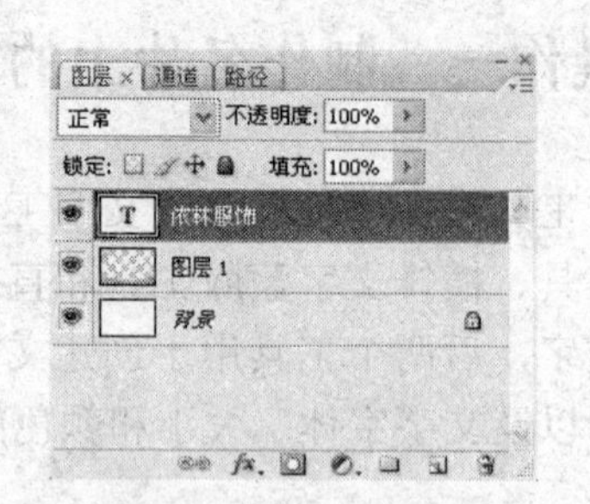

图 4-65　生成的文字图层

（5）单击图层 1，用矩形选框工具选取名片左上角的标记图形，用移动工具将其向右移一些位置，再单击“依林服饰”文字图层，用移动工具将输入的文字移至标记下方的适当位置，效果如图 4-66 所示。

（6）选择工具箱中的横排文字工具T，保持其文字参数不变，在标记下方位置单击输入“批 发 零 售”，每两字之间有一空格，按【Enter】键换行后输入“服 饰 设 计”，完成后单击其他任意工具退出文字输入状态，如图 4-67 所示。

提示：用横排文字工具和直排文字工具在图像中单击后直接输入的文字也称为美术字。

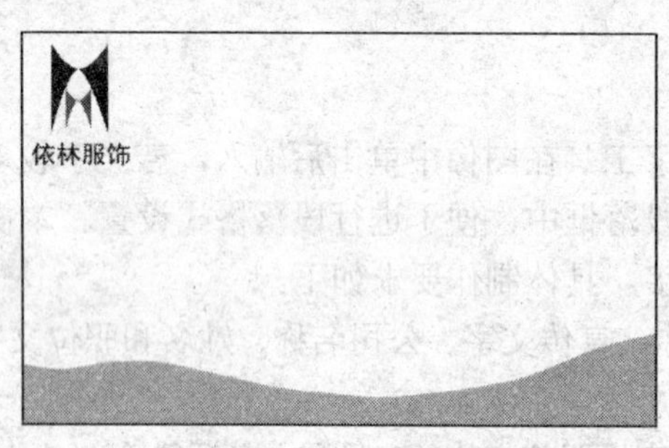

图 4-66　移动标记文字位置

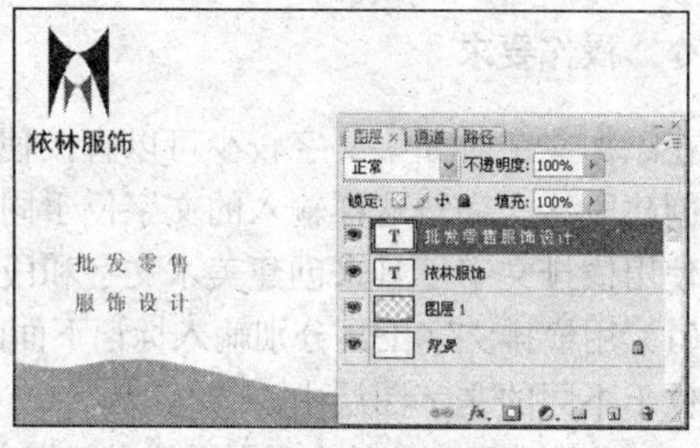

图 4-67　输入宣传文字

（7）选择工具箱中的横排文字工具T，在名片右侧上方单击输入公司名称“上海依林服饰有限责任公司”，完成后退出文字输入状态。

提示：在输入文字时可以先输入文字再设置文字格式，也可先在属性栏中设置好格式再输入。

（8）用同样的方法使用横排文字工具输入姓名“张 海 燕”和职位“总经理”，完成后的效果如图 4-68 所示。

（9）单击选中“批 发 零 售 服 饰 设 计”文字图层，选择工具箱中的横排文字工具T，在“批”字单击后按住鼠标不放拖动选取两行文字，如图 4-69 所示。

（10）选取文字后在文字工具属性栏的“字体”下拉列表框中选择“宋体”选项，在“字号”下拉列表框中选择“8 点”选项，然后单击属性栏右侧的“变形文字”按钮⊥。

（11）打开“变形文字”对话框，在“样式”下拉列表框中选择“花冠”选项，如图 4-70 所示。单击“确定”按钮，变形后的文字效果如图 4-71 所示。

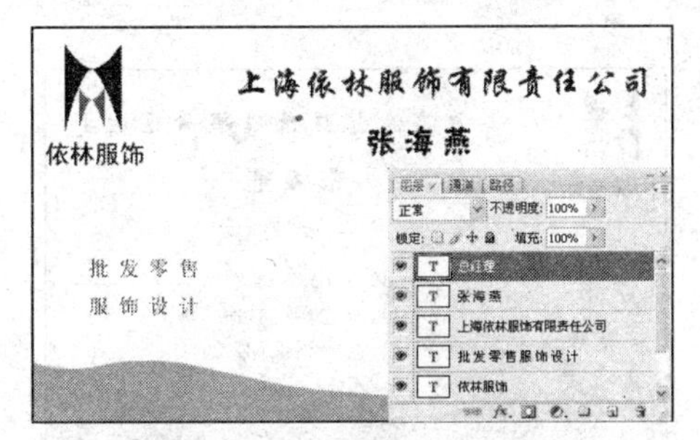

图 4-68　输入公司名称、姓名和职位文字

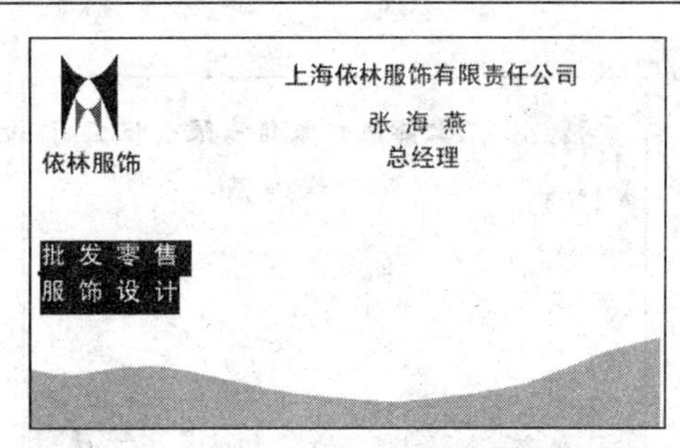

图 4-69　选取文字

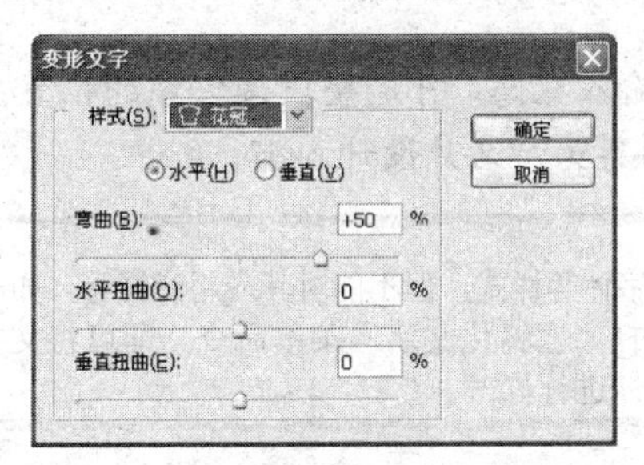

图 4-70　“变形文字”对话框

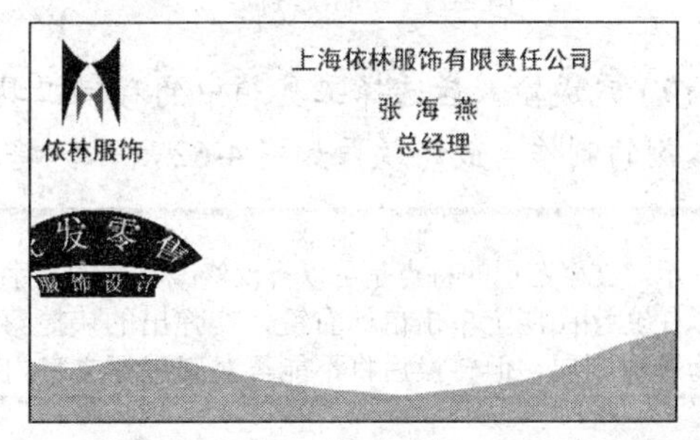

图 4-71　设置后的文字效果

（12）单击取消文字的选取，用横排文字工具只选取“批 发 零 售”文字，单击其属性栏中的颜色拾色框，在打开的“拾色器”对话框中选择红色，单击“确定”按钮，用移动工具调整其位置，效果如图 4-72 所示。

（13）单击选中“上海依林服饰有限责任公司”文字图层，选择工具箱中的横排文字工具 T，在其属性栏中将字体设置为“华文行楷”，字号为“14 点”。

（14）单击选中“张 海 燕”文字图层，选择工具箱中的横排文字工具 T，在其属性栏中将字体设置为“方正艺黑简体”，字号为“12 点”。

（15）单击选中“总经理”文字图层，选择工具箱中的横排文字工具 T，在其属性栏中将字体设置为“宋体”，字号为“8 点”。

（16）用移动工具分别调整好各文字图层中文字的位置，完成后的效果如图 4-73 所示。

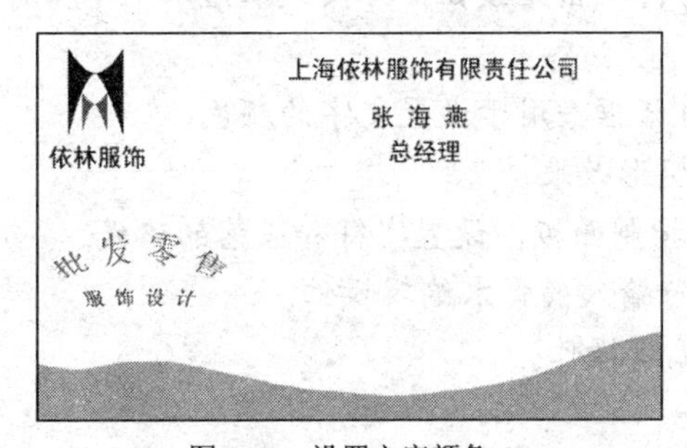

图 4-72　设置文字颜色

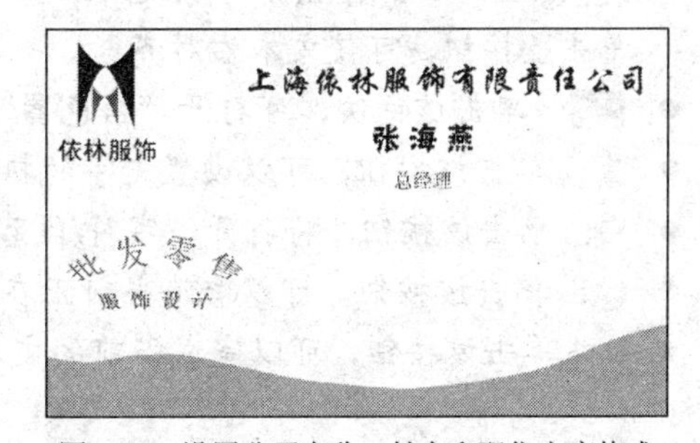

图 4-73　设置公司名称、姓名和职位文字格式

（17）选择工具箱中的横排文字工具 T，在其属性栏中将字体设置为“宋体”，在“字号”框中输入“7 点”，在名片右下角单击并按住鼠标不放拖绘出一个虚线段落文字输入框，如图 4-74 所示。

（18）在段落框中的插入点处单击输入地址、联系方式等文字，如图 4-75 所示。

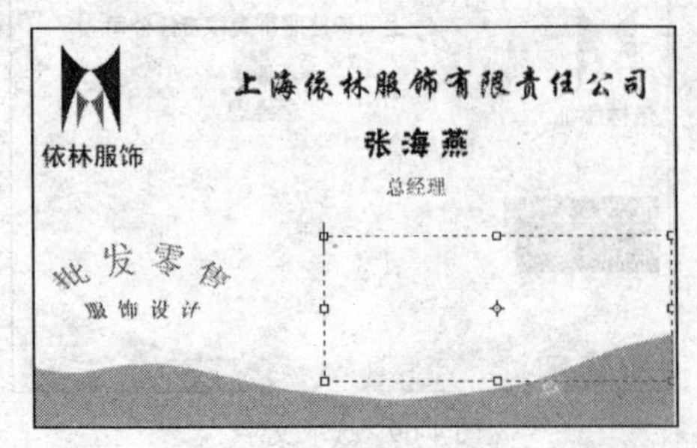

图 4-74　绘制段落框

图 4-75　输入文字式

（19）完成输入后选择工具箱中的移动工具退出输入状态，并调整段落文字的位置，即可完成本例的制作，最终效果如图 4-62 所示，将文件另存为“名片设计.psd”。

提示：文字图层的特点是可以再次修改其中的文字内容、字体等样式，但不能对其应用滤镜等，如果需要也可以在文字图层上单击鼠标右键，在弹出的快捷菜单中选择“栅格化文字”菜单命令，即可将文字图层转换为普通图层，但转换后将不能再对其进行文字内容和字体进行修改。

知识回顾与拓展

本操作主要练习了横排文字工具的使用，对于直排文字工具，其使用方法与横排文字工具完全相同。无论使用哪种文字工具，其属性栏中的参数基本相同，下面介绍文字属性栏中各参数的作用。

- ：单击该按钮可以在文字的水平排列状态和垂直排列状态间进行切换。
- 宋体：在“字体”下拉列表框可以选择一种字体。
- 12点：在“字号”下拉列表框中可以选择文字的大小，也可直接在其中输入要设置字体的大小值。
- 平滑：在“消除锯齿”下拉列表框可以选择是否消除字体边缘的锯齿效果，以及采用哪种方式消除锯齿。
- ：单击按钮可以使文本左对齐；单击按钮，可使文本沿水平中心对齐；单击按钮，可使文本右对齐。
- ：单击该色块，可打开“拾色器”对话框，用于设置文字的颜色。
- ：单击该按钮，可以设置文字的扭曲变形效果。
- ：单击该按钮，将打开“字符/段落”控制面板，设置字符和段落的格式。
- ：单击该按钮，可以取消当前正在进行输入的文本编辑操作。
- ：单击该按钮，可以完成当前的文本编辑操作。

操作二　制作广告宣传单

为图像添加文字后还需要对输入的文字进行排版，除运用字体工具属性栏设置其字体、字号和颜色等格式外，还可运用“字符/段落”控制面板设置更为丰富的字符和段落格式，使文字更为美观。本操作将练习制作如图 4-76 所示的广告宣传单。

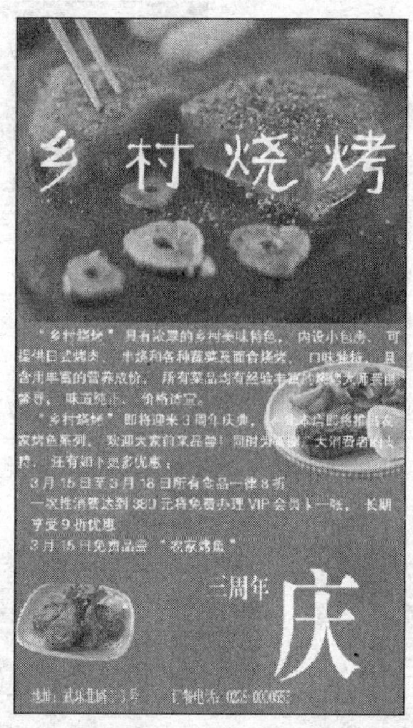

图 4-76　制作的广告宣传单

◆ 操作要求

广告宣传单主要由产品图片和文字说明两部分组成，常用于宣传产品或开展促销活动，本操作中宣传单是“乡村烧烤”为三周年庆典所进行的宣传，应突出活动内容。具体制作要求如下。

（1）新建文件，调入相关产品图片。

（2）使用横排文字工具输入最上方的店名和相关文字。

（3）绘制段落框并输入宣传单下面的具体介绍内容，然后使用“字符/段落”控制面板进行编辑。

（4）输入并编辑其他文字。

◆ 操作步骤

（1）启动 Photoshop 软件，选择“文件”→“新建”菜单命令，打开“新建”对话框，进行如图 4-77 所示的参数设置，单击“确定”按钮新建“名称”文件。

（2）打开提供的素材“烧烤 1.jpg”、“烧烤 2.jpg”和“烧烤 3.jpg”，切换到“烧烤 1.jpg”图像窗口中，用移动工具将整幅图像拖动至宣传单中，将其缩小后移至顶端，如图 4-78 所示。

（3）用魔棒工具单击选取宣传单下方的空白区域，然后将其填充为橙色，取消选区，效果如图 4-79 所示。

（4）切换到“烧烤 2.jpg”图像窗口中，用磁性套索工具选取如图 4-80 所示的图像，然后用移动工具将选取的图像拖动至宣传单中的橙色背景上，并将其缩小。

（5）切换到“烧烤 3.jpg”图像窗口中，用磁性套索工具选取如图 4-81 所示的图像。

（6）用移动工具将选取的图像拖动至宣传单中的橙色背景上，并将其缩小，完成产品素材的调入，此时的宣传单效果如图 4-82 所示。

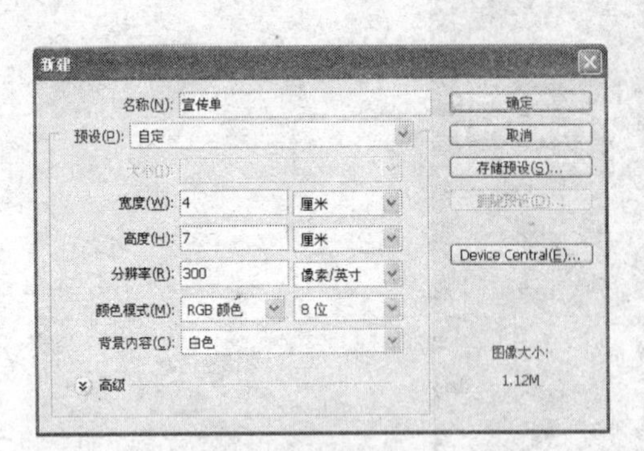

图 4-77　新建文件

图 4-78　调入烧烤图像

图 4-79　填充宣传单下方背景

图 4-80　选取“烧烤 2.jpg”图像

图 4-81　选取“烧烤 3.jpg”图像

（7）将前景色设置为白色，选择工具箱中的横排文字工具T，在其属性栏中设置“字体”为“方正古隶简体”，再在“字号”下拉列表框中选择“24 点”选项，在宣传单上方的图像上单击，出现插入点后输入“乡村烧烤”，输入后的效果如图 4-83 所示。

（8）用横排文字工具T在宣传单下方的橙色背景上单击，并按住鼠标不放拖绘出一个段落文字输入框，然后在属性栏中将“字体”设为“宋体”，字号为 5 点，在段落框中的插入点处单击输入文字，输入时若需要分段换行时按【Enter】键，如图 4-84 所示。

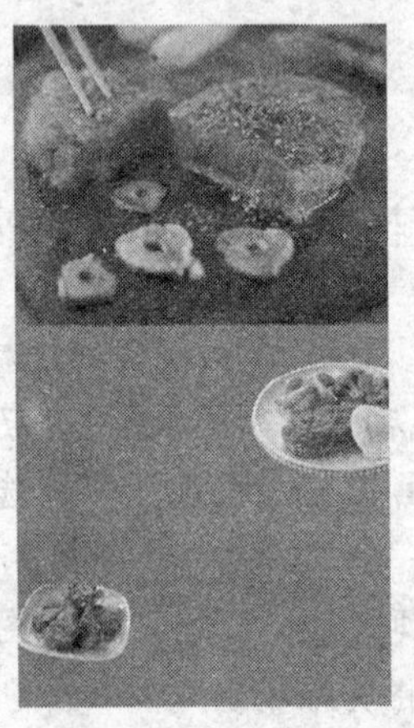

图 4-82　调入相关素材

图 4-83　输入店名“乡村烧烤”

图 4-84　输入宣传的介绍文字

（9）在段落框中拖动鼠标选取输入的所有文字，单击属性栏中的按钮，打开“字符/段落”控制面板，单击“字符”标签打开“字符”控制面板，如图 4-85 所示，其中显示的字符格式为当前文字的格式。

（10）在“字符”控制面板中将字体设为“方正中等线简体”，在“字号”列表框 中输入“4”，再单击选中下方的“加粗”按钮，如图 4-86 所示，此时段落框中的文字格式将发生相应的变化。

图 4-85　“字符”控制面板

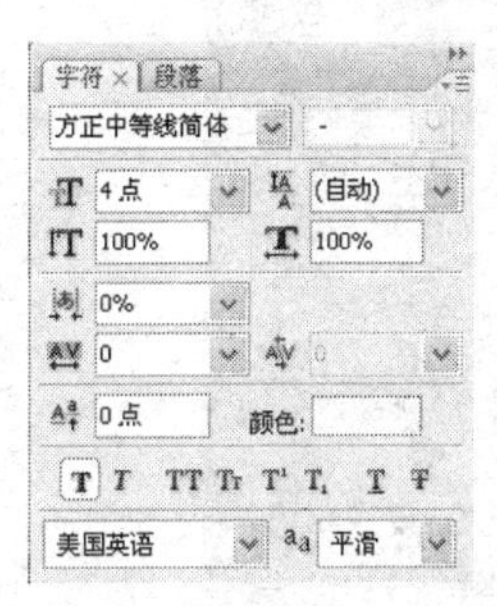

图 4-86　设置字符格式

提示：在“字符/段落”控制面板中将鼠标指向各选项后稍作停留，即可显示该选项的功能提示文字。

（11）拖动选取段落框中的前两段文字，如图 4-87 所示，打开“段落”控制面板，在“首行缩进”文本框 中输入 4 点，如图 4-88 所示。

（12）拖动选取段落框中除前两段文字外的剩余段落文字，在“段落”控制面板中的“左缩进”文本框 中输入 4 点，设置缩进后的效果如图 4-89 所示。

图 4-87　选取段落文字

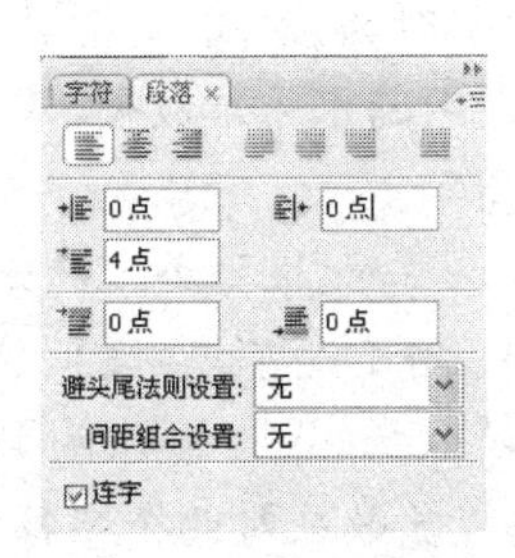

图 4-88　设置首行缩进

图 4-89　设置左缩进

（13）拖动选取段落框中的所有文字，在“字符”控制面板中的“设置行距”下拉列表框 中选择“6 点”选项，缩小行距。

（14）选择横排文字工具，将字体设为“方正大标宋简体”，字号为“8 点”，在宣传单右下角输入文字“三周年庆”，输入后选择其中的“庆”字，如图 4-90 所示。

（15）在“字符”控制面板中的“字号”下拉列表框中选择“60 点”选项，单击选中下方的“下标”按钮，如图 4-91 所示，对“庆”字进行处理后的效果如图 4-92 所示。

（16）选择横排文字工具，在宣传单最下方单击输入地址和电话信息，然后将其设为“宋体”，字号为 5 点。

图 4-90　选取“庆”字

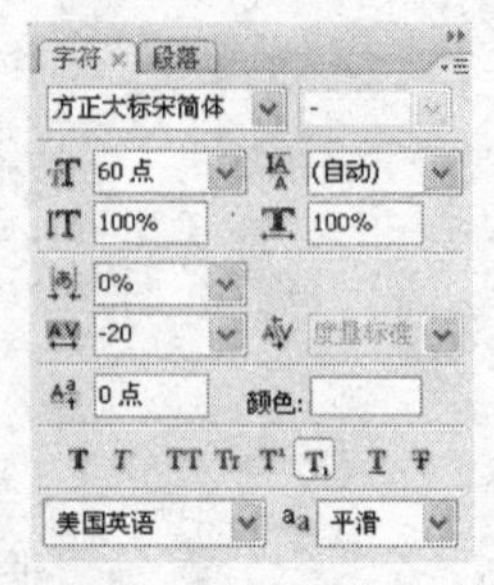

图 4-91　设置大小和下标

图 4-92　设置后的效果

（17）在“图层”控制面板中单击“乡村烧烤”文字图层，打开“字符/段落”控制面板，在“字符间距”下拉列表框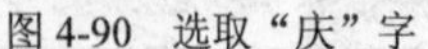中选择“200”选项，加大字间距。

（18）此时便已完成本例的制作，最终效果如图 4-76 所示，将文件保存为“宣传单.psd”。

知识回顾与拓展

本操作主要练习了文字工具的使用以及“字符/段落”控制面板的使用，其中“字符”控制面板中部分选项的作用与文字工具属性栏中的选项作用相同，下面主要介绍其他各主要选项的作用。

- “设置行距”：设置文本的行间距，值越大，文本的间距越大。
- “垂直缩放”：设置文字的垂直缩放值，其值为 100%时文字为方块字；超过 100%时为窄字；小于 100%时为扁字。
- “水平缩放”：设置文字的水平缩放值，其结果与垂直缩放相反，即小于 100%时为窄字；超过 100%时为扁字。
- “设置字符比例间距”：根据文本的比例大小来确定文字的间距。
- “设置字符间距”：用于设置文字之间的距离，值越大，文间隔越宽。
- “设置两个字符间距微调”：默认两个字符间的距离为用户设置的距离，选择“视觉”选项，将根据视觉效果对两个字符间的距离进行微调。
- “设置基线偏移”：设置文字的偏移量，即指文字上下移动的距离，输入数值为正时表示往上偏移，输入数值为负时表示往下偏移。
- 按钮：用于对文字进行加粗、倾斜、全部大写字母、将大写字母转换成小写字母、上标、下标、添加下划线、添加删除线等操作。

使用“段落”控制面板可以设置段落文本的对齐方式和缩进间距等。在设置前如果是对某一段落文本进行设置，可以将插入光标定位到该段落，如果是对几个段落文本进行设置，则应先选取这些段落文本。“段落”控制面板中各选项作用如下。

- ：从左至右分别为左对齐、居中对齐、右对齐、最后一行左边对齐、最后一行中间对齐、最后一行右边对齐和全部对齐按钮。

- “左缩进” 0点：设置所选段落文本左边向内缩进的距离。
- “右缩进” 0点：设置所选段落文本右边向内缩进的距离。
- “首行缩进” 0点：设置所选段落文本首行缩进的距离。
- “段落前添加空格” 0点：设置插入光标所在段落与前一段落间的距离。
- “段落后添加空格” 0点：设置插入光标所在段落与后一段落间的距离。
- “连字”复选框：选中该复选框可以将文字的最后一个外文单词拆开形成连字符号，使剩余的部分自动换到下一行。

课后练习

一、填空题

（1）Photoshop CS3 中的路径绘制工具包括__________和自由钢笔工具，路径编辑工具单包括__________、__________和__________。

（2）单击“路径”控制面板下方的__________按钮，可以将当前路径转换为选区；单击__________按钮，可以对当前路径进行描边操作。

（3）使用形状工具绘图时单击属性栏中的__________按钮，可以绘制出形状路径。

（4）使用__________工具可以输入横排的文字，使用__________工具可以输入直排文字。

二、选择题

（1）使用下面的（　　）工具可以对路径上的控制点形状进行编辑修改。

A．钢笔工具　　B．添加锚点工具

C．删除锚点工具　　D．转换点工具

（2）单击“路径”控制面板中的（　　）按钮可以将选区转换为路径。

A．　　B．

C．　　D．

三、问答题

（1）在 Photoshop CS3 中如何绘制所需形状的路径？

（2）怎样对路径进行选择、移动和复制操作？

（3）怎样对路径进行描边和填充操作？

（4）如何绘制自定义形状图形？

（5）怎样通过形状工具绘制出形状路径？

（6）怎样为图像输入文字并进行字符和段落格式设置？

四、上机操作题

（1）打开素材“缤纷背景.jpg”，运用文字工具、路径编辑工具、路径与选区的互换操作以及渐变工具制作出如图 4-93 所示的文字特效。

提示：先用横排文字蒙片工具绘制文字选区，转换为路径后运用转换点工具和添加锚点工具等修改文字路径的形状，“五”字上的花朵为绘制的自定义形状路径，完成后选择所有路径进行描边，再转换为选区进行渐变填充即可。

（2）运用形状工具和文字工具绘制如图 4-94 所示的卡片效果。

提示：新建文件填充背景为深蓝色，用椭圆工具绘制黄色月亮，再使用自定义形状工具绘制下方黑色的树木、小狗和人物图形以及上方的音乐符号等，最后用直排文字工具输入文字。

图 4-93　制作文字特效

图 4-94　绘制卡片

模块五　图像色彩的调整

模块简介

在使用 Photoshop 进行图像处理时，由于原始图像色彩方面的问题以及处理图像目的的需要，所以处理图像的第一步常常是要调整图像的颜色和色调。Photoshop 提供了十分完善和强大的色彩调节功能，可以创造出绚丽多彩的图像世界！灵活运用这些色彩调节功能，是学习图像编辑处理的关键一环。本模块主要介绍“图像”菜单下的“调整”子菜单中相关命令的使用。学习对图像的色彩和色调进行控制，制作出高品质的图像作品。

学习目标

- 掌握矩形选框工具和椭圆选框工具的使用方法
- 掌握通过“色阶”和“色相/饱和度”命令调整图像的颜色
- 掌握通过调整曲线、亮度、对比度完成图像颜色的变化
- 掌握利用色彩平衡完成对图像的着色
- 了解“去色”、“照片滤镜”和“色调分离”命令

任务一　常用色彩调整命令的应用

任务目标

在“图像”菜单的“调整”子菜单中，提供了一系列色调和色彩调整命令。其中，色阶、自动对比度、曲线调节、亮度/对比度等命令主要用于对图像的对比度进行调整，可改变图像中像素值的分布并能在一定精度范围内调整色调。本任务将通过制作火烧云、春天变秋天、冰冷雕像如沐阳光、枯草变绿地、彩照变黑白照片和制作旧照片效果等操作，掌握图像色彩的调整。

操作一　用“色阶”命令制作火烧云

在 Photoshop 中使用“色阶”命令可以调整图像的明暗程度。本操作将练习调整色阶和使用选区来处理图像，使图像得到一个不同的高光效果，如图 5-1 所示。

◆ 操作要求

色阶是一个色彩调整工具，属于 Photoshop 的基础调整工具。本操作主要通过该命令来改变云彩颜色。具体制作要求如下。

（1）建立选区，并对选区进行羽化。

（2）通过调整色阶完成对图像明暗度的调整。

图 5-1　火烧云效果图

◆　**操作步骤**

（1）选择“文件”→“打开”菜单命令，打开素材“彩云.jpg”，如图 5-2 所示。

（2）选择椭圆工具，在图中创建如图 5-3 所示的选区。

图 5-2　打开素材

图 5-3　选区创建

（3）选择“选择”→“羽化”菜单命令，将羽化半径设为 40 像素，完成后单击“确定”按钮。

（4）选择“图像”→“调整”→“色阶”菜单命令，弹出“色阶”对话框，如图 5-4 所示。

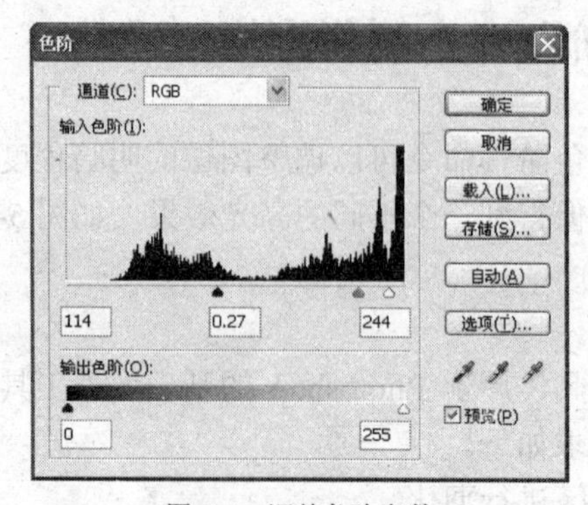

图 5-4　调整色阶参数

提示：在调整色阶时，可以拖动颜色块来完成调整，也可以直接在输入色阶处填写数值。建议在调整色阶时选中“预览”复选框。

（5）在“通道”列表中选择“RGB”选项，在输入色阶处的选框中设置参数为114、0.27、244，单击“确定”按钮，此时图像效果如图5-1所示，将调整完成后的图像另存为“火烧云.psd”。

知识回顾与拓展

本操作主要是对选区内的图像进行调整。在对选区内图像进行调整时，通常需要进行羽化，目的在于使调整后的选区能够出现较自然的过渡效果。羽化半径的设置非常重要，在今后也会经常使用到。另外在“色阶”对话框中，通常将“预览”复选框选中，目的是在调整色阶的过程中，能够很直观地看出色阶调整后的效果。

在我们利用色阶来调整图像时，默认的颜色通道是RGB，可以利用此通道直接调整图像的颜色，也可以单独调整红、绿、蓝3个通道来完成对图像颜色的调整。

在“色阶”对话框中还有“载入”、“存储”、“自动”、“选项”等几个按钮，其中“载入”按钮主要是载入原来存储好的色阶文件，扩展名为.alv；“存储”按钮是存储当前色阶设置，文件扩展名为.alv，和“载入”按钮对应。

操作二　用“色相/饱和度”命令使春天变秋天

利用色相/饱和度可以调整图像中特定颜色分量的色相、饱和度和亮度，或者同时调整图像中的所有颜色。本操作将练习使用色相/饱和度的调整使图像的颜色发生变化，将一幅鲜艳明媚的春天图画变成五彩斑斓的秋天。完成前后的效果如图5-5所示。

图5-5　春天变秋天前后效果图

◆　操作要求

“色相/饱和度”命令在处理图像颜色时很常用，它主要用来改变图像的色相，类似将红色变为蓝色，将绿色变为紫色等。本操作主要通过该命令来改变景物颜色。具体制作要求如下。

（1）选择合适的素材文件。

（2）在“色相/饱和度”对话框中调整色相、饱和度、明度参数，改变图像颜色。

◆ **操作步骤**

（1）打开素材文件“春天.jpg”，如图 5-6 所示。

（2）选择“图像”→“调整”→“色相/饱和度”菜单命令，打开“色相/饱和度”对话框，设置色相参数为−40，饱和度为+9，明度为−11，如图 5-7 所示。

图 5-6　打开素材

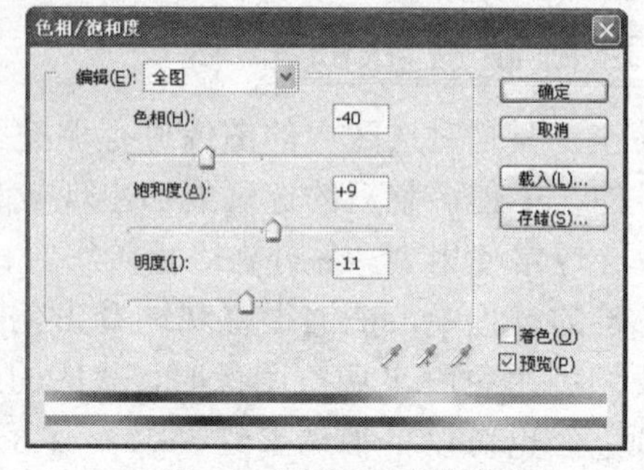

图 5-7　色相/饱和度的设置

（3）单击“确定”按钮，完成图像调整设置，此时图像效果如图 5-5 所示，将文件另存为“秋天.psd”。

知识回顾与拓展

本操作通过“色相/饱和度”命令对图像着色，使图像的颜色发生变化。对图像着色必须选中“色相/饱和度”对话框中的“着色”复选框，选中“预览”复选框可以预览调整后的图像颜色变化效果。

在调整时，直接拖动颜色块就可以改变颜色。其中色相主要是用来调整出不同的颜色；饱和度则主要是用来控制图像色彩的浓淡程度，类似电视机的色彩调节，改变的同时下方的色谱也会跟着改变，调至最低的时候图像就变为灰度图像了，对灰度图像改变色相是没有作用的；明度就是亮度，类似电视机的亮度调整，如果将明度调至最低会得到黑色，调至最高会得到白色，对黑色和白色改变色相或饱和度都没有效果。

操作三　用“亮度/对比度”命令使冰冷雕像如沐阳光

“亮度/对比度”命令主要用于调节图像的亮度和对比度，利用它可以对图像的色调范围进行简单调节。本操作通过使用亮度/对比度的调整使图像的颜色发生变化，使冰冷厚重的古雕像沐浴在灿烂的阳光下，完成前后的效果如图 5-8 所示。

图 5-8　冰冷雕像如沐阳光的前后效果图

◆ 操作要求

使用“亮度/对比度”命令可以方便地一次性调整图像中的所有色调，本操作主要通过该命令来改变景物颜色。具体制作要求如下。

（1）选择合适的素材文件。

（2）在“亮度/对比度”对话框中调整图像的亮度和对比度。

◆ 操作步骤

（1）打开素材文件“神庙.jpg”，如图5-9所示。

（2）选择“图像”→“调整”→“亮度/对比度”菜单命令，弹出“亮度/对比度”对话框，设置亮度为+44，对比度为+41，如图5-10所示。

（3）单击“确定”按钮，完成图像调整设置，此时图像效果如图5-8右图所示，将文件另存为“神庙.psd”。

图5-9　打开素材

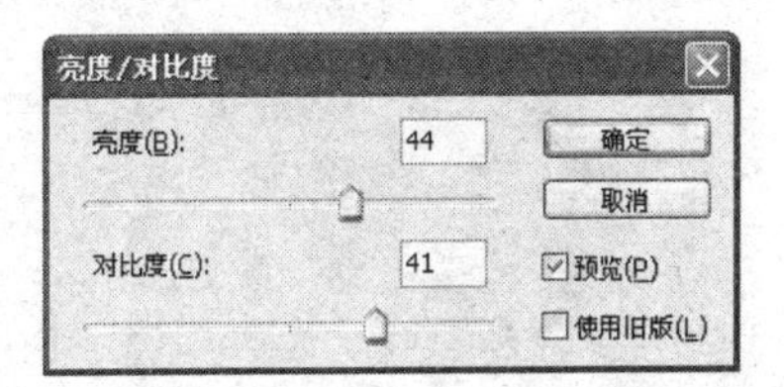

图5-10　亮度/对比度对话框的设置

知识回顾与拓展

本操作通过利用“亮度/对比度”命令可以方便地调整图像的亮度和对比度，该命令可一次性调整图像中的所有色调，对单个通道不起作用。

在“亮度/对比度”对话框中，亮度滑杆用来调节图像的亮度，右侧的编辑框可以显示亮度值，也可在其中输入亮度值；对比度滑杆用来调节图像的对比度。拖动滑杆可调整亮度和对比度，向左拖动时图像亮度和对比度降低，向右拖动时亮度和对比度加强。

操作四　用“曲线”命令使枯草变绿地

通过曲线的调整，可以使图像、文字等达到很多令人意想不到的效果。曲线的调整可以对RGB通道，也可以单独对各个颜色通道进行调整，包括红、蓝、绿通道。本操作练习通过调整曲线调整颜色，将非洲大草原秋冬黄色的枯草变成夏季茂盛的绿草，前后效果如图5-11所示。

◆ 操作要求

曲线的调整是一个不容易掌握的内容，操作时随意性较大。本操作使用“曲线”命令使枯草变绿地。具体制作要求如下。

（1）使用套索工具选中草地。

（2）羽化草地选区。

（3）通过选择通道，调整曲线，完成草地颜色的改变。

图 5-11　枯草变绿地完成效果图

◆ **操作步骤**

（1）选择“文件”→“打开”菜单命令，打开素材文件“枯草.jpg”，如图 5-12 所示。

（2）使用套索工具绘制选区，选中图像中的草地部分，如图 5-13 所示。

图 5-12　打开素材

图 5-13　建立选区

（3）选择“选择”→“羽化”菜单命令，将羽化半径设为 5 像素，如图 5-14 所示。

（4）选择“图像”→“调整”→“曲线”菜单命令，在“曲线”对话框的“通道”下拉列表框中选择“红”选项，并将曲线最右上角的节点拖动至下方调整曲线，如图 5-15 所示。

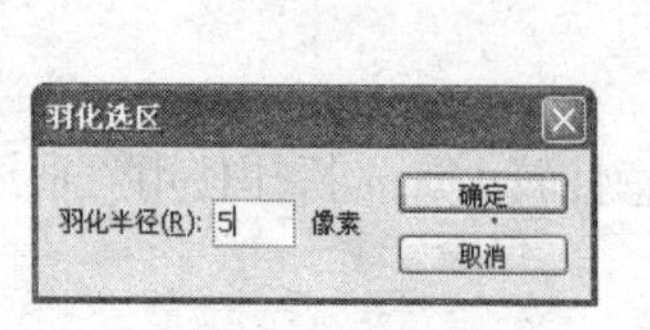

图 5-14　羽化选区

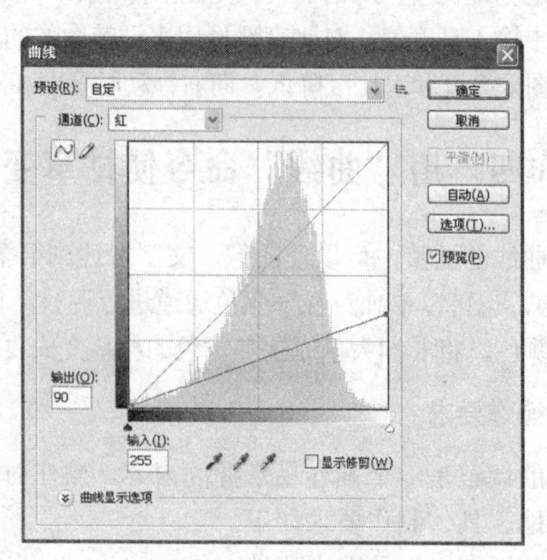

图 5-15　曲线属性设置

（5）单击“确定”按钮，完成对图像的设置，此时图像效果如图 5-11 右图所示，将设置好的图像另存为“绿地.psd”。

知识回顾与拓展

本操作中首先利用套索工具建立选区，并对选区进行羽化，使过渡自然，然后利用曲线调整，对红色通道进行调整，目的是使红色通道颜色变淡，最后通过调整使秋天的荒草变为夏天的青草。

在对曲线的属性设置时，可以将光标移动到曲线的任意位置，当出现“+”时单击，在曲线上就建立了一个颜色调整点，通过这种方法可以在曲线上建立多个颜色点，最后通过调整这些颜色点可以完成图像的调整，通过这种方法可以产生很多种颜色变化。

操作五　用“去色”命令将彩照变成黑白照片

利用“去色”命令可以去除图像中的彩色，将图像转化为灰度图像。本操作将练习为相片去色，前后的效果如图 5-16 所示。

图 5-16　彩照变成黑白照片效果图

◆　**操作要求**

使用“去色”命令来调整图像色彩，过程十分简单快捷，该命令没有相应的对话框，用户可以执行菜单命令，也可以按【Ctrl+Shift+U】快捷键直接执行。具体制作要求如下。

（1）选择合适的素材文件。

（2）对图像进行去色。

◆　**操作步骤**

（1）打开素材“彩照.jpg”文件。

（2）选择“图像”→“调整”→“去色”菜单命令将彩照变成黑白照片。

（3）保存文件退出。

知识回顾与拓展

选择“图像”→“调整”→“去色”菜单命令可直接把图像中所有颜色的饱和度降为 0，将图像转换为灰阶，但色彩模式不变。

“去色”命令单独运用并不多见，通常的用法是当用户扫描进一幅要修复的灰度图像后，如果该图像色泽偏黄，此时可以采用“去色”命令去除偏色，然后再使用其他的色彩调节方法（比如上色）或修复方法，将图像修复完成。

操作六　用“照片滤镜”命令制作旧照片效果

使用 Photoshop 的“照片滤镜”命令可以快速将照片变黄做旧。“照片滤镜”命令模仿了以下几种方法：在相机镜头前面加彩色滤镜，以便调整通过镜头传输的光的色彩平衡和色温；使胶片曝光。还可以选择预设的颜色，以便向图像应用色相调整。如果要应用自定颜色调整，可使用 Adobe 拾色器来指定颜色。本操作通过“照片滤镜”命令制作旧照片效果，效果如图 5-17 所示。

图 5-17　照片变旧前后效果图

◆　操作要求

与以前的版本相比，“照片滤镜”是 Photoshop CS3 新增加的功能，它的用途也十分广泛，本操作将使用“照片滤镜”命令来调整图像色彩。具体制作要求如下。

（1）选择合适的素材文件。

（2）使用加温滤镜改变图像颜色。

◆　操作步骤

（1）打开素材“红衣.jpg”文件，如图 5-18 所示。

（2）选择“图像”→“调整”→“照片滤镜”菜单命令，在“照片滤镜”对话框中选择加温滤镜，浓度为 70%，如图 5-19 所示。

图 5-18　原始素材

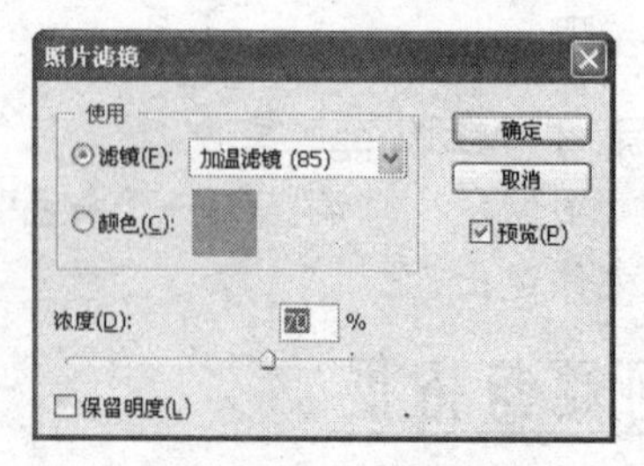

图 5-19　照片滤镜设置

（3）单击“确定”按钮，完成图像调整设置，此时图像效果如图 5-17 右图所示。

知识回顾与拓展

本操作主要练习了“照片滤镜”命令的使用，注意在“照片滤镜”对话框确保选中“预览”复选框，以便查看使用某种颜色滤镜的效果。若不愿通过添加颜色滤镜来使图像变暗，一定要选中“保留明度”复选框。本操作中为了图片做旧效果更明显，没有保留明度。

从“照片滤镜”对话框中选取滤镜颜色（自定滤镜或预设值）。对于自定滤镜，选择“颜色”选项，单击该色块，并使用 Adobe 拾色器为自定颜色滤镜指定颜色；对于预设滤镜，选择“滤镜”选项并从“滤镜”菜单中选取下列预设之一。

- 加温滤镜（85 和 LBA）及冷却滤镜（80 和 LBB）：用于调整图像中的白平衡的颜色转换滤镜。如果图像是使用色温较低的光（微黄色）拍摄的，则冷却滤镜（80）使图像的颜色更蓝，以便补偿色温较低的环境光。相反，如果照片是用色温较高的光（微蓝色）拍摄的，则加温滤镜（85，会使图像的颜色更暖，以便补偿色温较高的环境光。
- 加温滤镜（81）和冷却滤镜（82）：使用光平衡滤镜来对图像的颜色品质进行细微调整。加温滤镜（81）使图像变暖（变黄），冷却滤镜（82）使图像变冷（变蓝）。
- 个别颜色：根据所选颜色预设给图像应用色相调整。所选颜色取决于如何使用“照片滤镜”命令。如果照片有色痕，则可以选取一种补色来中和色痕。还可以针对特殊颜色效果或增强应用颜色。例如“水下”颜色模拟在水下照片中的稍带绿色的蓝色色痕。

要调整应用于图像的颜色数量，可使用“浓度”滑块，或者在“浓度”文本框中输入一个百分比，浓度越高，颜色调整幅度就越大。

任务二　其他色彩调整命令的应用

任务目标

在“图像”菜单的“调整”子菜单中，除了前面比较常用的色彩调整命令外，还可以通过“通道混合器”、“色调分离”、“变化”、“曝光度”等命令对图像中的特定颜色进行修改。本任务将通过使图像变色、制作单色图像效果、改变电影海报颜色等操作，掌握相关色彩调整命令的使用。

操作一　用“通道混合器”命令使图像变色

利用“通道混和器”命令可以分别对图像各通道的颜色进行调整，将当前颜色通道中的像素与其他颜色通道中的像素按一定程度混合，利用它可以进行创造性的颜色调整，创建高品质的灰度图像，创建高品质的深棕色调或其他色调的图像，将图像转换到一些色彩空间，或从色彩空间中转换图像，交换或复制通道，产生一种图像合成效果。本操作将练习对图片“孤单.jpg”利用“通道混和器”命令进行变色，其前后效果如图 5-20 所示。

◆ 操作要求

“通道混和器”命令可用来调节各种颜色通道的混合比例，在处理照片时该命令常用于产生独特的色彩效果。通过该命令可以混合图像中并不存在的某种色彩，使图像显得更加漂亮。具体制作要求如下。

图 5-20　图像变色前后效果图

（1）选择合适的素材文件。

（2）在“通道混合器”对话框选择输出通道为绿色，并调整相关参数。

◆ **操作步骤**

（1）打开素材文件“孤单.jpg”，如图 5-21 所示。

（2）选择“图像”→“调整”→“通道混合器”菜单命令，打开“通道混合器”对话框。

（3）在“通道混合器”对话框中选择绿颜色通道，设置红色为−58，绿色为+142，蓝色为+78，如图 5-22 所示。

图 5-21　原始素材

图 5-22　设置通道混合器

提示：调整前，首先在“输出通道”选项栏中选择进行混合的通道；“通道混和器”命令只能用于 RGB 模式或 CMYK 模式的主通道。

（4）设置完成后，单击“确定”按钮，此时图像效果如图 5-20 右图所示，将文件另存为“孤独.psd”。

知识回顾与拓展

“通道混和器”对话框中各主要参数的含义如下。

- 输出通道：在其下拉菜单中可选择要调整的颜色通道。
- 常数：该滑块用于调整通道的不透明度。
- 单色：选择该复选框可将图像由彩色变为黑白。

操作二　用“色调分离”命令制作单色图像效果

“色调分离”命令可指定图像每个通道的亮度值的数目，并将指定亮度的像素映射为最接近的匹配色调。比如在 RGB 图像中选取两个色调级可以产生 6 种颜色：两种红色、两种绿色、两种蓝色。本操作通过色调分离调整图像的颜色，其分离前后的效果如图 5-23 所示。

图 5-23　色调分离前后效果

◆ 操作要求

通常色调分离在实际图像处理中用于创建一种色彩抽象的艺术效果。该命令对于色彩接近灰度的彩色图像可以产生较好的效果，可以为图像制作出大的单调色区，或产生特殊效果。具体制作要求如下。

（1）选择合适的素材文件。

（2）在“色调分离”对话框设置分离的色阶数目。

◆ 操作步骤

（1）打开素材文件“榛果 jpg”，如图 5-24 所示。

（2）选择“图像”→“调整”→“色调分离”菜单命令，打开“色调分离”对话框。

（3）在“色调分离”对话框中将色阶设置为 4，单击“确定”按钮，图像效果如图 5-25 所示。

图 5-24　原始素材

图 5-25　色调分离

（4）将文件另存为“榛果.psd”。

知识回顾与拓展

在“色调分离”对话框中，可直接在“色阶”数据框中输入想要的色阶数。另外，若要使用自己指定的颜色数，可先把该图像转换为灰度图像，然后指定色阶数，接着把图像转换成原来的颜色模式，用指定的颜色替换灰色调即可。

操作三　用“变化”命令改变海报颜色

“变化”命令能够最直观地修改色彩平衡、对比度和饱和度。本操作将练习调整一张海报的颜色，展示“变化”命令的效果，如图 5-26 所示。

图 5-26　改变海报颜色的前后效果图

◆　操作要求

“变化”命令对于不需要精确色彩调整的平均色调图像最有用。具体制作要求如下。

（1）使用“变化”命令来调整图像色彩。

（2）加深图像黄色并增加图像饱和度。

◆　操作步骤

（1）打开素材文件“乖猫.jpg”。

（2）选择“图像”→“调整”→“变化”菜单命令，打开如图 5-27 所示的“变化”对话框。

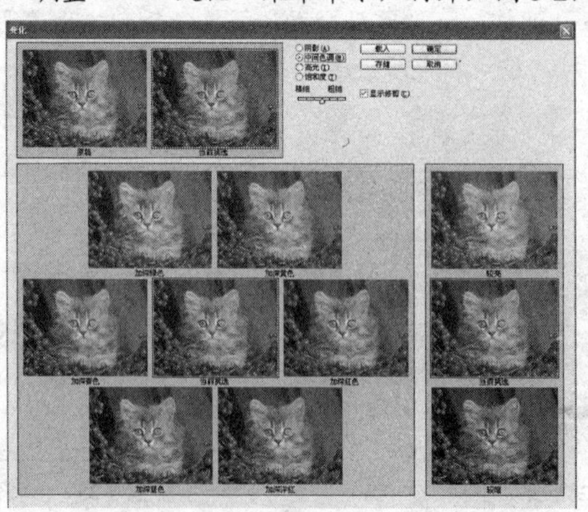

图 5-27　加深黄色

（3）在“变化”对话框中，单击“加深黄色”缩略图3次。

（4）选中“饱和度”单选钮，单击“增加饱和度”缩略图3次，对图像的颜色饱和度进行调整，如图5-28所示。

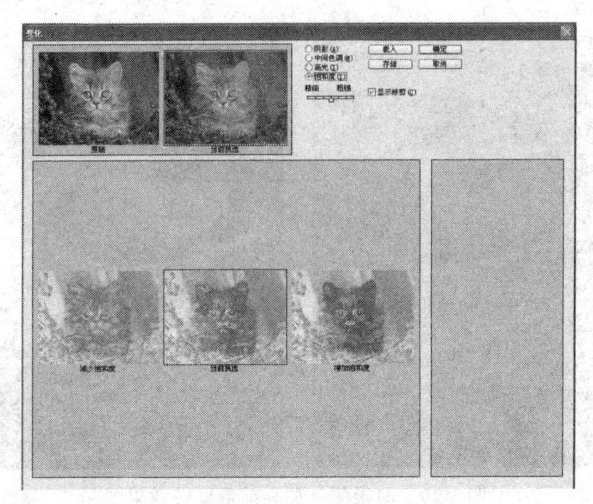

图5-28　增加饱和度

（5）单击“确定”按钮，完成图像调整设置，此时图像效果如图5-26右图所示。

（6）将文件另存为“乖猫.psd”。

知识回顾与拓展

“变化”对话框中各项含义如下。

- 阴影、中间色调、高光：这3个单选钮用于选择要调整像素的亮度范围。
- 饱和度：用于对图像的颜色饱和度进行调整。
- 精细/粗糙标尺：用于控制图像调整时的幅度，向粗糙靠近一格，幅度就增大一倍；向精细靠近一格，幅度就减小一倍。
- 显示修剪：用于决定是否显示图像中颜色溢出的部分。

一般对图像进行变化时，首先选择对“阴影”、“中间色调”和“高光”或者“饱和度”进行调整，然后移动“精细”和“粗糙”之间的三角滑块以确定每次调整的数量。

若要在图像中增加颜色，只需单击相应的颜色缩略图；若要从图像中减去颜色，可单击色轮上的相对颜色。

对话框顶部的两个缩略图显示原图（或原始选区）和调整效果的预视图（或预视选区）；右面的缩略图用于调整图像亮度值，单击其中一个缩略图，所有的缩略图都会随之改变亮度；名为“当前挑选”的缩略图反映当前的调整状况。其余各图分别代表增加某种颜色后的情况。

操作四　用“曝光度”命令使海报颜色鲜亮起来

设计“曝光度”对话框的目的是为了调整HDR图像的色调，但它也可用于8位和16位图像。本操作将练习调整图像曝光度，前后效果如图5-29所示。

◆　操作要求

曝光度是通过在线性颜色空间（灰度系数1.0），而不是图像的当前颜色空间执行计算而得出的。本操作将使用“曝光度”命令来调整图像色彩。具体制作要求如下。

（1）选择合适的素材文件。

（2）在“曝光度”对话框中调整图像的曝光度、位移和灰度参数。

图 5-29　海报颜色鲜亮前后比较效果图

◆ 操作步骤

（1）打开素材文件“眼睛.jpg”。

（2）选择“图像”→“调整”→“曝光度”菜单命令，打开“曝光度”对话框。

（3）在“曝光度”对话框中设置曝光度为+2.27，位移为-0.2100，灰度系数为 0.52，如图 5-30 所示。

（4）单击“确定”按钮，完成图像调整设置，将文件另存为“眼睛.psd”。

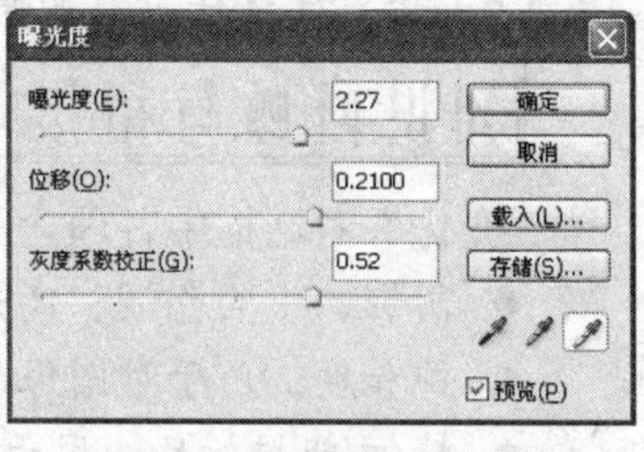

图 5-30 “曝光度”对话框

知识回顾与拓展

“曝光度”对话框中各项含义如下。

- 曝光度：调整色调范围的高光端，对极限阴影的影响很轻微。
- 位移：使阴影和中间调变暗，对高光的影响很轻微。
- 灰度系数校正：使用简单的乘方函数调整图像灰度系数。负值会被视为它们的相应正值（也就是说，这些值仍然保持为负，但会被调整，就像它们是正值一样）。
- 吸管工具：将调整图像的亮度值（与影响所有颜色通道的“色阶”吸管工具不同）。“设置黑场”吸管工具将设置“偏移量”，同时将单击处的像素改变为零；“设置白场”吸管工具将设置“曝光度”，同时将单击处的点改变为白色（对于 HDR 图像为 1.0）；“设置灰场”吸管工具将设置“曝光度”，同时将单击处值变为中度灰色。

“图像”菜单中“调整”子菜单下各调整命令的作用如下。

- “色阶”命令：可以调节图像各个通道的明暗对比度。
- “自动色阶”命令：可以自动调整图像的颜色，使其达到均衡效果。
- “自动对比度”命令：可以自动调整图像的对比度，使其达到均衡效果。
- “自动颜色”命令：可以自动调整图像的色彩平衡，使图像的色彩达到均衡效果。

- “曲线”命令：利用调整曲线的形态来改变图像各个通道的明暗数量。
- “色彩平衡”命令：可以对图像的颜色进行调整。如果在打开的“色彩平衡”对话框中勾选底部的“保持亮度”复选框，对图像进行调整时，可以保持图像的亮度不变。
- “亮度/对比度”命令：通过设置不同的数值及调整滑块的不同位置，来改变图像的亮度及对比度。
- “色相/饱和度”命令：可以调整图像内单种颜色的色相、饱和度和明度。当在打开的“色相/饱和度”对话框中勾选“着色”复选框时，可以调整整个图像的色相、饱和度和明度。
- “去色”命令：可以将原图像中的颜色去除，使图像以灰色的形式来显示。
- “替换颜色”命令：可以利用吸管工具在画面中的任意位置单击，确定所要替换的颜色，然后再调整所选择颜色的色相、饱和度和明度。
- “可选颜色”命令：可以首先选取一种颜色，然后调整其色彩平衡度，这样可以对所指定的颜色进行精细调整。
- “通道混合器”命令：可以选择不同颜色的通道，然后在“原通道”中进行调整。
- “渐变映射”命令：可以使图像中的颜色被选定的渐变颜色替换，替换时渐变颜色从左至右按图像的灰度级由暗至亮替换。
- “照片滤镜”命令模仿以下几种方法：在相机镜头前面加彩色滤镜，以便调整通过镜头传输的光的色彩平衡和色温；使胶片曝光。还可以选择预设的颜色，以便向图像应用色相调整。如果要应用自定颜色调整，可使用 Adobe 拾色器来指定颜色。
- “阴影/高光”命令：适用于校正由强逆光而形成剪影的照片，或者校正由于太接近相机闪光灯而有些发白的焦点。
- “曝光度”命令：用于调整 HDR 图像的色调，也可用于 8 位和 16 位图像。曝光度是通过在线性颜色空间（灰度系数 1.0）而不是图像的当前颜色空间执行计算而得出的。
- “反相”命令：可以将图像中的颜色以及亮度全部反转，生成图像的反相效果。
- “色调均化”命令：可以将通道中最亮与最暗的像素分别定义为白色与黑色，然后按照比例重新分配到画面中，使图像中的明暗分布更加均匀。
- “阈值”命令：通过调整滑块的位置来调整“阈值色阶”值，从而将灰度图像或彩色图像转换为高对比度的黑白图像。
- “色调分离”命令：可以自行指定图像中每个通道的色调级数目，然后将这些像素映射为最接近的匹配色调上。
- “变化”命令：可以调整图像或选择区域的色彩、对比度、亮度和饱和度。

课后练习

一、选择题

（1）使用（　　）命令可以将原图像中的颜色去除，使图像以灰色的形式来显示。

A．去色　　B．变化

C．色调分离　　D．色调均化

（2）（　　）主要用于控制图像色彩的浓淡程度。

A．饱和度　　B．明度

C．色相　　D．亮度

（3）（　　）命令可以将灰度图像或彩色图像转换为高对比度的黑白图像。

A．曝光度　　B．色相/饱和度

C．阈值　　D．色阶

二、上机操作题

（1）打开素材“流水盆”，使用“曲线”命令调整图像颜色，效果如图 5-31 所示。

（2）打开素材“三朵郁金香”，利用魔棒工具选取花朵，使用“色彩平衡”命令和“亮度/对比度”命令调整图像颜色，注意在“色彩平衡”对话框中加深洋红色和红色，在“亮度/对比度”对话框中降低亮度，增加对比度，最终效果如图 5-32 所示。

图 5-31　流水盆变色

图 5-32　郁金香变色

模块六　图层的应用

模块简介

图层是 Photoshop 在处理图像时使用最多的功能之一，可以将图层之间的关系理解为一张张相互叠加的透明纸。一个图层就好像是一张透明纸，可以在这张透明纸上画画，而没画上的部分保持透明的状态，可以看到这张纸下面的画面。当在各张纸上画完适当的画面以后，将这几张纸叠加起来，便形成一幅完整的图像。图层的运用关系到 Photoshop 的使用效果，本模块将通过实例来全面透析 Photoshop 图层的功能。

学习目标

- 了解图层的概念
- 掌握图层的新建、复制、删除、合并等基本操作
- 掌握图层混和模式的应用
- 掌握图层样式的应用
- 掌握特殊样式的应用
- 掌握对图层的填充

任务一　图层的基本编辑

任务目标

使用图层可以将图像中各个元素分层处理及保存，使图像的编辑处理具有很大的弹性和操作空间。每个图层相当于一个独立的图像文件，大多数命令都能对某个图层进行独立的编辑操作。本任务将通过制作音乐世界图片效果、制作少女艺术写真效果等操作，掌握图层创建等基本编辑方法。

操作一　制作音乐世界图片效果

本操作将练习使用素材文件夹中的各乐器文件，把它们组合到一个图像文件中，通过对各个图层的基本操作，排列成一幅以乐谱为背景，陈列了各种乐器的音乐世界效果，最后效果如图 6-1 所示。

◆ **操作要求**

图层是 Photoshop 的灵魂，大多数用 Photoshop 处理的图像都是由若干个图层合成的。具体制作要求如下。

（1）打开素材文件夹中的各乐器文件。

（2）练习激活图层、重命名图层、移动图层、复制图层、合并可见图层等。

图 6-1　音乐世界

◆　**操作步骤**

（1）选择“文件”→“打开”菜单命令，打开提供素材中的“乐谱.psd”文件，如图 6-2 所示。

图 6-2　原始素材

（2）观察图层信息，有两种不同的乐器分布在不同的图层上，除背景图层外，其余的图层都是透明的。图层 1 为被激活图层，显示为蓝色，如图 6-3 所示。

（3）双击图层名，分别将“图层 1”、“图层 2”、改名为“乐器 a”、“乐器 b”，如图 6-4 所示。

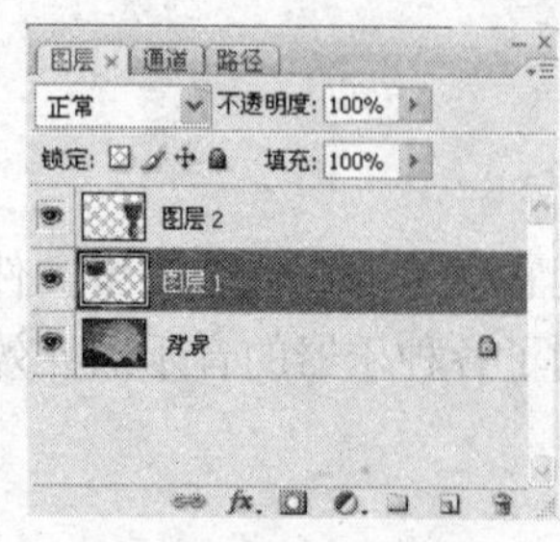

图 6-3　原始图层信息

图 6-4　更改图层名称

（4）打开素材文件夹中的“乐器 1.jpg”、“乐器 2.jpg”和“乐器 3.jpg”文件，如图 6-5 所示。

图 6-5　打开原始素材图片

（5）用选取工具分别选中各种乐器，再用移动工具拖动图像到“乐谱.psd”图中，产生新的“图层 1”、“图层 2”和“图层 3”，并将图像旋转，缩放到合适角度和大小，效果如图 6-6 所示。

提示：由于这几个图像文件背景都是白色，图像颜色差异较大，因此可以用魔棒工具单击白色背景选中背景区域，然后通过反向选择即可选中乐器素材。

（6）将“图层 1”、“图层 2”和“图层 3”分别改名为“乐器 c”、“乐器 d”和“乐器 e”，如图 6-7 所示。调整图层的位置，在“图层”控制面板中，选择要移动的图层并将其拖曳到指定的位置即可。

图 6-6　乐器合成图

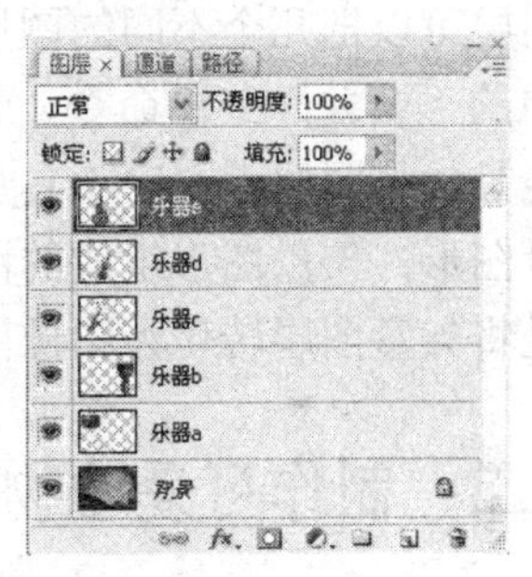

图 6-7　图层面板

（7）复制图层，将“乐器 a”图层选中，拖动至新建图层按钮上方，松开按钮即可，产生新图层“乐器 a 副本”。将其调整至合适位置，完成效果如图 6-8 所示，将“乐器 a 副本”图层变换到合适大小，效果如图 6-1 所示。

（8）单击“图层”控制面板右上角的▸按钮，在弹出的菜单中选择“合并可见层”菜单命令，完成的“图层”控制面板效果如图 6-9 所示。

图 6-8　最终效果

图 6-9　合并图层效果

☎ 提示：图像中的图层是自上而下依次排列放置的，而且上面的图层总是遮盖着下面的图层。调整图层的排列次序，会得到不同的图像显示效果。

知识回顾与拓展

本操作通过将几幅图片集中到一个图像文件中，练习了图层的重命名、复制、组合、合并、顺序调整等。对一个图层所做的操作不会影响其他图层，这些操作包括剪切、复制、粘贴、填充和工具栏中各种工具的使用。

在“图层”控制面板（见图 6-3）下面有很多按钮，对图层操作时可以直接在面板上选择相关按钮即可。

——图层样式

——新建填充/调整图层

——删除图层按钮

——指示图层的可见性

——链接图层

——蒙版图层组

——新建图层

——创建新的图层组按钮

——面板菜单按钮

复制图层主要有 3 种方法：通过菜单中的“复制图层”命令；使用“图层”控制面板来复制图层；使用移动工具复制图层。

合并图层可以把几个不同的图层合并为一个图层，以减少图层操作复杂度。可以选择“图层”菜单中的“合并”菜单命令，也可以通过【Ctrl+E】快捷键来实现；但前提必须是图像图层。不能是矢量图层。文字工具加入的字符属于矢量图层，自定义形状工具加入的图形同样属于矢量图形。矢量图形组成的图层必须要经过栅格化后才能进行图层合并等操作。栅格化图层就是将矢量图层转化为图像图层的过程。

操作二　制作可爱动物写真效果

图层的基本操作包括新建图层、复制图层、删除图层、颜色标识、删格化图层、合并图层、链接图层等。本操作将练习打开素材文件夹的文件，通过图层的基本操作完成一幅可爱动物写真照片的制作，最终效果如图 6-10 所示。

图 6-10　可爱动物写真效果

◆　**操作要求**

本操作主要练习图层的基本操作，包括图层的重命名、移动、变换及链接等。具体制作要求如下。

（1）打开素材文件夹中的各素材文件。

（2）拖移图层，复制和链接图层，适当调整某些图层的大小、位置和旋转角度。

◆　**操作步骤**

（1）打开素材文件夹中的“艺术背景.jpg”文件作为背景图，如图 6-11 所示。

（2）打开素材文件夹中的“闻香.psd”文件，如图 6-12 所示。

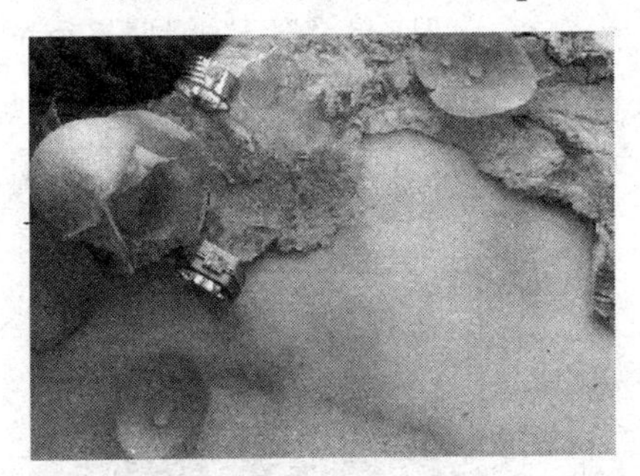

图 6-11　“艺术背景.jpg”文件

图 6-12　“闻香.psd”文件

（3）分别打开素材文件夹中的“相框.psd”、“戒指.psd”和“手镯.psd”文件，如图 6-13 所示。

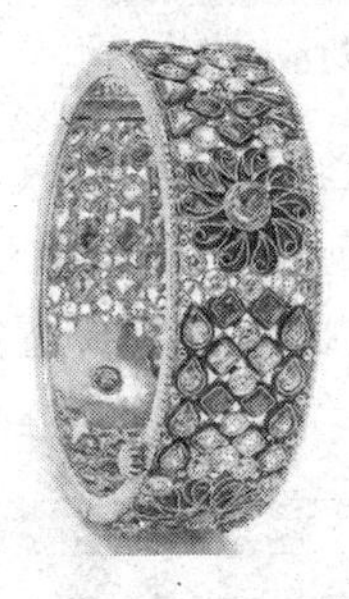

图 6-13　合成素材

（4）激活“相框.psd”中的“相框”层，按住鼠标左键拖入“艺术背景.jpg”文件中；激活“闻香.psd”中的“部分”图层，按住鼠标左键拖入背景层中。

（5）将“部分”图层改名为“小狐狸”，分别对“相框”和“小狐狸”图层通过选择“编辑”→“变换”→“缩放”菜单命令，对其大小进行适当调整。

（6）在“图层”控制面板中拖动“小狐狸”图层，使其置于“相框”图层下方。此时图像效果如图 6-14 所示。

（7）激活“背景”层，用选区工具选中图像左下方一片带露珠的花瓣内容，选择“编辑”→“复制”菜单命令。

（8）创建新图层并取名“花瓣”，选择“编辑”→“粘贴”菜单命令将花瓣粘贴进来，然后使用图形变换命令对花瓣的位置和旋转角度进行适当调整。

（9）在“图层”控制面板中拖动“花瓣”图层，使其置于“相框”图层上方。图层信息如图 6-15 所示，此时图像效果如图 6-16 所示。

图 6-14　调整好小狐狸和相框后的效果

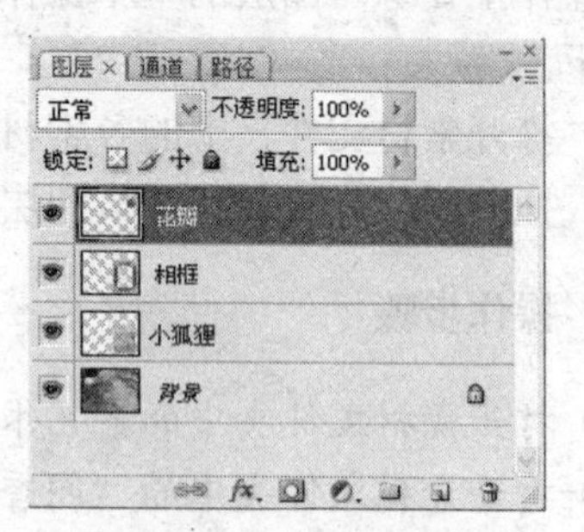

图 6-15　“图层”控制面板

（10）分别激活“戒指.psd”中的两个图层，按住鼠标左键分别拖入“艺术背景.jpg”文件中并调整好位置，对两层进行链接，图层信息如图 6-17 所示。

图 6-16　花瓣效果

图 6-17　图层链接

（11）然后对两枚戒指进行缩放，调整其大小，此时图像效果如图 6-18 所示。

（12）激活“手镯.psd”中的手镯图层，按住鼠标左键拖入“艺术背景.jpg”文件中至于合适位置，将其大小缩放到适当程度，图层信息如图 6-19 所示，此时图像的最终效果如图 6-10 所示。

图 6-18　戒指效果

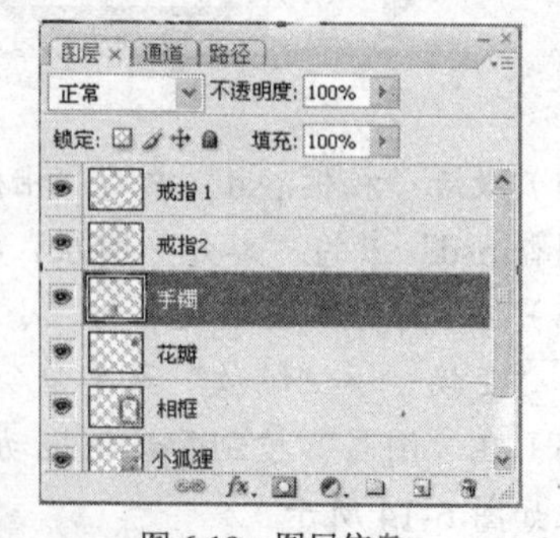

图 6-19　图层信息

提示：链接图层，只需在“图层”控制面板中选中要链接的两个或几个图层，然后单击“图层”控制面板下面的链接标志即可。合并图层、链接图层命令在图像上是看不出来效果的，只有在“图层”控制面板上才可以看到变化。

知识回顾与拓展

本操作通过将几幅图片集中到一个图像文件中，练习了图层的重命名、移动、变换、链接、顺序调整等。

要在图像中移动图层，首先应在“图层”控制面板中将要移动的图层置为当前层，然后选择移动工具，并利用鼠标在图像中拖动选定的图层到希望的位置。如果要同时移动多个图层，应先将它们链接起来。用户也可以按住【Ctrl】键，然后按住鼠标拖动图层。或使用键盘上的箭头键，可以每次将图层移动一个像素的距离。按住【Shift】键，然后使用箭头键可以每次移动 10 个像素的距离。

图层的链接作用在于固定当前图层和链接图层，这样对于当前图层所做的变换、对齐、移动、颜色调整、滤镜变换等操作同时也可以应用到链接图层上。

图层链接的引入是为了解决实际设计过程中的图层过多，操作复杂。通过链接可以使多个图层相对静止，避免图层位置的移动。

任务二　图层的混合模式和不透明度

任务目标

混合模式是 Photoshop 最强大的功能之一，它决定了当前图像中的像素如何与底层图像中的像素混合，使用混合模式可以轻松地制作出许多特殊的效果。本任务将通过制作嘴唇上的唇彩效果、制作宠物衫效果和制作杂志广告背景效果等操作，掌握图层的混合模式和不透明度的设置与应用。

操作一　制作嘴唇上的唇彩效果

本操作中图像的最终效果是几个图层叠加起来的结果，不同的叠加模式会产生不同的结果。本操作将练习通过复制图层并使用强光混合模式，使人物嘴唇更红、更亮，产生唇彩效果，如图 6-20 所示。

图 6-20　唇上的唇彩效果

◆ **操作要求**

在进行 Photoshop 的图层操作时，可使用“图层”控制面板上的“混合模式”下拉菜单选项来影响图层叠加效果。此外，在其他许多面板（例如笔刷工具）中也有类似的混合模式，而此时混合模式决定了绘图工具的着色方式。一些命令对话框（例如填充、描边）也同样有该模式。具体制作要求如下。

（1）选取人物的嘴唇部分，进行羽化。

（2）将嘴唇图像复制为新图层，并对该图层使用强光混合模式。

◆ **操作步骤**

（1）打开素材文件夹中的“嘴唇.jpg”文件作为背景图，如图 6-21 所示。

（2）用磁性套索工具选中图中人物的嘴唇，如图 6-22 所示。

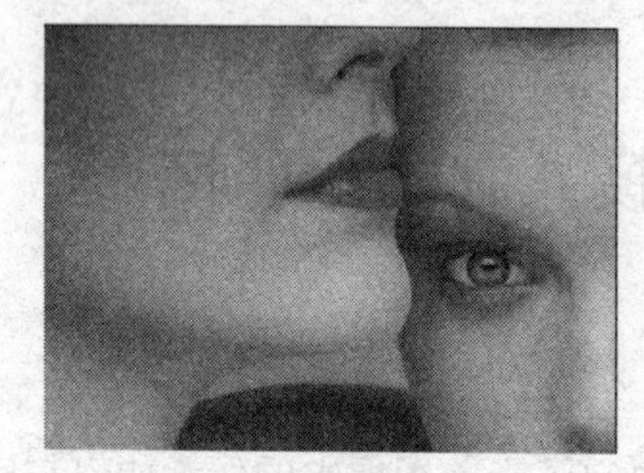

图 6-21　原始素材

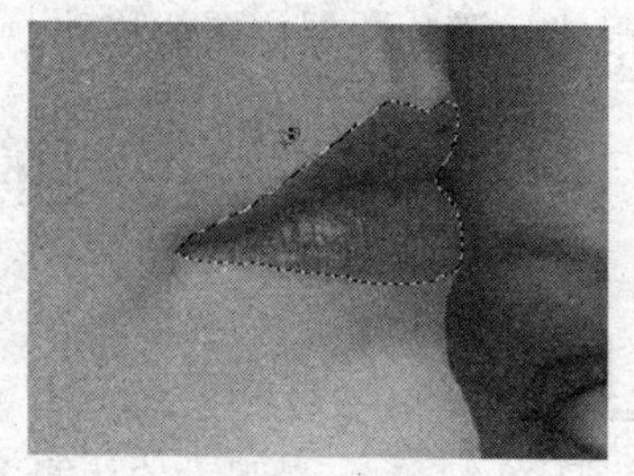

图 6-22　选择嘴唇

（3）选择“选择”→“羽化”菜单命令，弹出“羽化选区”对话框，将羽化半径设置为 2 像素。

（4）单击鼠标右键，在弹出的快捷菜单中选择“通过拷贝的图层”菜单命令，将嘴唇复制为一个新图层，此时的“图层”控制面板如图 6-23 所示。

（5）选中图层 1，单击“图层”控制面板上的 ▾☰ 按钮，在弹出的“混合模式”下拉菜单中选择“强光”菜单命令，如图 6-24 所示。

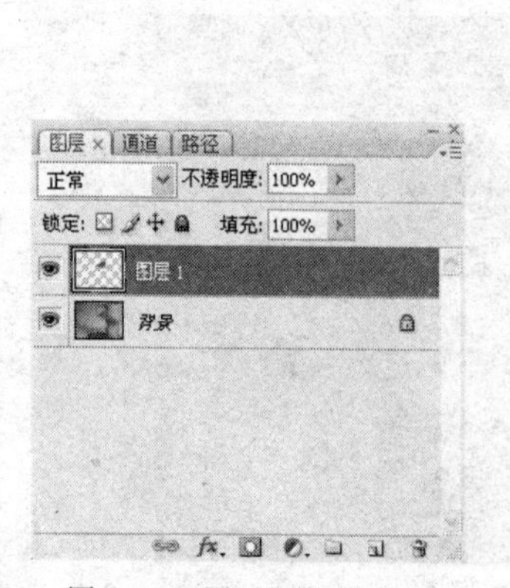

图 6-23 “图层”控制面板

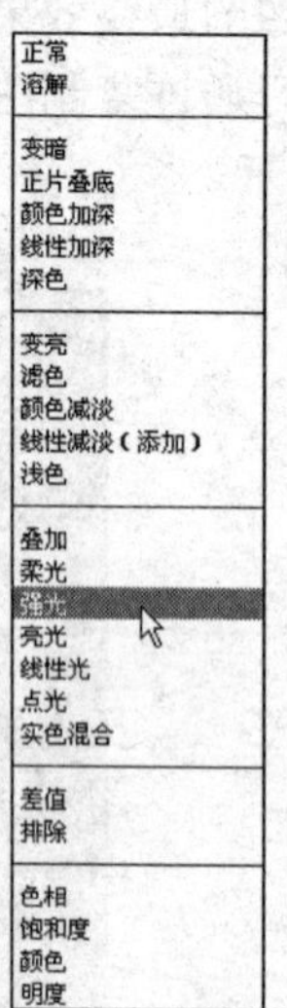

图 6-24　选择强光模式

（6）此时图像效果如图 6-20 所示，保存文件退出。

知识回顾与拓展

强光模式的作用效果如同是打上一层色调强烈的光，与耀眼的聚光灯照在图像上相似，所以称之为强光。如果混合色（光源）比 50%灰色亮则图像变亮就像过滤后的效果；如果混合色（光源）比 50%灰色暗则图像变暗就像复合后的效果。用纯黑色或纯白色绘画会产生纯黑色或纯白色。

操作二 制作宠物衫效果

在 Photoshop 中，可通过移动图层并使用叠加混合模式，将不同的图片合成叠加在一起，使图像结合非常自然清新，特别而又不突兀。本操作将练习把一只宠物猫图片叠加到衣服上，效果如图 6-25 所示。

图 6-25 把宠物猫穿在身上

◆ 操作要求

图像的最终效果是几个图层叠加起来的结果，不同的叠加模式会产生不同的结果。具体制作要求如下。

（1）使用套索工具选取猫图像。

（2）将猫移到另一文件中作为新图层，调整大小、位置等，并对图层使用叠加混合模式。

◆ 操作步骤

（1）打开素材文件夹中的“大脸猫.jpg”和“大嘴猫.jpg”文件，如图 6-26 所示。

（2）用套索工具选中猫图像，再用移动工具拖动到“大嘴猫”图中，产生新的“图层 1”，并将图像旋转，缩放到合适角度和大小，效果如图 6-27 所示。

（3）选中图层 1，单击“图层”控制面板上的按钮，在弹出的“混合模式”下拉菜单中选择“叠加”菜单命令，“图层”控制面板如图 6-28 所示。

图 6-26　原始素材

图 6-27　猫移动到衣服上

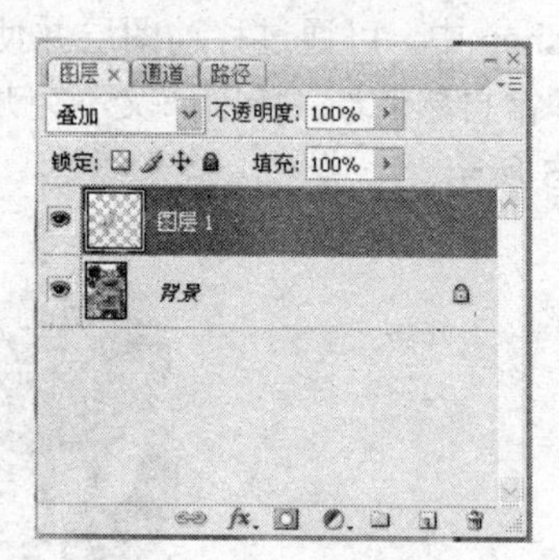

图 6-28　“图层”控制面板

（4）此时图像效果如图 6-25 所示，保存文件退出。

知识回顾与拓展

叠加模式的作用与正片叠底模式正好相反，叠加模式合成图层的效果是显现两图层中较高的灰阶，而较低的灰阶则不显现，产生一种漂白的效果。

复合或过滤颜色具体取决于基色。图案或颜色在现有像素上叠加，同时保留基色的明暗对比不替换基色，但基色与混合色相混以反映原色的亮度或暗度。

按照图层混合模式的作用原理不同，Photoshop 的图层混合模式主要分为 6 大类，即组合模式（正常、溶解）、加深混合模式（变暗、正片叠底、颜色加深、线性加深）、减淡混合模式（变亮、滤色、颜色减淡、线性减淡）、对比混合模式（叠加、柔光、强光、亮光、线性光、点光、实色混合）、比较混合模式（差值、排除）和色彩混合模式（色相、饱和度、颜色、亮度）。

- 正常模式：这是图层混合模式的默认方式，较为常用。使用时用当前图层像素的颜色叠加下层颜色。
- 溶解模式：使用时，该模式把当前图层的像素以一种颗粒状的方式作用到下层，以获取溶入式效果。将“图层”控制面板中的不透明度值调低，溶解效果则越加明显。利用溶解，可以轻松制作出溶入式的文字特效。
- 变暗模式：该模式是混合两图层像素的颜色时，对这二者的 RGB 值（即 RGB 通道中的颜色亮度值）分别进行比较，取二者中低的值再组合成为混合后的颜色，所以总的颜色灰度级降低，造成变暗的效果。显然用白色去合成图像时毫无效果。

- 正片叠底模式：该模式是将上下两层图层像素颜色的灰度级进行乘法计算，获得灰度级更低的颜色而成为合成后的颜色，图层合成后的效果简单地说是低灰阶的像素显现而高灰阶不显现，产生类似正片叠加的效果。
- 颜色加深模式：使用这种模式时，会加暗图层的颜色值，加上的颜色越亮，效果越细腻。
- 变亮模式：与变暗模式相反，变亮混合模式是将两像素的RGB值进行比较后，取高值成为混合后的颜色，因而总的颜色灰度级升高，造成变亮的效果。用黑色合成图像时无作用，用白色时则仍为白色。
- 叠加模式：与正片叠底模式正好相反，叠加模式合成图层的效果是显现两图层中较高的灰阶，而较低的灰阶则不显现，产生出一种漂白的效果。
- 颜色减淡模式：使用这种模式时，会加亮图层的颜色值，加上的颜色越暗，效果越细腻。
- 柔光模式：该模式的效果如同是打上一层色调柔和的光，因而被称为柔光。作用时将上层图像以柔光的方式施加到下层。当底层图层的灰阶趋于高或低，则会调整图层合成结果的阶调趋于中间的灰阶调，而获得色彩较为柔和的合成效果。
- 强光模式：如同是打上一层色调强烈的光，所以如果两层中颜色的灰阶是偏向低灰阶，作用与正片叠底类似；而当偏向高灰阶时，则与屏幕类似。中间阶调作用不明显。
- 差值模式：该模式作用时，将要混合图层双方的RGB值中每个值分别进行比较，用高值减去低值作为合成后的颜色。所以这种模式也常使用，例如通常用白色图层合成一图像时，可以得到负片效果的反相图像。
- 排除模式：排除模式用较高阶或较低阶颜色去合成图像时与差值模式毫无分别，使用趋近中间阶调颜色则效果有区别，总地来说效果比差值模式要柔和。
- 色相模式：合成时，用当前图层的色相值去替换下层图像的色相值，而饱和度与亮度不变。
- 饱和度模式：合成时，用当前图层的饱和度去替换下层图像的饱和度，而色相值与亮度不变。
- 颜色模式：兼有以上两种模式，用当前图层的色相值与饱和度替换下层图像的色相值和饱和度，而亮度保持不变。
- 亮度模式：合成两图层时，用当前图层的亮度值去替换下层图像的亮度值，而色相值与饱和度不变。

操作三　制作杂志广告背景效果

图层中没有画面的部分是完全透明的，对有画面的部分可以调整它的透明度。为图层建立透明度，可以把一个图层叠加到另一个图层上。如果图层不透明度为 100%，则图层图像下面各图层对应位置的图像就被遮盖掉。本操作将练习对不透明度进行调整，制作出杂志广告的背景效果，其效果如图 6-29 所示。

图 6-29　杂志广告背景效果

◆ **操作要求**

为了突出一个对象从其他的背景中淡出的效果，可以调节处于当前层的不透明度，使后面图层的对象能够显示出来。具体制作要求如下。

（1）用多边形套索工具选取手机图像。

（2）将手机图像拖移到另一文件，并更改其大小和旋转角度，调整手机图层的不透明度。

◆ **操作步骤**

（1）打开素材文件夹中的“杂志.jpg”文件作为背景图，如图 6-30 所示。

（2）打开素材文件夹中的“393660.jpg”文件，用多边形套索工具选中手机图像，如图 6-31 所示。

图 6-30　“杂志.jpg”文件

图 6-31　选取手机

（3）再用移动工具将手机图像拖动到“杂志”图中，产生新的“图层 1”，并将图像旋转，缩放到合适角度和大小，效果如图 6-32 所示。

（4）在“图层”控制面板中单击不透明度选框右侧的 ▸ 按钮，拖动弹出来的滑块，使不透明度为 30%，如图 6-33 所示。

（5）此时图像效果如图 6-29 所示，保存文件退出。

图 6-32　调整手机位置大小及旋转角度

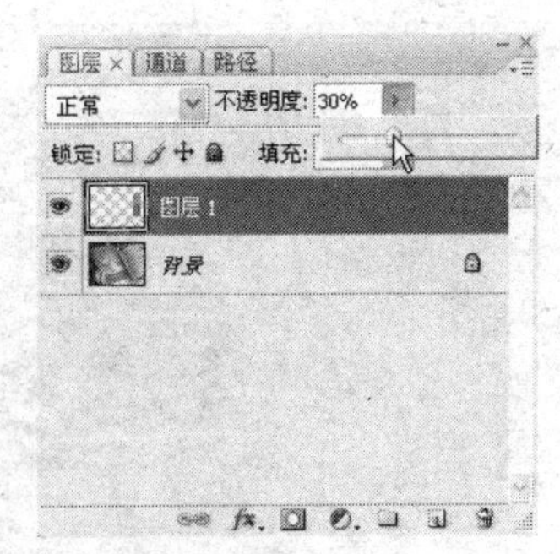

图 6-33　设置图层不透明度

知识回顾与拓展

当不透明度参数为 100%时，图层下面的内容将被完全遮盖；设置不透明度为 0%，图层将变得完全透明；50%的不透明度意味着图层是半透明的。

图层的不透明度通过图层控制面板上的不透明度滑块来改变，也可以直接在不透明度的文本框中输入需要设置的值。

除了调整整个图层使其能够显示出来以外，更富创意的想法是擦除上层图层中不想要的某些部分，让下层图像能透视过来，可以改变擦除器压力或不透明度的设置，更好地控制上层图像的透明度以及下层图像的可视化效果。

任务三　图层样式的应用

任务目标

图层样式的类型包括多种，可以从“图层样式”子菜单或添加图层样式快捷菜单里清楚地看到。本任务将通过制作人物投影效果、制作霓虹灯效果和制作网页立体按钮效果等操作，掌握图层样式的添加方法及常用图层样式的应用。

操作一　制作人物投影效果

本操作将练习使用“投影”图层样式，巧妙快速地为人物添加投影，其前后效果如图 6-34 所示。

◆ 操作要求

Photoshop 中提供了多种图层样式，每一种图层样式都会产生不同的效果。具体制作要求如下。

（1）用选取工具选取人物轮廓。

（2）复制人物图层。

（3）设置“投影”图层样式。

图 6-34　人物投影前后效果

◆ 操作步骤

（1）打开素材文件夹中的“江边.jpg”文件，如图 6-35 所示，用套索工具选中人物图像。

（2）单击鼠标右键，在弹出的快捷菜单中选择“通过拷贝的图层”菜单命令，将选中的人物复制为图层 1。“图层”控制面板如图 6-36 所示。

（3）单击“图层”控制面板下方的“添加图层样式”按钮 fx.，在弹出的菜单中选择“投影”命令，如图 6-37 所示。

（4）在打开的“图层样式”对话框中设置投影的各项参数，混和模式为正片叠底，不透明度为 75%，投影角度为 45 度，距离为 38 像素，大小为 28 像素等，如图 6-38 所示。

图 6-35　原始素材

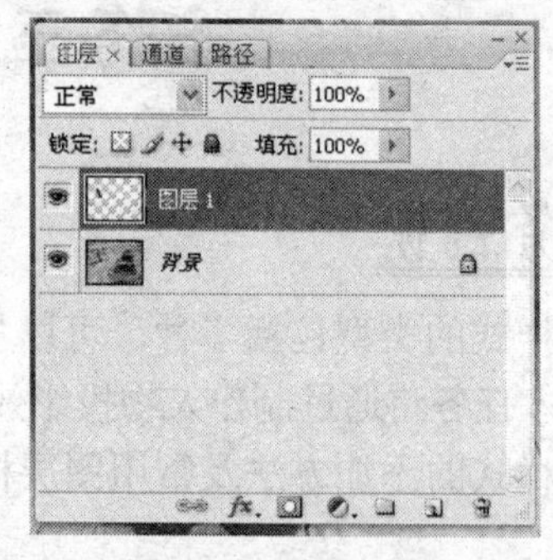

图 6-36　复制图层

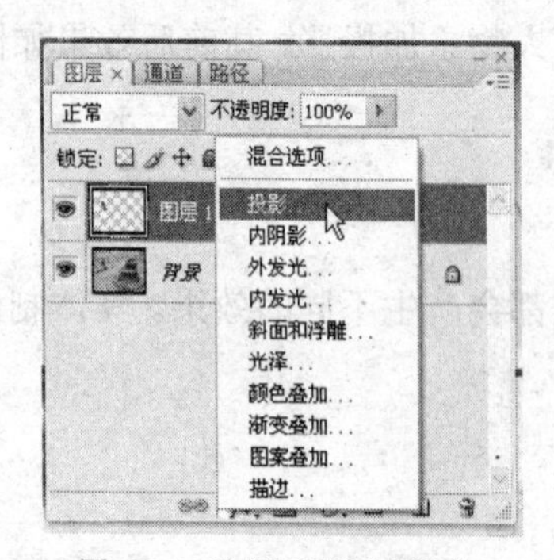

图 6-37　选择投影图层样式

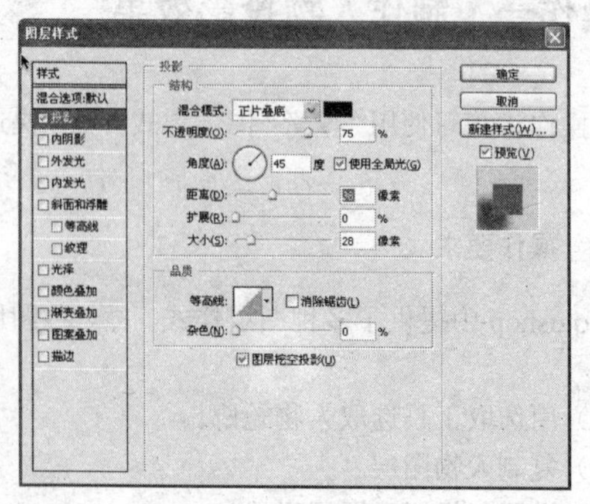

图 6-38　设置投影参数

（5）单击“确定”按钮，此时图像效果如图 6-34 右图所示，保存文件退出。

知识回顾与拓展

图层样式设置可以作用于除了背景层之外的所有层，包括文字层和绘图物体层。在 Photoshop 中，可以通过以下 3 种方式为当前层施加图层样式效果。

- 通过“样式”菜单下的“图层样式”子菜单，可以选择设置各种层效果。
- 通过“样式”控制面板可直接调用已经集成的样式模块，这些模块包括 Adobe 预设的，用户也可以保存自己的设置成为模块。
- 单击“图层”控制面板下方的“添加图层样式”按钮 fx.，直接打开“图层样式”对话框。

操作二　制作霓虹灯效果

本操作将练习使用外发光图层样式，制作出一种简单的霓虹灯效果，如图 6-39 所示。

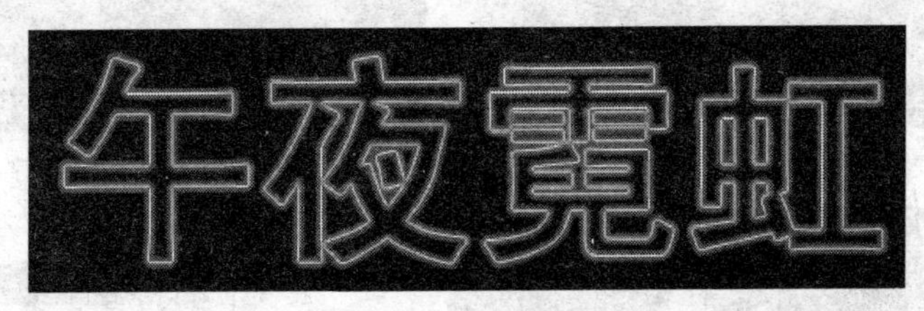

图 6-39　霓虹灯效果

◆　操作要求

具体制作要求如下。

（1）新建一个图像文件。

（2）创建和编辑文字选区。

（3）设置“外发光”图层样式。

◆　操作步骤

（1）新建一个背景色为黑色 RGB 模式的文件，在“新建”对话框中设置各项参数，如图 6-40 所示。

（2）将图像背景填充为黑色，单击“图层”控制面板上的按钮，创建一个新图层“图层 1”，如图 6-41 所示。

（3）在工具箱中选择横排文字蒙版工具，如图 6-42 所示。

（4）在文字工具栏中设置好各项参数，然后在图像窗口中单击输入“午夜霓虹”，如图 6-43 所示。

（5）选择移动工具返回到文字选区状态，如图 6-44 所示。

（6）选择“选择”→“修改”→“扩展”菜单命令，在打开的“扩展选区”对话框中设置扩展为 2 像素，如图 6-45 所示。

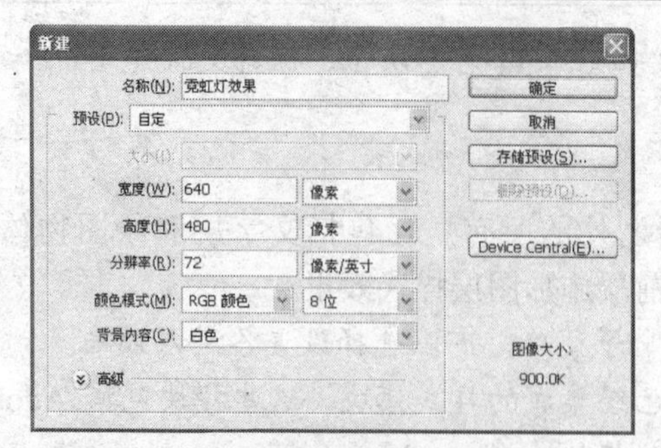

图 6-40　新建文件

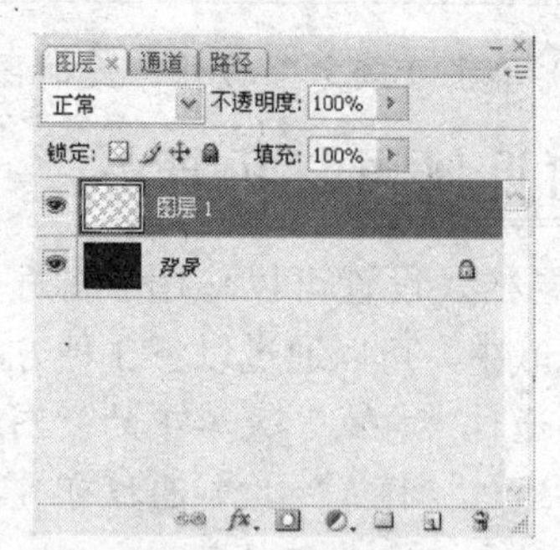

图 6-41　创建新图层

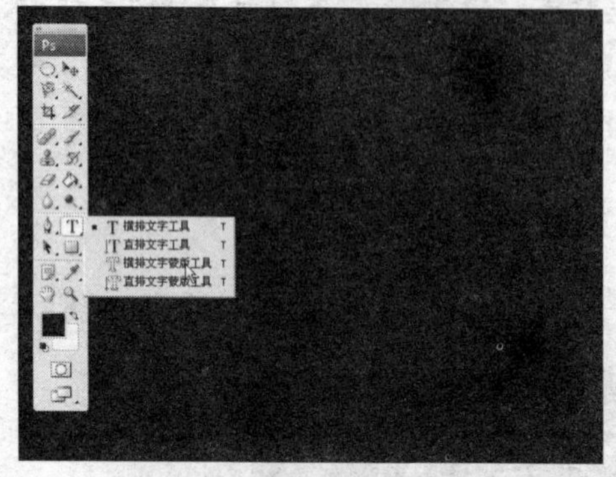

图 6-42　使用横排文字蒙版工具

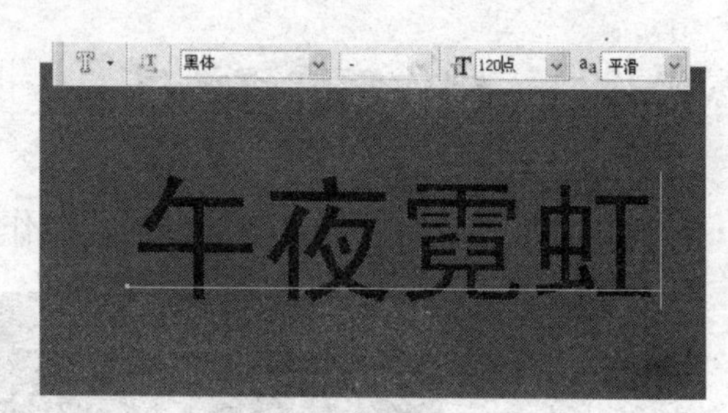

图 6-43　输入文字

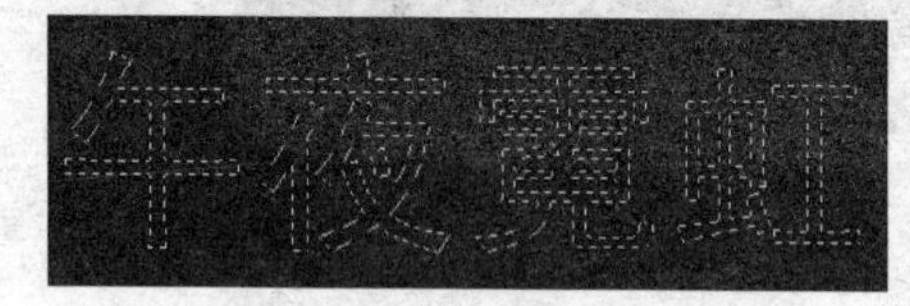

图 6-44　文字选区

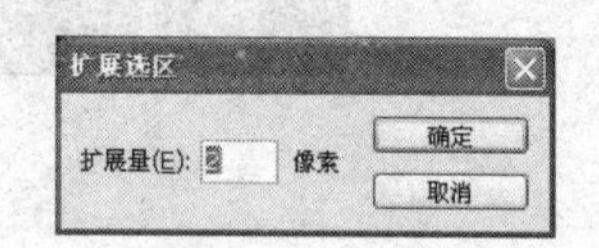

图 6-45　扩展选区

（7）单击“确定”按钮，此时文字选区效果如图 6-46 所示。

（8）将前景色设置为白色。按【Alt+Delete】快捷键将文字选区填充为白色，效果如图 6-47 所示。

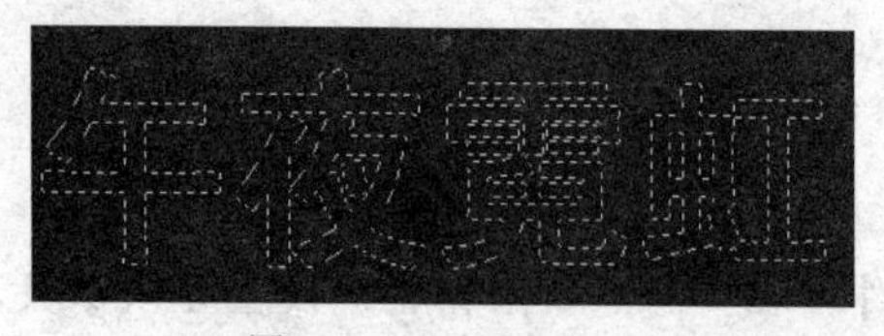

图 6-46　文字选区

图 6-47　填充白色

（9）选择“选择”→“修改”→“收缩”菜单命令，在打开的“收缩选区”对话框中设置收缩 1 像素，如图 6-48 所示。

（10）按【Delete】键删除选区内的颜色，此时效果如图 6-49 所示。

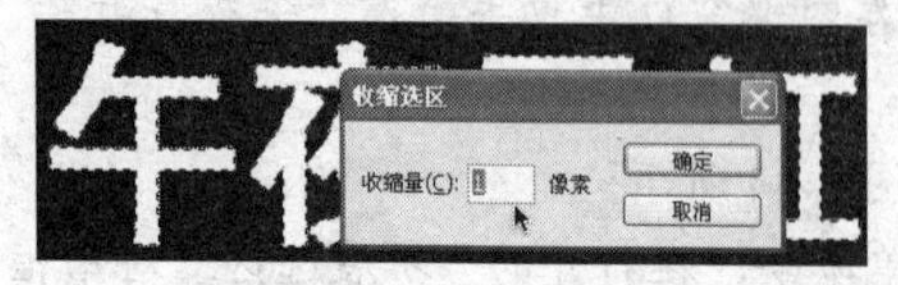

图 6-48　收缩选区

图 6-49　删除部分白色

(11) 单击“图层”控制面板下方的“添加图层样式”按钮fx.，在弹出的菜单中选择“外发光”菜单命令，如图 6-50 所示。

(12) 在打开的“图层样式”对话框中设置外发光的各项参数。混和模式为滤色，颜色为红色，扩展为 59%等，如图 6-51 所示。

图 6-50　选择投影图层样式

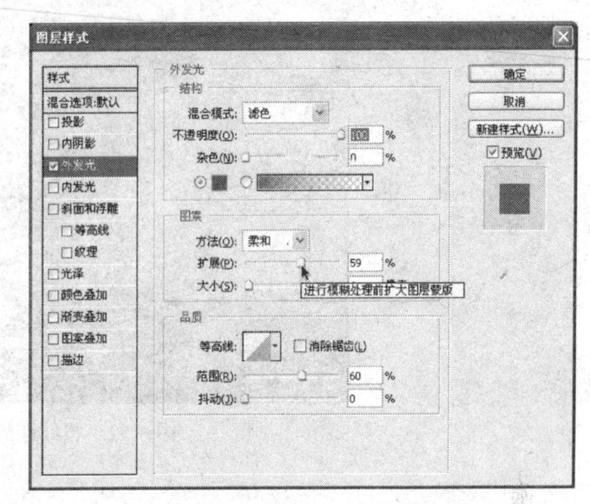

图 6-51　设置外发光参数

(13) 单击“确定”按钮，此时图像效果如图 6-39 所示，保存文件退出。

知识回顾与拓展

图层效果和样式的出现，是 Photoshop 一个划时代的进步。在 Photoshop 中，用图层效果和图层样式创造特殊图像效果，其方便程度甚至比特效本身更令人惊讶。我们不能仅满足于添加简单的投影或浮雕效果等，还必须了解以下内容。

(1) 图层效果和样式的使用范围，虽然图层效果和样式只能应用于普通图层，但普通图层是我们大多数时候面对的对象。对于不能直接应用效果和样式的背景与锁定图层，可以采取转换为普通图层或解锁的方法。虽然图层效果不能直接对图层组使用，但可以对图层组中的图层单独使用。

(2) 图层效果作用于图层中的不透明像素，图层效果与图层内容链接。这样的好处是如果图层内容发生改变，那么图层效果也相应地做出修改。

操作三　制作网页立体按钮效果

像素按钮是目前最为流行的一种按钮，在每个以像素为主题的网站上几乎都能看到它的身影。这种按钮简单大方，除了个性化的网站之外，用于公司网页也非常合适。本操作将练习结合使用多种图层样式，制作网页立体按钮，效果如图 6-52 所示。

◆ 操作要求

具体制作要求如下。

(1) 制作一个矩形选区并填充颜色。

(2) 应用斜面和浮雕图层样式。

（3）应用内阴影图层样式。

（4）应用描边图层样式。

（5）应用投影图层样式。

图 6-52 霓虹灯效果

◆ **操作步骤**

（1）打开素材文件夹中的“房间.jpg”文件，如图 6-53 所示。单击“图层”控制面板上的按钮，创建一个新图层“图层 1”。

（2）选择“窗口”→“工作区”→“复位调板位置”菜单命令，复位色板位置，将前景色设为深蓝色。用矩形选框工具选择一个小矩形，填充前景色，效果如图 6-54 所示，然后取消选区。

提示：如果觉得颜色太单调，也可以为按钮添加其他颜色，如渐变颜色等。

图 6-53 素材

图 6-54 填充矩形选区

（3）单击“图层”控制面板下方的“添加图层样式”按钮 fx，在弹出的菜单中选择“斜面和浮雕”菜单命令，在“图层样式”对话框中设置结构为内斜面，方法为平滑，深度为 100%，方向在上，大小和软化均为 5 像素，阴影角度为 30 度，使用全局光，高度为 30 度，光泽保持默认，高光和暗调的混合模式与颜色都不变，不透明度分别设为 62%和 52%，如图 6-55 所示。

（4）在“图层样式”对话框中选中“内阴影”复选框，设置模式为正常，颜色为白色，不透明度为 75%，角度为 30 度，使用全局光，距离为 5 像素，如图 6-56 所示。

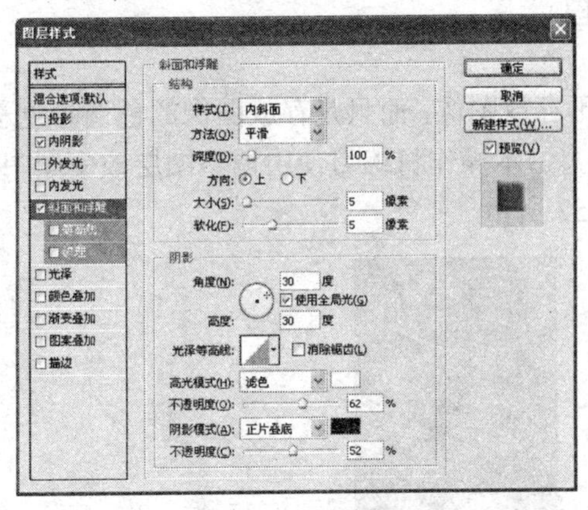

图 6-55　斜面和浮雕

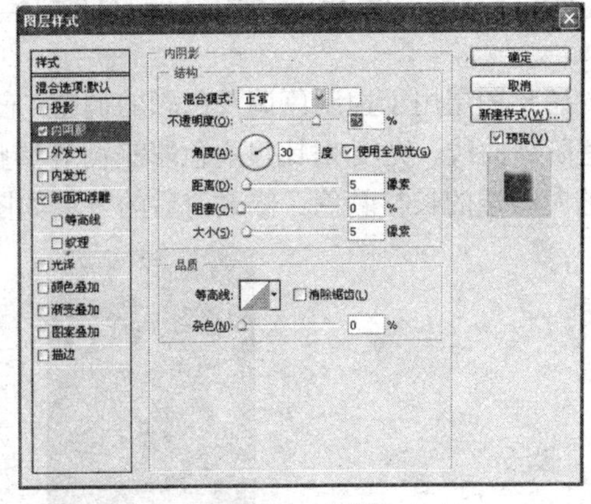

图 6-56　内阴影

（5）在“图层样式”对话框中选中“描边”复选框，将描边大小设为 1 像素，位置在外部，混合模式为正常，不透明度为 100%，填充类型为颜色，描边颜色设为黑色。

（6）在“图层样式”对话框中选中“投影”复选框，将阴影颜色设为黑色，不透明度为 50%，角度为 120 度，取消全局光，距离为 10 像素，大小为 5。

提示：现在可以选择细一些的字体，最好是专门的像素字体，在按钮上写上文字。在设置文字选项的时候，要将文字消除锯齿的方式设为无，否则字体会出现模糊。

（7）单击“确定”按钮，此时图像效果如图 6-52 所示，保存文件退出。

知识回顾与拓展

图层样式的类型主要包括以下几种：首先是“混合选项”，其次是 10 种不同的样式效果选项，包括“投影”、“内阴影”、“外发光”、“内发光”、“斜面和浮雕”、“光泽”、“颜色叠加”、“渐变叠加”、“图案叠加”和“描边”。

选择混合选项及这 10 种效果时，都将打开“图层样式”对话框，并自动跳至用户选择的部分，以方便用户进行设置。

“图层样式”对话框分成 3 个区域。左边用以选择各种样式设置的选项，当选中中间部分某个选项时就出现该选项的各种具体参数。右边的 3 个按钮分别是“确定”、“取消”和“新建样式”。其中，“新样式”用于保存用户的设置，保存后的样式设置将出现在样式库中，可以随时通过“样式”控控制面板调用，在按钮下方还有一个小预览窗，可以通过它实时观察设置的效果。

任务四　特殊图层的应用

任务目标

特殊图层主要包括调整图层和填充图层，本任务将通过给图像上色和使用填充图层调整图像颜色等操作，掌握特殊图层的使用方法。

操作一　使用调整图层为图像上色

调整图层用于控制色调及色彩的调整，它并不存放图像，而只是存放图像的色调和色彩，如色阶、曲线、亮度/对比度、色彩平衡等调整信息。本操作将练习使用调整图层改变图中民俗艺人雕塑的长衫颜色。修改前后的效果如图 6-57 所示。

图 6-57　长衫变色前后效果图

◆　操作要求

使用调整图层将颜色信息存储到单独的图层中，可以在图层中进行编辑和调整，如果对普通图层应用“图像”→“调整”菜单下的命令进行调整，将会永久性地改变原始图像。具体制作要求如下。

（1）选取长衫选区。

（2）使用调整图层调整色彩平衡。

（3）使用调整图层调整亮度/对比度。

◆　操作步骤

（1）打开素材文件夹中的“吹笛.jpg”文件，如图 6-58 所示。

（2）使用多边形套索工具选中人物的长衫图像，如图 6-59 所示。

图 6-58　原始素材

图 6-59　选中长衫

（3）选择“图层”→“新建调整图层”→“色彩平衡”菜单命令，打开如图 6-60 所示的“新建图层”对话框。

（4）单击“确定”按钮，打开“色彩平衡”对话框，设置色阶参数为+43、−33、−70，如图 6-61 所示。

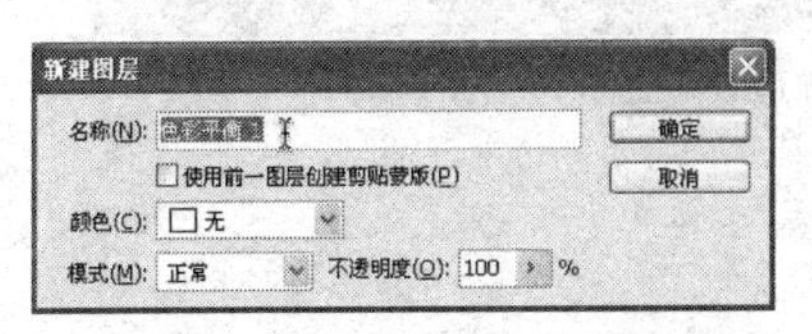

图 6-60　“新建图层”对话框

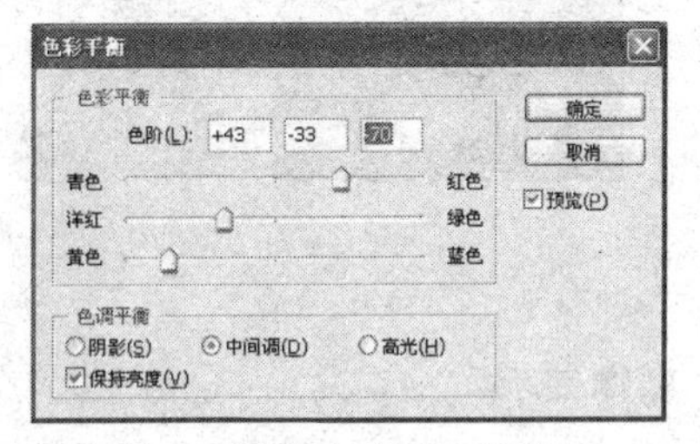

图 6-61　“色彩平衡”对话框

（5）单击“确定”按钮，此时“图层”控制面板如图 6-62 所示。

（6）在“图层”控制面板中按住【Ctrl】键单击色彩平衡 1 蒙版，载入长衫选区。选择“图层”→“新调整图层”→“亮度/对比度”菜单命令，在“新建图层”对话框中单击“确定”按钮，打开“亮度/对比度”对话框，设置亮度为 10，对比度为 10。

（7）单击“确定”按钮，图层面板如图 6-63 所示，此时图像最终效果如图 6-57 所示。

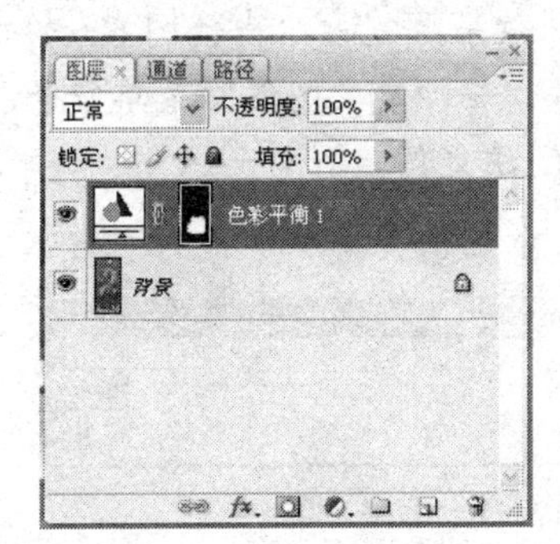

图 6-62　色彩平衡调整图层

图 6-63　亮度/对比度调整图层

知识回顾与拓展

调整图层与填充图层和普通图层有着相同的不透明度和混合模式选项，并且可以像图像图层那样重排、删除、隐藏和复制。默认情况下，调整图层和填充图层有图层蒙版，由图层缩览图左边的蒙版图标表示。如果在创建调整图层或填充图层时路径处于现用状态，则创建的是矢量蒙版而不是图层蒙版。

操作二　使用填充图层调整图像颜色

填充图层可以实现纯色填充、渐变填充以及图案填充。本操作将练习利用填充图层功能，为图像添加背景效果。添加背景的前后效果如图 6-64 所示。

图 6-64　添加背景前后效果图

◆ 操作要求

在日常使用 Photoshop 的过程中，为了制作特殊效果的图像，可以通过创建填充图层来实现。具体制作要求如下。

（1）用画笔绘制图案。

（2）使用填充图层将绘制的图案填充到新文件中。

（3）用叠加混和模式融合背景。

◆ 操作步骤

（1）新建一个空白文件，选择画笔工具中的特殊效果画笔，绘出如图 6-65 所示效果。

（2）按【Ctrl+A】快捷键全选该图，选择“编辑”→“定义图案”菜单命令，如图 6-66 所示，定义名称为“图案 1”，单击“确定”按钮关闭该文件。

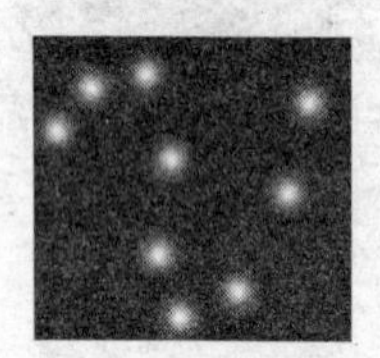

图 6-65　用画笔绘制图案

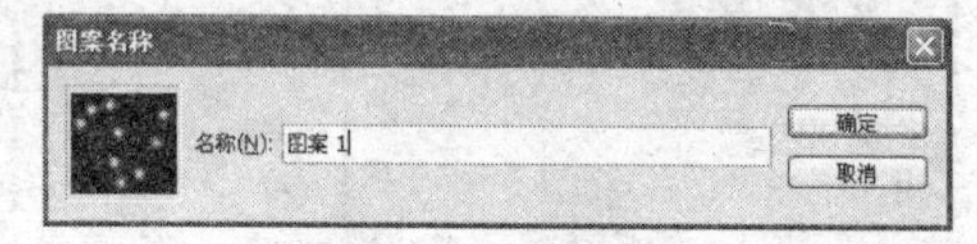

图 6-66　自定义图案

（3）打开素材文件夹中的“花儿.jpg”文件，如图 6-67 所示。

（4）选择“图层”→“新填充图层”→“图案填充”菜单命令，打开“新建图层”对话框，单击“确定”按钮，如图 6-68 所示。

图 6-67　素材图片

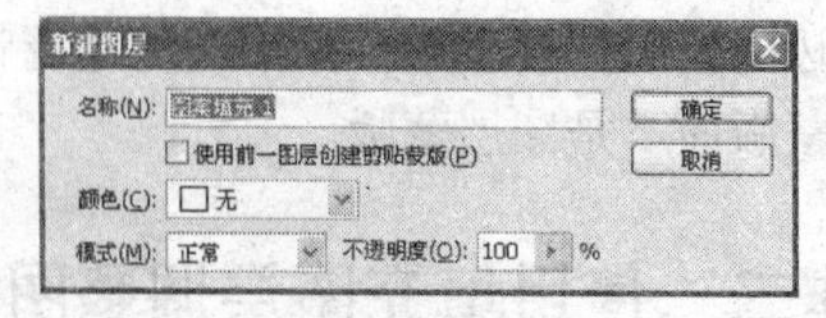

图 6-68　新建填充图层

（5）打开“图案填充”对话框，选择刚才保存的“图案 1”进行填充，如图 6-69 所示。

（6）单击“确定”按钮，“图层”控制面板如图 6-70 所示。

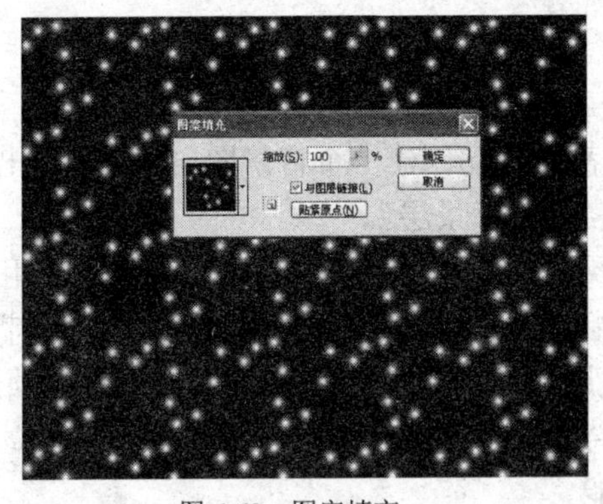

图 6-69　图案填充

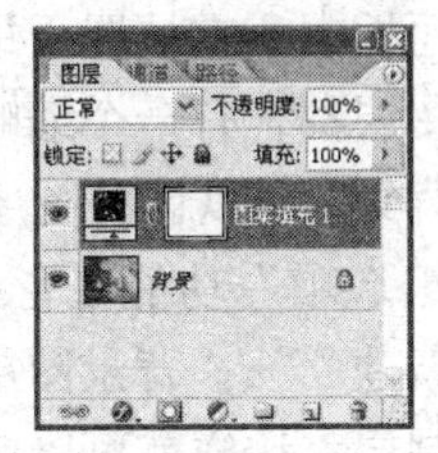

图 6-70　图层面板

（7）选中填充图层，单击“图层”控制面板上的按钮，在弹出的“混合模式”下拉菜单中选择“叠加”菜单命令，图像最终效果如图 6-64 右图所示。

知识回顾与拓展

填充层相当于在一张透明或有色的纸上涂上了一层色料、一层渐变颜色的色料或一个图案色料，我们可以设置其各项参数、色彩模式以及不透明度。

图层分为普通图层、文字层、填充层、调整层、背景层等类型。此外，还有图层蒙版和形状图层两个概念。

1．普通图层

普通图层是用得最多的图层，这种图层是用常规方法建立的，透明无色。可以在普通图层上添加图像、编辑图像，然后使用“图层”菜单或“图层”控制面板进行图层的控制和处理。

2．文字层

当某一图层显示T标志时，表明该图层为文本。只需双击该层，即可打开“文本”对话框对文本进行编辑处理。使用文字工具输入文字后，会自动在当前图层上新建一个文字图层。文字图层可以直接转换成路径进行编辑，而且不需要栅格化为普通图层就可使用普通图层的所有功能，所有文字都是建立在不同的文字层上的。

3．填充层

填充层和普通图层相似，但它是在一张透明或有色纸上涂上一层色料、一层渐变颜色的色料或一个图案色料，可以设置其各项参数、色彩模式以及不透明度等。

4．调整层

调整图层用于控制色调及色彩的调整，因此它并不存放图像，而只是存放图像的色调和色彩，如色阶、曲线、亮度/对比度、色彩平衡等调整信息。如果将这些信息存储到单独的图层中，就可以在图层中进行编辑和调整，而不会像对普通图层应用“图像”→“调整”菜单下的命令进行调整那样，会永久性改变原始图像。

5．背景层

打开图像或建立一个新文件，Photoshop 都会自动创建一个背景图层。背景层出现在“图层”控制面板中，它被置于最底层，并被命名为“背景层”。

每个图层都含有一个缩略图，该缩略图反映图层本身的内容。由于背景图层用做整幅图像的实心背景，所以许多图层调整功能都不能被应用到它上面，如“图层样式”、“图层选项”以及“分组选项”功能在背景图层中是不可用的。为了应用这些效果，用户必须选择“图层”→“新建”→“背景图层”菜单命令把背景层转化成普通层，用户也可以建立一个背景图层的复制层，这样就可以应用色调调整功能。

6．图层蒙版

在处理一幅复杂的图像时，使用蒙版是最好的方法之一。蒙版是 Photoshop 中指定选择域轮廓最精确的方法，它实质上是一个独立的灰度图。任何绘图、编辑工具、滤镜、彩色校正、选项工具都可以用来编辑蒙版。当然，这些操作只作用于蒙版，也就是只改变选择区域的形状及边缘柔和度，图像本身保持未激活状态。

7．形状图层

选择“形状工具”，在其工具属性栏中选择“形状图层”，然后在图像区中绘制形状的同时即可自动建立起形状图层。

课 后 练 习

一、判断题（正确的打√，错误的打×）

（1）图像中上面的图层不会遮盖下面的图层。调整图层的排列次序，图像显示效果没有差别。（　　）

（2）链接图层的方法是在“图层”控制面板中单击图层前面的链接标志。（　　）

（3）文字图层与其他图层是完全一样的，没什么区别。（　　）

（4）使用文字工具加入的字符可以作为图像来处理。（　　）

（5）图层效果和样式的使用，可以应用于所有的图层。（　　）

二、选择题

（1）若想增加一个图层，但在图层调色板的最下面 LAYER（创建新图层）的按钮是灰色不可选，原因是下列选项中的哪一个（假设图像是 8 位/通道）（　　）。

A．图像是 CMYK 模式　　B．图像是双色调模式

C．图像是灰度模式　　D．图像是索引颜色模式

（2）下列哪些方法可以建立新图层（　　）。

A．双击“图层”控制面板的空白处

B．单击“图层”控制面板下方的新建按钮

C．使用鼠标将当前图像拖动到另一张图像上

D．使用文字工具在图像中添加文字

（3）如何复制一个图层（　　）。

A．选择“编辑”→“复制”菜单命令

B．选择“图像”→“复制”菜单命令

C．选择“文件”→“复制图层”菜单命令

D．将图层拖放到“图层”控制面板下方创建新图层的图标上

（4）下列操作不能删除当前图层的是（　　）。

A．将此图层用鼠标拖至垃圾桶图标上

B．在“图层”控制面板右边的弹出菜单中选择“删除图层”菜单命令

C．直接按【Delete】键

D．直接按【Esc】键

（5）如果某图层存在透明区域，要对其中的所有不透明区域进行填充应如何操作（　　）。

A．可直接通过快捷键进行填充

B．将“图层”控制面板中表示保护透明的图标选中后进行填充

C．透明区域不能被填充，所以对不透明区域的任何操作都不会影响透明区域

D．在弹出的填充对话框中将“保护透明”选中后，可以保护透明区域不受影响

（6）在 Photoshop 中没有提供（　　）图层合并方式。

A．向下合并　　B．合并可见层

C．向上合并　　D．合并链接图层

三、上机操作题

（1）通过图层的运用，打开素材文件夹中的“猫咪.jpg”文件，制作出猫咪在地上投影的效果，如图 6-71 所示。

（2）通过图层的合成模式，将人物和背景完美地融合在一起。打开素材文件夹中的文件“向日葵.jpg”和“背影.jpg”，将人物进行复制、变换，并调整图层的合成模式，最终效果如图 6-72 所示。

图 6-71　最终效果图

图 6-72　最终效果图

模块七　通道与蒙版的应用

模块简介

通道和蒙版是 Photoshop 中两个难于理解和掌握的概念，其中通道用于保存图像颜色和选区信息，使用通道可以制作金属、塑料、纹理等质感类的图像；蒙版主要包括快速蒙版和图层蒙版两种，一般用于控制图像的显示与隐藏，从而得到各种图像选区，还可用于图像合成中图像的渐隐效果。本模块将主要介绍利用颜色通道选择图像，利用 Alpha 通道和滤镜制作浮雕效果，利用快速蒙版选取图像和利用图层蒙版进行图像合成的方法。

学习目标

- 掌握使用通道选取图像的方法
- 掌握新建和复制 Alpha 通道的方法
- 掌握 Alpha 通道的编辑和通道选区载入的方法
- 了解利用 Alpha 通道制作图像和文字特殊效果的方法
- 了解快速蒙版的创建与编辑
- 掌握图层蒙版的使用

任务一　通道的使用

任务目标

在 Photoshop 中，在打开一幅图像时切换到“通道”控制面板中，将自动建立相应的复合通道和颜色通道，颜色通道的名称和个数与图像的色彩模式相关，如图 7-1 所示。

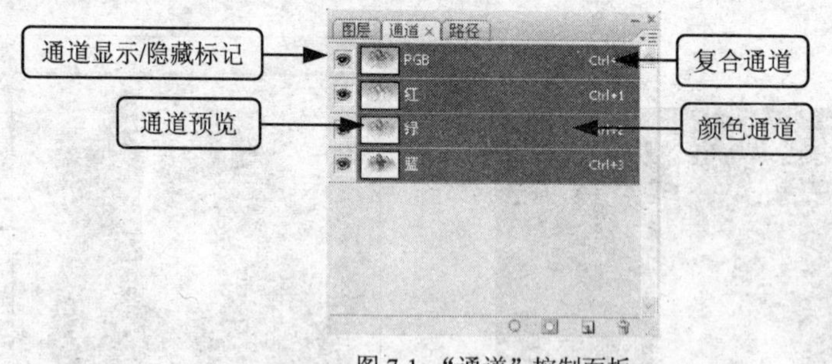

图 7-1　“通道”控制面板

其中的红、绿、蓝即为颜色通道，分别保存红、绿、蓝相应颜色信息的灰度图像，通过控制面板下方的 4 个按钮即可实现通道的新建、复制、删除和载入选区等操作。本任务将通过通道抠图和制作浮雕效果等操作，掌握通道的具体应用。

操作一　使用通道抠图

颜色通道是打开图像后自动建立的，它是根据颜色的明度保存灰度图像。颜色通道中的高亮区域为图像中的浅色部分，通过调整颜色通道中的灰度对比可以确定某一颜色区域类的图像，最后通过载入选区即可得到各种复杂图像的选区。

本操作将利用通道选取如图 7-2 所示的火花中间的图案部分，结果如图 7-3 所示。通过练习可以掌握颜色通道的查看、通道的复制和通道选区的载入等知识。

图 7-2　原火花图像

图 7-3　选取火花图像到火山中

◆ 操作要求

对大多数初学者来说，在学习 Photoshop 的过程中。通道这个概念是最难于理解的。一个通道层同一个图层之间最根本的区别在于：图层的各个像素点的属性是以红绿蓝三原色的数值来表示的；而通道层中的像素颜色是由一组原色的亮度值组成的，通道中只有一种颜色的不同亮度，是一种灰度图像。通道实际上可以理解为是选择区域的映射。

本操作中图像若使用一般的选取操作（如套索工具、矩形选框工具等）将很难实现边缘的选择。具体制作要求如下。

（1）利用通道选取图像的方法选中如图 7-2 所示的火花。

（2）将选取的火花图像移动到另一幅火山图像中，进行适当调整，使其结合得天衣无缝。

◆ 操作步骤

（1）启动 Photoshop 后打开素材文件夹中的“火山爆发.jpg”文件。

（2）单击操作界面右侧的“通道”标签，或选择“窗口”→“通道”菜单命令打开“通道”控制面板。

（3）分别单击选择“红”、“绿”、“蓝” 3 个颜色通道栏，观察图像窗口中图像的效果，3 个颜色通道的效果分别如图 7-4、图 7-5 和图 7-6 所示。

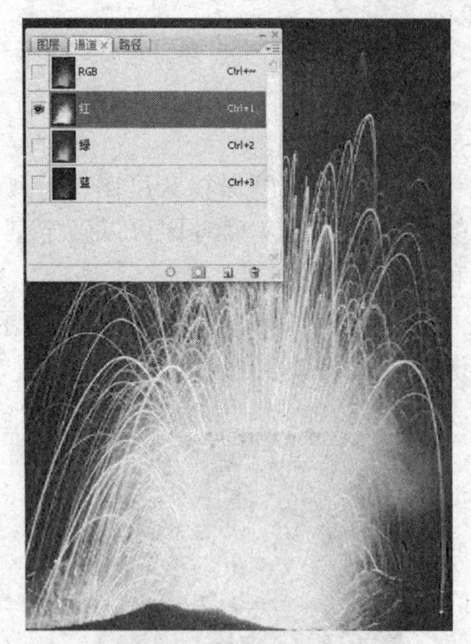

图 7-4　查看“红”通道

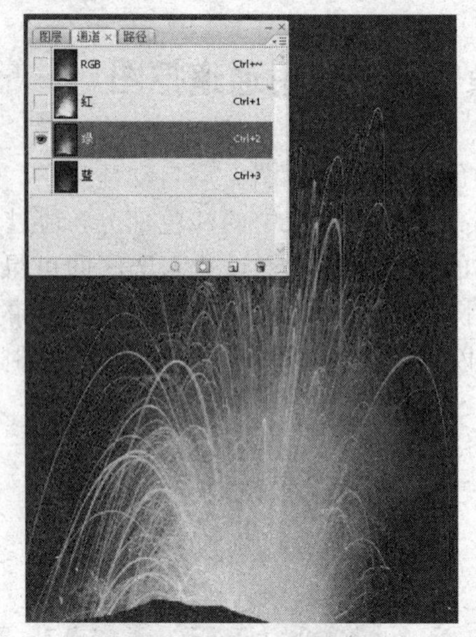

图 7-5　查看“绿”通道

提示：通过查看“红”、“绿”、“蓝” 3 个通道，可以看到“红”、“蓝”两个通道中火花图像的中间部分与其周围的颜色反差很大，“绿”通道的整个火花颜色比较均匀（适用于选取整个火花图像），而对于“红”和“蓝”通道来说，“红”通道中的高亮区域（要选取的部分）灰度比较平衡，与边缘分界最为明显，这里使用“红”通道来选择火焰。

（4）选中“红”通道，按住鼠标左键不放将其拖动到面板下方的“新建通道”按钮上释放鼠标，复制生成“红 副本”通道，如图 7-7 所示。

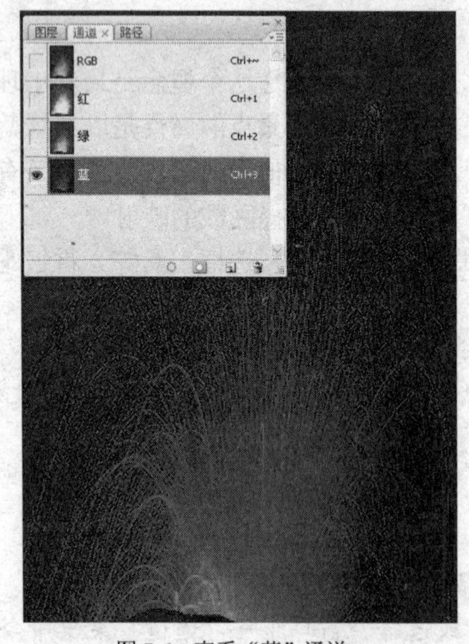

图 7-6　查看“蓝”通道

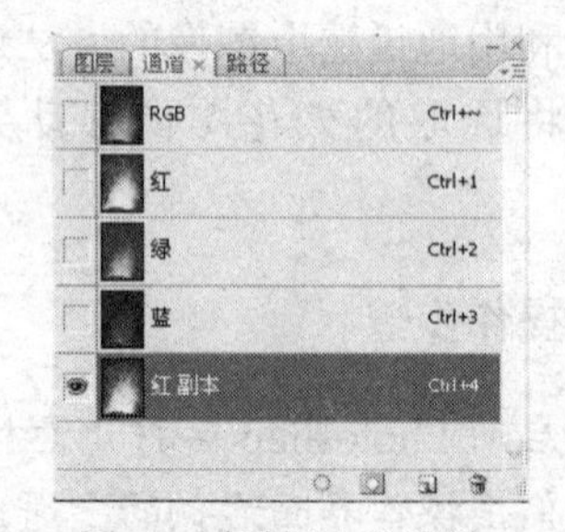

图 7-7　复制“红”通道

（5）对当前通道“红 副本”选择“图像”→“调整”→“色阶”菜单命令，在打开的“色阶”对话框中拖动 3 个滑块，如图 7-8 所示，使要选取的中间部分火花图像成白色高亮显示。

（6）单击“确定”按钮，“红 副本”通道中的图像效果如图 7-9 所示。

提示：若需选择本例中的整个火花图像，也可在“色阶”对话框通过调节输入色阶下的 3 个滑块实现。

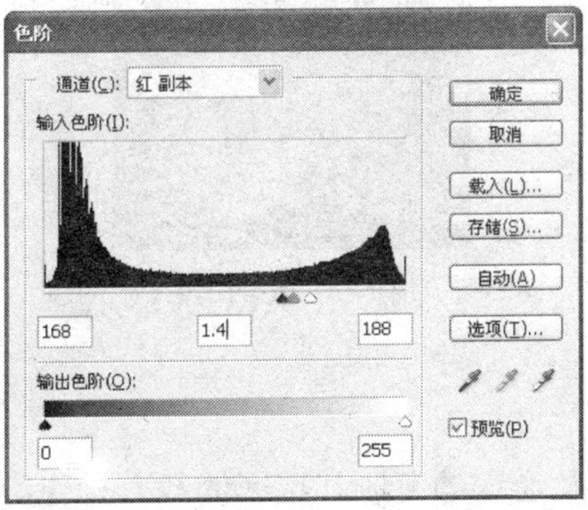

图 7-8 “色阶”对话框

图 7-9 “红 副本”通道效果

（7）此时通道中的白色图像周边杂点较多，可使用橡皮擦工具擦除。选择工具箱中的橡皮擦工具，在其工具属性栏中选择如图 7-10 所示的画笔样式并设置不透明度。

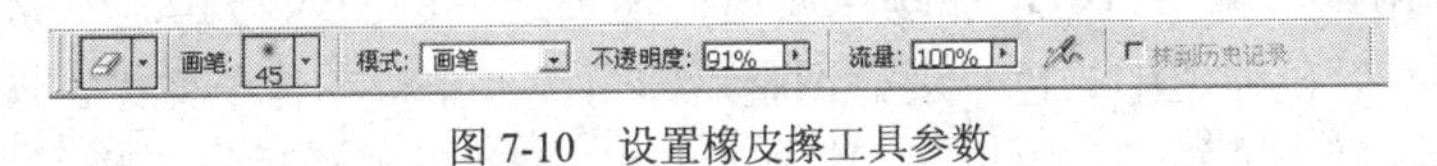

图 7-10 设置橡皮擦工具参数

（8）在白色图像周边拖动鼠标，删除不需要的杂点图像，如图 7-11 所示。

（9）完成后单击“通道”控制面板底部的“载入通道选区”按钮，载入“红 副本”通道的选区，并在“通道”控制面板中单击 RGB 混合通道，如图 7-12 所示。

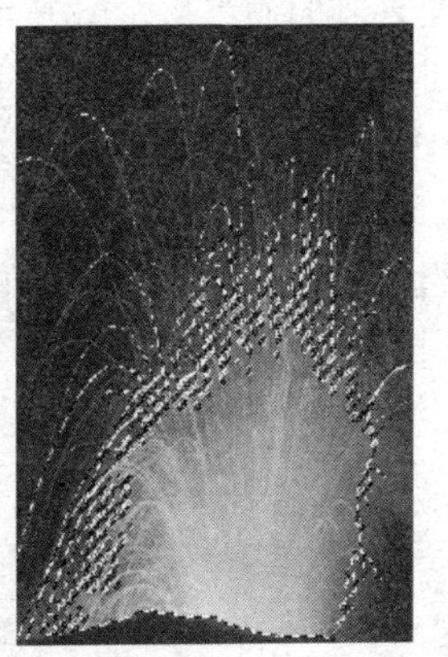

图 7-11 擦除边缘不需要的图像

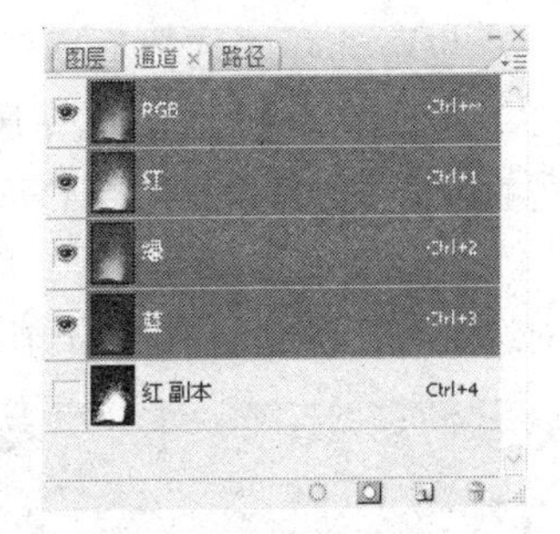

图 7-12 载入通道选区

（10）打开素材文件夹中的“小火山.jpg”文件，如图 7-13 所示。

（11）在“火山爆发”图中用移动工具将选中的火花图像拖动到“小火山”图中，效果如图 7-14 所示。

（12）将图像水平翻转，并缩放到合适角度和大小，将得到如图 7-3 所示的效果。保存图像时，若要保存通道则选择保存为 psd 格式文件。

图 7-13 “小火山”文件

图 7-14 组合图像

知识回顾与拓展

在本操作中主要学习了颜色通道的使用以及通道的复制和选区的载入操作。各知识点的作用以及在应用过程中的注意事项和技巧分别如下。

1．关于颜色通道的使用

本操作是利用色彩调整命令增加颜色通道中需要选取的图像与其他图像的对比度来实现的。另外，对各个颜色通道中的色彩进行调整后即可改变整幅图像的效果。图 7-15 所示为对一幅风景图片的“红”通道进行亮度/对比度调整，以及对绿通道进行色阶调整后的对比效果，从中可以看出图像色彩已发生了改变，这便是通道与色彩的关系。

2．操作中的技巧及注意事项

（1）复制通道的另一个方法是选择要复制的通道后，单击“通道”控制面板右上角的▶按钮，在弹出的下拉菜单中选择“复制通道”菜单命令，再在打开的对话框中设置参数。

（2）载入通道选区时也可按住【Ctrl】键不放，在“通道“控制面板中单击需载入选区的通道。也可选择“选择”→“载入选区”菜单命令来载入指定通道中的选区。

（3）在使用颜色通道选取图像时，要注意需选取的图像周边的图像颜色，同时除了使用本例的“色阶”命令外，还可结合“亮度/对比度”、“曲线”等调整命令实现不同的选取目的。

（4）利用通道选取图像后，若图像边缘过渡不平滑或有小部分杂色及杂点，可在载入通道选区后对选区进行羽化（羽化值不能过大），再进行连续的几次删除操作，即可得到满意的选取效果。

图 7-15 调整颜色通道中色彩后的图像

操作二　使用通道制作浮雕效果

在通道的使用中，除了图像本身的颜色通道外，还可以通过 Alpha 通道来存储和编辑图像选区。Alpha 通道的应用非常广泛，再结合图层和滤镜等知识的使用，可以制作出各种纹理制作、选区存储、浮雕和金属等质感以及撕裂的图像效果。

本操作将练习利用 Alpha 通道将一张彩色照片处理成带有照片撕裂效果的黑白照片，并制作出带有浮雕效果的文字，处理前后效果如图 7-16 所示。通过本操作的练习，可以掌握 Alpha 通道的新建、复制和 Alpha 通道选区的载入等知识。

图 7-16　使用通道处理的前后效果图

◆　操作要求

通道的另一主要功能是对图层进行计算合成，从而生成许多特效，这一功能主要使用于特效文字的制作中。本操作将利用通道制作文字浮雕和图像撕裂效果。具体制作要求如下。

（1）将帆船素材进行去色处理，创建一个新通道 Alpha 1，在通道状态下使用自由套索工具创建撕裂选区，并对该选区使用晶格化滤镜效果。

（2）在“图层”控制面板中复制背景图层并填充为白色，然后使用“投影”图层样式。

（3）再创建一个新通道 Alpha 2，使用竖排文字工具输入文字，填充为白色，对文字使用高斯模糊滤镜效果。

（4）对通道 Alpha 2 使用光照滤镜效果。

◆　操作步骤

（1）打开素材文件夹中的“帆船.jpg”文件，如图 7-17 所示。为了更好地体现效果，这里选择“图像”→“调整”→“去色”菜单命令，将图片转换为灰度图像。

（2）单击“通道”标签，打开“通道”控制面板，单击面板底部的“创建新通道”按钮，新建一个 Alpha 1 通道，如图 7-18 所示。

提示：Alpha 通道同样是以灰度图像来显示的，因此新建的 Alpha 通道为全黑显示，表示还未创建选择区域，而白色部分表示完全选择的图像区域，灰色部分表示过渡选择区域。

（3）单击工具箱中的自由套索工具，在新建的 Alpha1 通道中创建一个封闭的区域，作为要撕裂开的区域，如图 7-19 所示。

（4）对选区形状进行修改和变换，使其符合要求的形状和大小，然后填充为白色，如图 7-20 所示。

图 7-17　帆船素材

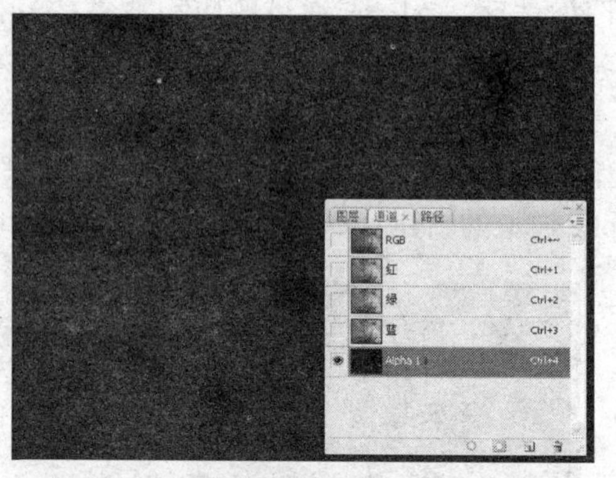

图 7-18　新建 Alpha 1 通道

图 7-19　在通道中创建选区

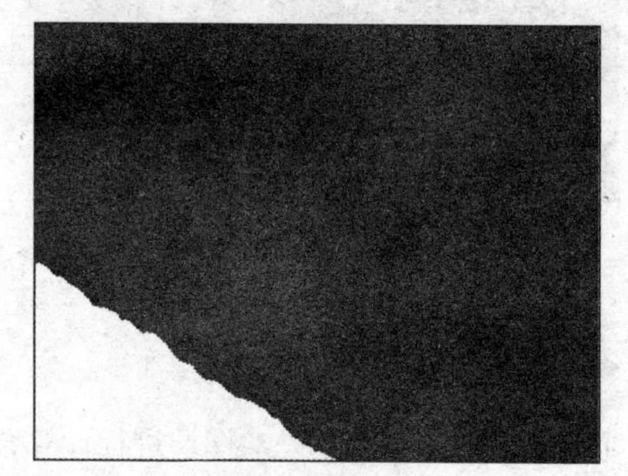

图 7-20　填充选区

（5）取消选区后选择“滤镜”→“像素化”→“晶格化”菜单命令，在打开的对话框中进行如图 7-21 所示的设置，然后单击“确定”按钮应用该滤镜，选区效果如图 7-22 所示。

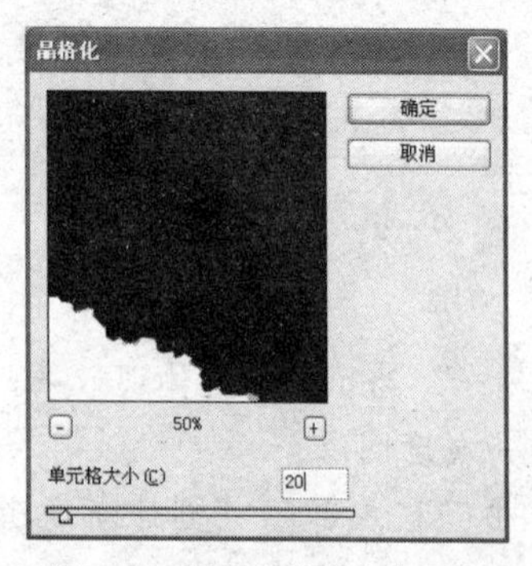

图 7-21　设置晶格化滤镜参数

图 7-22　应用滤镜后的效果

提示：对 Alpha 1 通道执行晶格化滤镜的目的是使撕裂的边缘更真实，如果直接在图层中创建选区再应用该滤镜只能针对选区内的图像，这便是 Alpha 1 通道的作用。

（6）单击“通道”控制面板上的“RGB”通道，打开“图层”控制面板，将背景图层拖动到“创建新图层”按钮 上进行复制，然后将背景图层填充为白色，如图 7-23 所示。

（7）双击背景副本图层，在打开的“图层样式”对话框中勾选左侧的“投影”复选框，然后进行如图 7-24 所示的参数设置，完成后单击“确定”按钮退出。

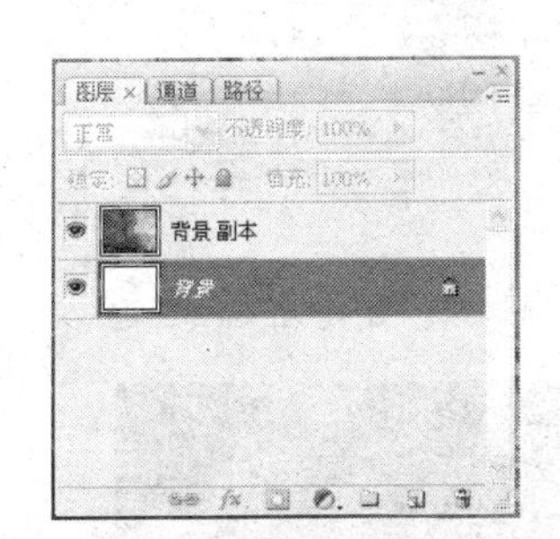

图 7-23　复制图层并改变背景色

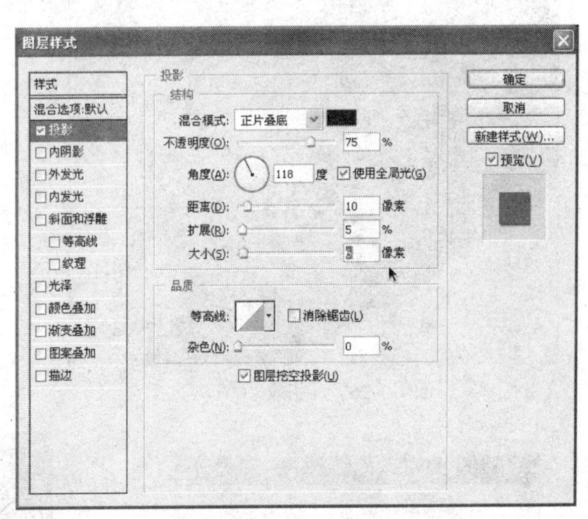

图 7-24　添加投影图层样式

（8）切换到“通道”控制面板，按住【Ctrl】键不放单击 Alpha 1 通道，载入通道中白色区域的选区，然后再切换回“图层”控制面板。

（9）在背景副本图层中对选区内的图像进行删除或变换等操作，即可实现撕裂效果。这里按【Ctrl+T】快捷键进行适当的缩放和旋转操作，以突出撕裂效果，如图 7-25 所示。

图 7-25　变换图像

（10）调整好后按【Enter】键应用变换，为了突出这部分图像效果，按【Ctrl+I】快捷键反相，效果如图 7-26 所示。

（11）单击“通道”控制面板底部的“创建新通道”按钮 ，新建一个 Alpha2 通道，如图 7-27 所示。

（12）单击工具箱中的竖排文字工具 ，在工具属性栏中设置为所需的字体样式及大小，然后在 Alpha 2 通道中输入所需文字“随风而逝”，选中文字，单击工具属性栏中的“创建文字变形”

按钮，在打开的“变形文字”对话框中进行如图 7-28 所示的设置，单击“确定”按钮。

（13）将文字选区填充为白色，用移动工具移动到图像右侧，如图 7-29 所示，然后取消选区。

图 7-26　反相效果

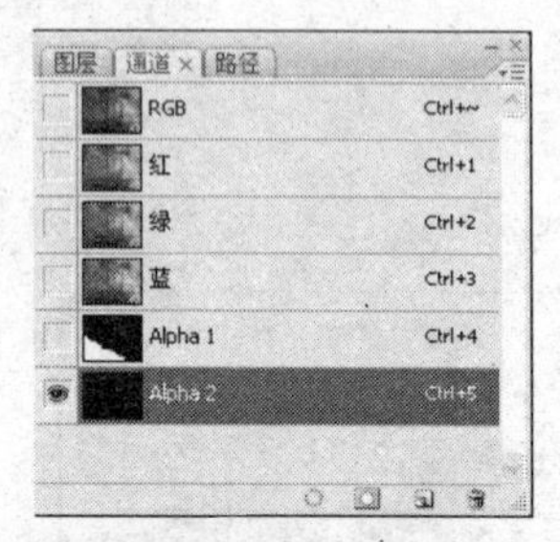

图 7-27　新建 Alpha 2 通道

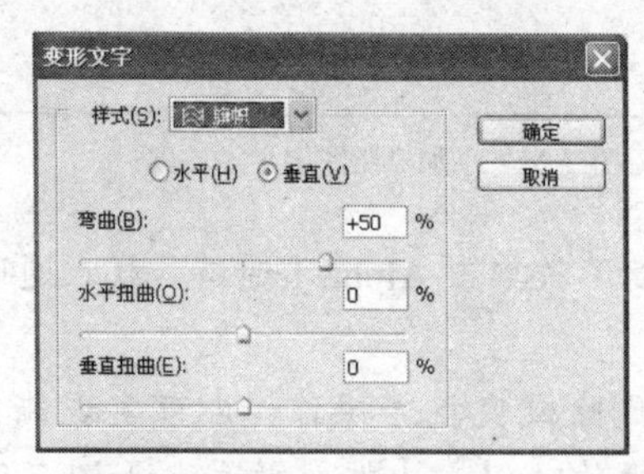

图 7-28　“变形文字”对话框

图 7-29 填充文字选区

（14）选择“滤镜”→“模糊”→“高斯模糊”菜单命令，在打开的“高斯模糊”对话框中进行如图 7-30 所示的设置，然后单击“确定”按钮应用该滤镜，效果如图 7-31 所示。

提示：在滤镜参数对话框里的预览框中，按住鼠标不放进行拖动可以查看其他图像区域效果，单击或按钮，可以控制预览框中图像的显示比例。

图 7-30　在 Alpha 2 通道中输入文字

图 7-31　应用高斯模糊滤镜

（15）切换到“图层”控制面板，选中背景副本图层，选择“滤镜”→“渲染”→“光照效果”菜单命令，在打开的“光照效果”对话框的“纹理通道”下拉列表框中选择“Alpha 2”选项，然后在“光照类型”下拉列表框中选择“点光”选项，再进行如图 7-32 所示的设置。

提示：光照效果与 Alpha 通道的结合使用在制作各种纹理和质感类效果中使用非常广泛，通过光照效果滤镜可以将通道中的选区形状很好地表现出来。

（16）单击“确定”按钮应用光照效果滤镜，照片中的浮雕文字效果如图 7-33 所示。为了突出效果，用魔棒工具选择左下角的撕裂部分图像，使用“亮度/对比度”命令改变其亮度和对比度，最终效果如图 7-16 所示。

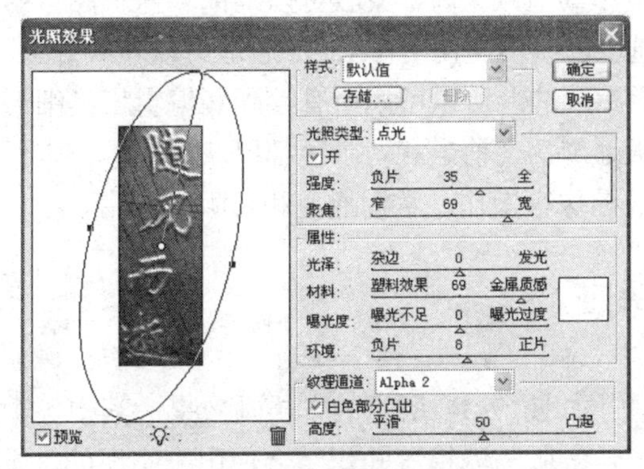

图 7-32　设置光照效果滤镜参数

图 7-33　应用光照效果滤镜

知识回顾与拓展

通道究竟都有哪些作用？举个例子，费尽千辛万苦从图像中勾画出了一些极不规则的选择区域，保存后，这些选择即将消失。这时就可以利用通道，将选择储存成为一个个独立的通道层；需要哪些选择时，就可以方便地从通道将其调入。这个功能，在特技效果的照片上色实例中得到了充分应用。可以将选择保存为不同的图层，但这样远不如通道方便；而且，由于图层是 24 位的，而通道层是 8 位的，保存为通道将大大节省空间。最重要的是，一个多层的图像只能被保存为 Photoshop 的专用格式，而许多标准图像格式如 TIF、TGA 等，均可以包含有通道信息，这样就极大方便了不同应用程序间的信息共享。

在本操作中主要学习了 Alpha 通道的使用以及通道与滤镜的结合使用，制作过程中需注意的事项及技巧有以下几点。

（1）在 Alpha 通道中创建选区是为了更好地控制选区的位置，如本操作中在创建撕裂部分选区时，要调整它在整幅图像中的位置、大小及形状，可单击 RGB 复合通道或某一颜色通道，在其基础上对选区进行编辑，完成后切换到 Alpha 通道进行填充。

（2）如果要同时载入多个通道中的选区可以使用“选择”菜单下的“载入选区”命令来载入。

（3）本操作中使用光照效果滤镜制作浮雕效果时改变了整幅图像的光照，如果需要保留原图像的光照，可以先载入 Alpha 通道中的选区，再在图层中应用光照效果滤镜。

（4）关于浮雕文字效果也可直接使用“斜面与浮雕”图层样式创建，或应用“浮雕效果”滤镜来实现。

任务二　蒙版的使用

任务目标

当一幅图像上有选定区域时，对图像所做的着色或编辑都只对不断闪烁的选定区域有效，其余部分好像是被保护起来了。但这种选定区域只是临时的，为了保存多个可以重复使用的选定区域，可使用蒙版。

当要给图像的某些区域运用颜色变化、滤镜和其他效果时，蒙版可以隔离和保护图像的其余区域。另外，蒙版可以把选区储存为 Alpha 通道以便再次使用（Alpha 通道可以转换为选区，用于图像编辑）。因为蒙版是作为 8 位灰度通道存放的，所以可用所有绘画和编辑工具细调和编辑它们。在“通道”控制面板中选中一个蒙版通道后，前景和背景色都以灰度显示。本任务将通过用快速蒙版制作宣传画和用图层蒙版合成图像等操作，掌握通道和蒙版的应用。

操作一　使用快速蒙版制作宣传画

本操作将练习利用快速蒙版等相关操作制作出如图 7-34 所示的宣传画效果，其中各个图像的边缘淡化效果、波浪边缘效果等都是通过快速蒙版与滤镜等知识结合使用来实现的。通过练习可以掌握快速蒙版的建立和编辑操作。

图 7-34　宣传画最终效果

◆ 操作要求

蒙版可以起到遮蔽的作用，也就是保护被选取或指定的图像区域不受编辑操作的影响，例如不会因为使用橡皮擦或删除操作而造成图像丢失。在蒙版中还可运用一些滤镜生成特效。具体制作要求如下。

（1）使用魔棒工具在“风中人”图像中选中人物的头发，然后进入快速蒙版。

（2）在蒙版状态下使用渐变工具进行渐变填充。退出快速蒙版状态，得到一个圆形选区，删除圆形选区以外的图像内容。

（3）打开其他素材文件，在蒙版状态下结合某些滤镜或渐变工具创建特殊选区，将选取的内容复制到“风中人”图像文件中，并调整好位置、大小等。

◆　**操作步骤**

（1）打开“风中人.jpg”文件，作为宣传画的背景底图。单击工具箱中的魔棒工具，在其工具属性栏中将“容差”设为 20，在“风中人”图像人物的头发上单击选取这部分图像（按住【Shift】键，单击不同深浅颜色的头发，可以更好地选择头发图像），如图 7-35 所示。

提示：如果需要制作指定尺寸的宣传画作品，可以先新建一个所需大小的文件，然后将“风中人”图片移动到新图像中再作背景底图。

（2）单击工具箱底部的“以快速蒙版模式编辑”按钮，进入快速蒙版，除头发图像外的其他图像区域将呈红色遮罩状态，如图 7-36 所示。

图 7-35　选取头发图像

图 7-36　进入快速蒙版状态

（3）在快速蒙版状态下单击工具箱中的渐变工具，设前景色为白色，背景色为黑色，选择径向渐变模式，然后从人物面部位置单击向下方拖动进行渐变填充，如图 7-37 所示，渐变后的结果如图 7-38 所示。从中可以看出渐变开始点的位置有一个呈渐变状的圆形区域图像是可见的，其他部分仍被遮盖着。

图 7-37　绘制渐变线

图 7-38　渐变后的蒙版

提示：在蒙版中用黑色进行绘制表示增大遮盖区域，而用白色绘制表示减小遮盖区域，使更多的图像显示出来，而使用渐变工具进行填充可以得到一个渐隐的效果。

（4）单击工具箱下方的“以标准模式编辑”按钮，退出快速蒙版状态，将得到一个圆形的选区，如图 7-39 所示。

（5）将选区反选，将背景图层进行复制，然后隐藏生成的背景副本图层，再将背景层设为当前图层，对选区进行反选后按两次【Delete】键删除选区内的图像，效果如图 7-40 所示。

图 7-39　退出快速蒙版

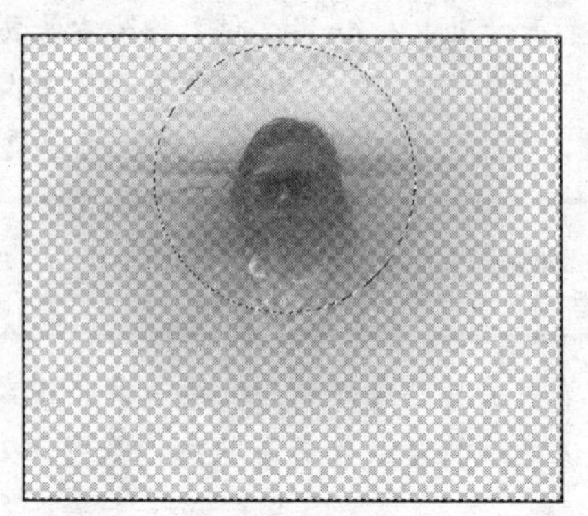

图 7-40　在背景层中删除图像

（6）取消选区，将背景副本图层置于背景图层下面，并完全填充为白色。然后打开“九寨 17.jpg”文件，并用矩形选框工具创建如图 7-41 所示的图像选区。

（7）单击工具箱底部的“以快速蒙版模式编辑”按钮，进入快速蒙版，选择“滤镜”→“画笔描边”→“喷溅”菜单命令，设置喷色半径为 19，平滑度为 4，如图 7-42 所示。

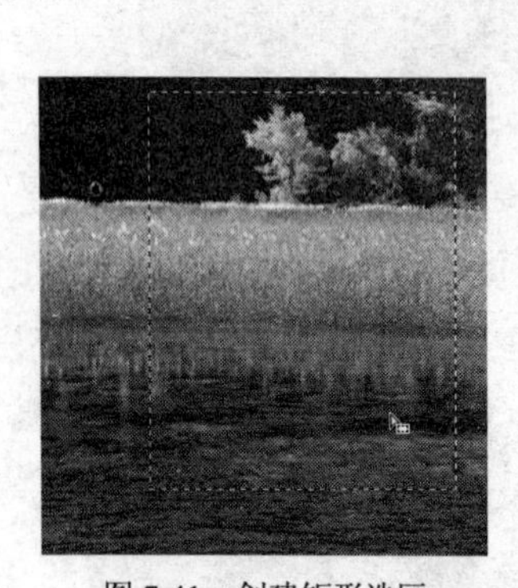

图 7-41　创建矩形选区

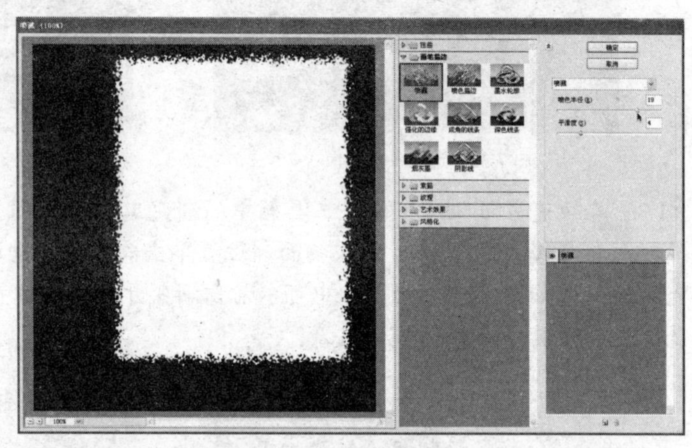

图 7-42　设置参数

（8）单击“确定”按钮应用滤镜，并退出快速蒙版状态，得到如图 7-43 所示的选区。

图 7-43　得到图像选区

（9）用移动工具将选区内的图像拖动到“风中人”图像窗口中，生成图层 1，按【Ctrl+T】快捷键对其进行改变大小、变形等操作，并移动到图像左下角，如图 7-44 所示。

（10）打开“九寨 14.jpg”文件，沿图像边缘创建一个矩形选区，然后分别向上和向右微移一定距离，如图 7-45 所示。

图 7-44　将图像移动风中人图像中

图 7-45　创建并移动选区

（11）单击工具箱底部的“以快速蒙版模式编辑”按钮，进入快速蒙版，选择“滤镜”→“扭曲”→“波浪”菜单命令，在打开的对话框中设置生成器数为 169，类型为三角形，波幅的最大最小均为 20，如图 7-46 所示。

（12）单击“确定”按钮应用滤镜，得到如图 7-47 所示的效果，红色部分为遮罩区域，然后退出快速蒙版状态，即可得到方格排列的选区。

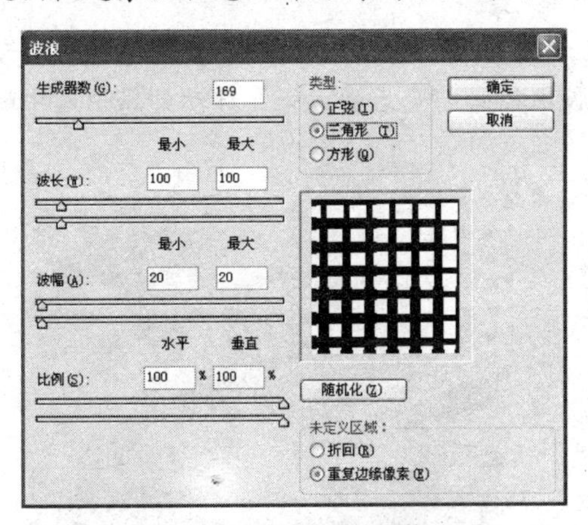

图 7-46　设置波浪滤镜参数

图 7-47　应用波浪滤镜

（13）用移动工具将选区内的图像拖动到“风中人”图像窗口中，生成图层 2，按【Ctrl+T】快捷键对其进行改变大小、变形等操作，并移动到图像左上角，如图 7-48 所示。

（14）打开“九寨 03.jpg”文件，使用椭圆选框工具创建如图 7-49 所示的选区（选择的区域即为需要的图像区域）。

（15）单击工具箱底部的“以快速蒙版模式编辑”按钮，进入快速蒙版，用前面的方法使用渐变工具进行渐变填充，如图 7-50 所示。

（16）退出快速蒙版编辑状态，用移动工具将选区内的图像拖动到“风中人”图像窗口中，生成图层 3，按【Ctrl+T】快捷键对其进行大小操作，并移动到图像右下角，效果如图 7-51 所示。

图 7-48　调整图像在宣传画中的位置

图 7-49　创建椭圆选区

图 7-50　在蒙版中渐变

图 7-51　调整图像在宣传画中的位置

（17）打开“九寨 13.jpg”文件，用与前面同样的方法将其中的树部分图像区域移动到风中人图像的右上角。图 7-52 所示为在快速蒙版中径向渐变后的效果，移动到风中人中的最终效果如图 7-53 所示。

图 7-52　在快速蒙版中选择所需图像

图 7-53　完成宣传画的图像设计

（18）单击工具箱中的横排文字工具T，在工具属性栏中将字体设为“黑体”，字号为 36 点，在宣传画右侧单击输入“九寨黄龙”。选中文字，单击工具属性栏中的“创建文字变形”按钮，在打开的“变形文字”对话框中设置样式为花冠，弯曲度为 50%，如图 7-54 所示，单击“确定”按钮。

（19）将字体设为“楷体”，字号为 36 点，在“九寨黄龙”文字的下方输入“——童话般的旅行”，效果如图 7-55 所示。

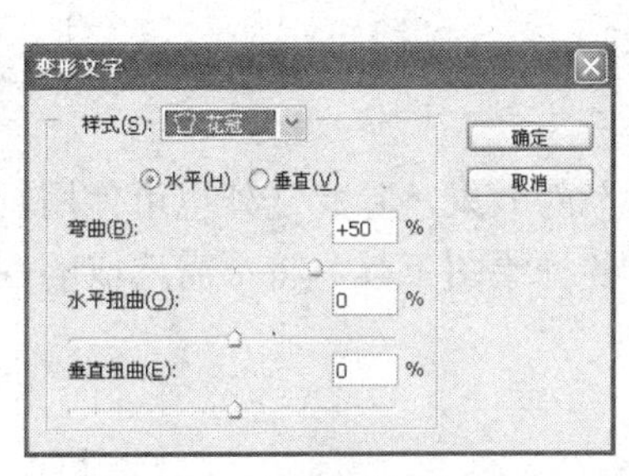

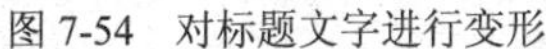
图 7-54　对标题文字进行变形

图 7-55　输入其他文字

（20）分别选中“图层”控制面板中的两个文字图层，打开“样式”控制面板，单击“糖果”样式按钮，为文字添加样式效果，完成本例的制作，保存图像，最终效果如图 7-34 所示。

知识回顾与拓展

图层蒙版是 Photoshop 中一项很重要的功能，它实际上就是对某一图层起遮盖效果，但在实际中并不显示的一个遮罩。它在 Photoshop 中表示为一个通道，用来控制图层的显示区域与不显示区域及透明区域。蒙版中出现的黑色就表现在被操作图层中的这块区域不显示，白色就表示在图层中这块区域显示，介于黑白之间的灰色则表示图像中的这一部分以一种半透明的方式显示，透明的程度由灰度来决定，灰度为百分之多少，这块区域就将以百分之多少的透明度来显示。

在本操作中主要学习了使用快速蒙版创建各种图像选区的效果，各知识点的作用以及在应用过程中的注意事项和技巧分别如下。

1．关于蒙版的作用

无论是快速蒙版还是图层蒙版，它们的作用都是一样的，可以用如图 7-56 所示的示意图来表现蒙版的作用。遮照物即蒙版将作用于被遮照物，其中黑色部分完全不透明，它下面的被遮照物将不可见，白色部分为完全透明，因此它下面的被遮照物可见，而灰度的部分呈半透明，它下面的被遮照物将隐约可见。因此，在蒙版中可以使用绘图工具和滤镜等进行编辑，同时绘图所用的颜色也是灰度色。

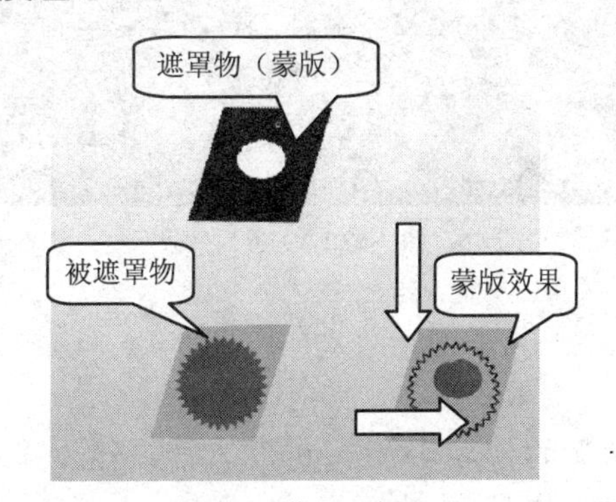

图 7-56　蒙版示意图

2．本操作中的技巧及注意事项

（1）通过制作呈方格排列和边缘呈不规则艺术边框图像的方法，可以看出在快速蒙版中通过应用各种滤镜，可以得到各种意想不到的图像选区。

（2）在编辑快速蒙版时使用了渐变工具来创建渐隐效果，除此之外也可使用画笔等工具来编辑蒙版，如在实现抠图时可在快速蒙版中使用各种绘图工具，将不需选取的图像区域变成被遮罩物。

操作二　使用图层蒙版合成图像

在 Photoshop 中除了可以用 Alpha 通道和存储选区操作产生蒙版外，最常用的蒙版还包括快速蒙版和图层蒙版的使用。图层蒙版是将不同灰度色值转化为不同的透明度，并作用到它所在的图层，使图层不同部位的透明度产生相应的变化。

本操作将练习利用图层蒙版的相关操作，制作出如图 7-57 所示的以“黄昏”为主题的效果，其中除了左侧的文字外，全是通过图层蒙版将 3 幅图片进行合成后得到。

◆ 操作要求

具体制作要求如下。

（1）用移动工具将“暮色中的风车”图片拖动到“落日余晖”图片中。

（2）在图层蒙版编辑状态下使用渐变工具使“暮色中的风车”只显示需要的部分。

（3）用移动工具将小船拖到背景文件中，然后使用图层蒙版遮掉不要的部分，并使用橡皮擦工具细化小船边缘。

（4）输入文字，结合图层蒙版对文字进行适当编辑。

图 7-57 “黄昏”效果

◆ 操作步骤

（1）打开如图 7-58 所示的“落日余晖.jpg”文件，作为背景图片，然后打开如图 7-59 所示的“暮色中的风车.jpg”文件。

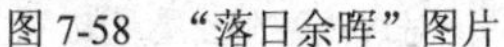

图 7-58　“落日余晖”图片

图 7-59　“暮色中的风车”图片

（2）用移动工具将整幅“暮色中的风车”图片拖动到“落日余晖”图片中，生成图层 1，使其覆盖整个背景图像，然后单击“图层”控制面板底部的“添加图层蒙版”按钮，为其添加一个图层蒙版，并进入图层蒙版编辑状态，如图 7-60 所示。

（3）单击工具箱中的渐变工具，设前景色为白色，背景色为黑色，选择径向渐变模式，然后从图片右上方位置单击向左下角拖动进行渐变填充，结果如图 7-61 所示。

提示：通过该处的图层蒙版缩览图可以知道刚才新建的图层蒙版为全白显示，通过渐变后变成黑白两部分，其中黑色为不显示，白色表示显示，这点与快速蒙版的作用相同，但图层蒙版只是针对当前图层，对其他图层并不会产生任何影响。

图 7-60　为图层 1 添加图层蒙版

图 7-61　对图层蒙版进行渐变后的效果

（4）打开“小船.jpg”文件，用移动工具将整幅图片拖动到“落日余晖”图片中，生成图层 2，并调整好大小，然后用套索工具选择船部分图像，如图 7-62 所示。

（5）单击“图层”控制面板底部的“添加图层蒙版”按钮，为图层 2 添加一个图层蒙版，将选区外的图像遮盖掉，如图 7-63 所示。

（6）单击工具箱中的橡皮擦工具，将背景色设为黑色，然后在其工具属性栏中进行如图 7-64 所示的设置。

图 7-62　创建选区

图 7-63　对选区添加图层蒙版

图 7-64　橡皮擦工具属性栏的设置

（7）在图层 2 的图层蒙版状态下，用橡皮擦工具在船的四周拖动鼠标，将部分不需要的图像擦掉，如图 7-65 所示。

提示：使用橡皮擦工具的目的是将部分不需要的图像遮盖起来，也就是添加到被遮盖区域，橡皮擦工具是用背景来填充擦除的区域，因此将背景色设为黑色。

（8）将图层 2 的不透明度设为 40%。然后单击工具箱中的横排文字工具，将字体设为“楷体”，字号为 72 点，颜色为黑色，在图像中单击输入“暮色”两字，如图 7-66 所示。

图 7-65　擦除部分图像

图 7-66　输入文字“暮色”

（9）单击“图层”控制面板底部的“添加图层蒙版”按钮，为“黄昏”字图层添加一个图层蒙版，然后单击工具箱中的渐变工具，对文字进行渐变，效果如图 7-67 所示。

（10）单击工具箱中的直排文字工具，将字体设为“楷体”，字号为 48 点，颜色为黑色，在图像左侧中单击输入“如此迷人 打动我心”，调整好文字的位置。

（11）选中文字，单击工具属性栏中的“创建文字变形”按钮，在打开的“变形文字”对话框中进行如图 7-68 所示的设置，单击“确定”按钮，效果如图 7-69 所示。

图 7-67　对文字应用渐变蒙版效果

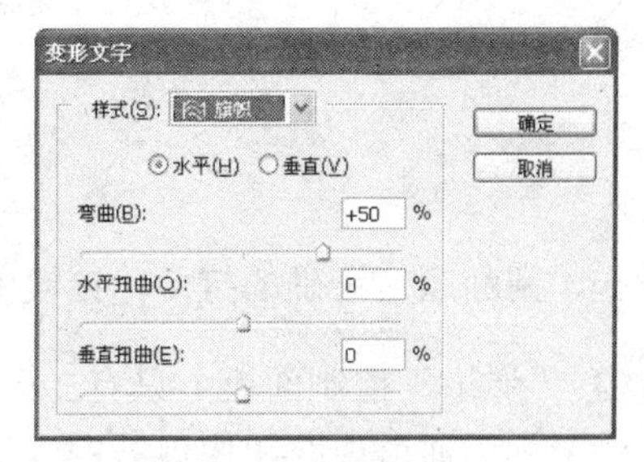

图 7-68　变形文字

（12）选中“图层”控制面板中的第二个文字图层，打开“样式”控制面板，单击右上角的按钮，选择“文字效果”菜单命令，单击“确定”按钮载入样式，再单击其中的“刻纹”样式按钮，如图 7-70 所示，为文字添加样式效果，最终效果如图 7-57 所示。

图 7-69　文字变形效果

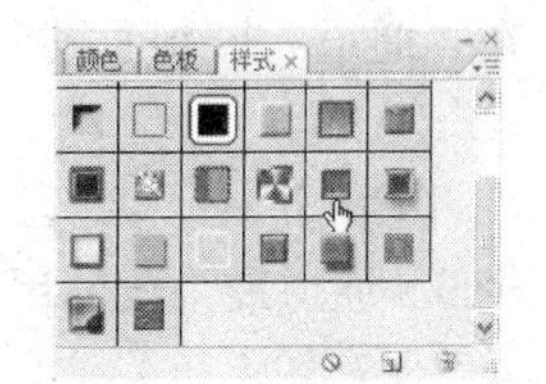

图 7-70　为文字添加样式效果

知识回顾与拓展

在本操作中主要学习了图层蒙版的创建和编辑等操作，在制作过程中的注意事项和相关知识如下。

（1）图层蒙版是一个独立的灰度图，用户可以使用各种工具或命令对其进行编辑，编辑后的效果将以灰度显示在蒙版缩略图中，同时图像的显示效果也将随之改变。

（2）添加图层蒙版后，默认为所进行的编辑操作都是针对图层蒙版的，此时图层左侧显示图标，在该图层的缩略图上单击，则蒙版图标变成画笔图标，此时表示将对图层中图像进行的操作，并不会对蒙版产生任何影响。

（3）在图像中添加图层蒙版后，在保存文件时可以将图层蒙版和图层一起保存，同时还可以根据需要将蒙版效果应用到图像中，或扔掉不需要的图层蒙版。方法是在图层蒙版缩略图中单击鼠标右键，在弹出的快捷菜单中选择“扔掉图层蒙版”菜单命令可以将图层蒙版彻底删除，使该层图像效果恢复添加图层蒙版前的效果；选择“应用图层蒙版”菜单命令将保留图层蒙版效果，即当前层中的显示部分，而将其他被屏蔽部分的图像清除；选择“停用图层蒙版”菜单命令可以将图层中的图像恢复为添加蒙版前的效果，需要时再启用该图层蒙版。

课 后 练 习

一、判断题（正确的打√，错误的打×）

（1）“通道”控制面板上只有 3 个颜色通道。（ ）

（2）利用通道选取图像后若图像边缘过渡不平滑或有小部分杂色及杂点，这时需要对选区进行羽化。（ ）

（3）在 Alpha 通道中不能同时载入多个通道中的选区。（ ）

（4）蒙版的作用是保护被选取或指定的图像区域不受编辑操作的影响。（ ）

（5）快速蒙版和图层蒙版，它们的作用是不一样的。（ ）

二、选择题

（1）若要进入快速蒙版状态，应该（ ）。

A．建立一个选区　　B．选择一个 Alpha 通道

C．单击工具箱中的快速蒙版图标　　D．在“编辑”菜单中选择“快速蒙版”

（2）在“通道”控制面板上按住（ ）键可以加选或减选。

A．【Alt】　　B．【Shift】

C．【Ctrl】　　D．【Tab】

（3）Alpha 通道最主要的用途是（ ）。

A．保存图像色彩信息　　B．创建新通道

C．存储和建立选择范围　　D．是为路径提供的通道

（4）在“存储选区”对话框中将选择范围与原先的 Alpha 通道结合可以通过（ ）的方法。

A．无　　B．添加到通道

C．从通道中减去　　D．与通道交叉

（5）（ ）可以将现存的 Alpha 通道转换为选择范围。

A．将要转换选区的 Alpha 通道选中并拖到“通道”控制面板中的“将通道作为选区载入”按钮上

B．按住【Ctrl】键单击 Alpha 通道

C．选择“选择”→“载入选区”菜单命令

D．双击 Alpha 通道

（6）在“通道”控制面板中，在按住（ ）键的同时单击垃圾桶图标，可直接将选中的通道删除。

A．【Shift】　　B．【Alt】

C．【Ctrl】　　D．【Alt+Shift】

三、上机操作题

（1）分别打开“猫 1.jpg”、“猫 2.jpg”、“猫 3.jpg”和“猫 4.jpg” 4 个图像素材文件，综合应用通道与蒙版的相关知识，将它们合成为一幅图像，效果如图 7-71 所示。

图 7-71　利用通道选取合成图像

（2）分别打开“茶道.jpg”、“茶 1.jpg”、“茶 2.jpg”和“茶 3.jpg” 4 幅图像素材文件，然后快速蒙版对图像进行合成并输入文字，制作出如图 7-72 所示的效果。

图 7-72　利用通道和蒙版合成的画面效果

模块八　滤镜的应用

模块简介

在前面的模块中已接触过滤镜的应用，实际上滤镜是 Photoshop 中制作图像必不可少的工具，通过滤镜可以快速实现纹理、光照和各种艺术绘画效果，如果结合前面介绍的图层和通道等相关知识，滤镜在图像处理方面的效果就更为丰富。本模块将主要介绍一些常用滤镜的使用，通过制作图像特效和艺术绘画效果等帮助读者进一步加深和掌握滤镜的应用方法。

学习目标

- 掌握抽出滤镜、液化滤镜和消失点滤镜的使用
- 掌握高斯模糊滤镜、波纹滤镜、水波滤镜、镜头光晕滤镜的使用
- 掌握点状化滤镜、动感、模糊滤镜和镜头光晕的使用
- 掌握云彩滤镜、颗粒滤镜和添加杂色滤镜的使用
- 了解中间值滤镜、极坐标滤镜、纹理化滤镜和龟裂缝滤镜的使用
- 了解烟灰墨滤镜、查找边缘滤镜、绘图笔滤镜和风滤镜的使用
- 掌握滤镜和图层及通道的结合使用
- 掌握滤镜和色彩调整命令的结合使用

任务一　基本滤镜的使用

任务目标

通过使用滤镜，可以为图像加入各种特效，让平淡无奇的图片出现神奇的效果。在 Photoshop 的“滤镜”菜单中提供了“像素化”、“扭曲”、“杂色”、“模糊”和“渲染”等十多种滤镜，每一组滤镜子菜单下又提供了多种不同的滤镜效果命令，选择相应的滤镜命令即可为图像、选区、图层应用滤镜效果。本任务将通过制作星光四射效果、制作岁月流淌效果和制作立体材质效果等操作，练习基本滤镜的使用。

操作一　用抽出滤镜制作星光四射效果

使用抽出滤镜可以把复杂的物体与它所在的背景分离。本操作将练习使用抽出滤镜将一个图像文件中的骏马选取出来，移动到另一个图像背景上，形成新的效果如图 8-1 所示。

抽出滤镜为隔离前景对象并抹除它在图层上的背景提供了一种高级方法，即使对象的边缘细微、复杂或无法确定，也无需太多的操作就可以将其从背景中剪贴。

图 8-1 “星光四射”效果

◆ **操作要求**

具体制作要求如下。

（1）选择合适的素材文件。

（2）使用抽出滤镜抽出骏马图像。

（3）将骏马复制到另一个背景文件中。

◆ **操作步骤**

（1）打开如图 8-2 所示的“骏马.jpg”文件。

（2）选择“滤镜”→“抽出”菜单命令，将打开如图 8-3 所示的“抽出”对话框。

图 8-2 “骏马”图片

图 8-3 “抽出”对话框

（3）选择对话框左上方的“边缘高光器”工具，并选择恰当的画笔大小，描绘出骏马的轮廓，效果如图 8-4 所示。

提示：在描绘轮廓时，可使用缩放工具放大视图，如图 8-5 所示，在按左【Alt】键的同时使用该工具可使视图缩小。

（4）使用填充工具在描绘出的骏马图像中间单击，整个骏马部分便被蓝色填充了，如图 8-6 所示。

图 8-4　描绘出骏马的轮廓

图 8-5　放大视图仔细描摹

图 8-6　填充骏马

（5）单击“预览”按钮可预览到“抽出”效果，如果不满意，可以使用橡皮擦工具、清除工具和边缘修饰工具等修改。

（6）单击“确定”按钮，即可得到抽出的骏马图像，如图8-7所示。

（7）打开一幅背景图片“星空.jpg”，作为抽出来的骏马背景，如图8-8所示，将骏马拖入新背景中，调整好图片的大小和位置，最终效果如图8-1所示。

图8-7　抽出的骏马效果

图8-8　置换场景

知识回顾与拓展

本操作主要练习了抽出滤镜的使用，抽出对象时，Photoshop将对象的背景抹除为透明。对象边缘上的像素将丢失源于背景的颜色图素，这样像素就可以和新背景混合而不会产生色晕。抽出后可以选择“编辑”→“渐隐”菜单命令，重新增加背景不透明度和创建其他效果。

“抽出”对话框的其他选项作用如下。

- 画笔大小：输入一个值，或拖移滑块来指定边缘高光器工具的宽度。也可以使用“画笔大小”选项来指定橡皮擦工具、清除工具和边缘修饰工具的宽度。
- 高光：在使用边缘高光器工具时，为出现在对象周围的高光选取一个预置颜色选项，或选取“其他”选项以便为高光挑选一种自定颜色。
- 填充：选取一个预置颜色选项，或选取“其他”选项以便为由填充工具覆盖的区域挑选一种自定颜色。
- 智能高光显示：如果要高光显示定义精确的边缘，应选择此选项。该选项可保持边缘上的高光，并应用宽度刚好覆盖住边缘的高光，与当前画笔的大小无关。
- 带纹理的图像：如果图像的前景或背景包含大量纹理，应选择此选项。
- 平滑：可输入一个值，或拖移滑块来增加或降低轮廓的平滑程度。
- 通道：从“通道”菜单中选择Alpha通道，以便基于Alpha通道中保存的选区进行高光处理。Alpha通道应基于边缘边界的选区。如果修改了基于通道的高光，则菜单中的通道名称更改为“自定”。要使“通道”选项可用，图像必须有Alpha通道。
- 强制前景：用于对象非常复杂或者缺少清晰的内部。

操作二　用液化滤镜制作岁月流淌效果

液化滤镜可以利用变焦、拍全景和多重取消等功能更精准地控制图像变形，其产生的效果是把图形溶解后使之形状发生一定的改变，从而产生特殊的溶解、扭曲效果。将这些效果结合起来，可以生成一些奇妙的动画效果。本操作将通过液化滤镜制作岁月流淌图像效果，如图 8-9 所示。

图 8-9　岁月流淌

◆ 操作要求

液化滤镜可用于推、拉、旋转、反射、折叠和膨胀图像的任意区域。创建的扭曲可以是细微的或剧烈的，这就使液化滤镜成为修饰图像和创建艺术效果的强大工具。

具体制作要求如下。

（1）选取时钟图像。

（2）使用液化滤镜进行操作。

（3）输入文字并应用样式。

◆ 操作步骤

（1）打开图片“时钟.jpg”，通过磁性套索工具选中时钟图像，并将其复制为新图层“图层 1”，如图 8-10 所示。

（2）选择“滤镜”→“液化”菜单命令，将打开如图 8-11 所示的“液化”对话框。

图 8-10　复制图像

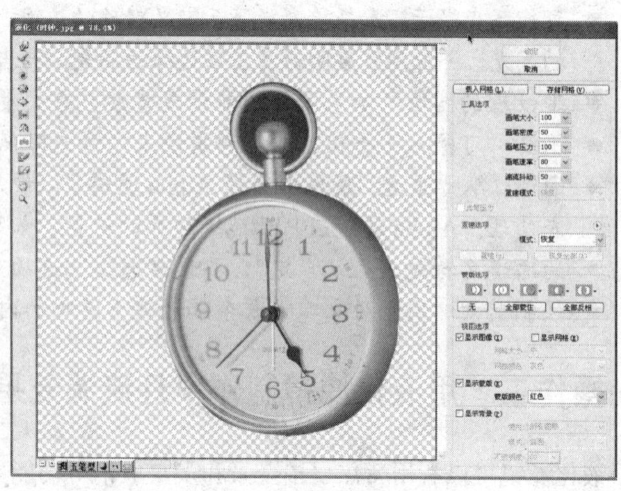

图 8-11　“液化”对话框

（3）扭曲工具的功能和产生的效果很明显。首先选取此工具，在窗口右边的面板上选择笔刷的粗细，这是决定产生效果强弱的关键。然后在图像上根据需要拖动。选取湍流工具，在时钟底部根据需要拖动，如图 8-12 所示。

（4）单击“确定”按钮即可产生流淌的效果，如图 8-13 所示。

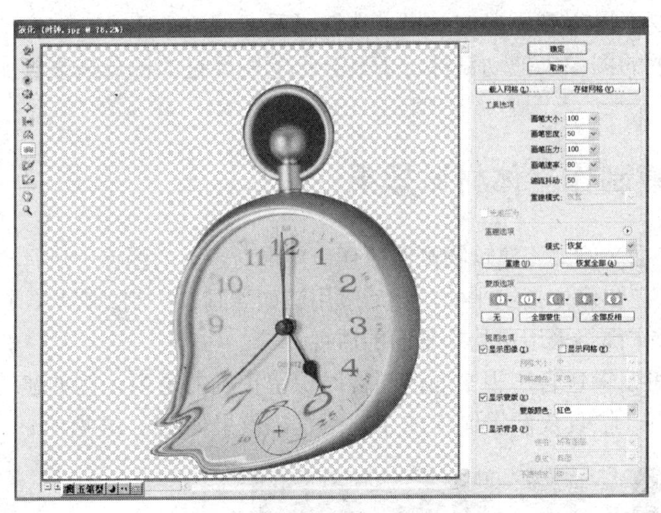

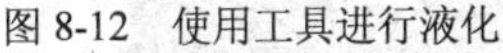

图 8-12 使用工具进行液化

图 8-13 流淌效果

提示：窗口左边的工具箱中列出了多种工具，可以将待处理的图像视为一个融化的金属，用这些工具来实现特殊的效果。顺时针和逆时针方向扭曲工具和扭曲工具的功效差不多，只是产生的效果更为专业。

（5）在图像左边输入竖排文字“岁月流淌”，并应用“样式”控制面板中的“饱满黑白”文字效果，最终效果如图 8-9 所示。

知识回顾与拓展

“液化”对话框中有几个工具，它们可以在按住鼠标左键或拖移时扭曲画笔区域。扭曲集中在画笔区域的中心，其效果随着按住鼠标左键的时间或在某个区域中重复拖移的次数移而增强。

- 向前变形工具：在拖移时向前推像素。按住【Shift】键单击变形工具、左推工具或镜像工具，可创建从以前点按的点沿直线拖移的效果。
- 顺时针旋转扭曲工具：在按住鼠标左键或拖移时可顺时针旋转像素。
- 褶皱工具：在按住鼠标左键或拖移时使像素朝着画笔区域的中心移动。
- 膨胀工具：在按住鼠标左键或拖移时使像素朝着离开画笔区域中心的方向移动。
- 左推工具：当垂直向上拖移该工具时，像素向左移动（如果向下拖移，像素会向右移动），也可以围绕对象顺时针拖移以增加其大小，或逆时针拖移以减小其大小。
- 镜像工具：将像素拷贝到画笔区域。
- 湍流工具：平滑地混杂像素。它可用于创建火焰、云彩、波浪和相似的效果。

如果希望只变形图像的某一部分，而其他部分不受变形的影响，可以选择“液化”对话框右侧面板上的“冻结工具”。单击“反转”按钮便会有一层半透明的红色将图像覆盖，此时图像全部被保护。选择解冻工具后用鼠标在希望变化的区域拖动，然后再使用其他变形工具，即可在指定区域内产生“液化”效果，红色被覆盖区域将不受影响。如果要全部清除被保护区域，可按“全部解冻”按钮。

在“查看选项”选项栏中的“冻结颜色”下拉列表框中，可以选择被保护区域的颜色，即“半透明的红色”。

“液化”对话框中还有一个工具是“重新调整”，如果觉得以前做的变形不够满意，可以用它来恢复，也可以改造前面的变形以得到更多的效果。选取“重新调整”工具，在窗口右侧的选择“恢复”项目，在变形后的图像上拖动鼠标，工具会把笔刷经过的部分恢复到变形之前的状态。

操作三　用消失点滤镜制作立体材质效果

消失点滤镜允许在包含透视平面（例如，建筑物侧面或任何矩形对象）的图像中进行透视校正编辑。通过使用消失点，可以在图像中指定平面，然后应用诸如绘画、仿制、拷贝、粘贴以及变换等编辑操作，所有编辑操作都将采用所处理平面的透视。

通过使用消失点滤镜，可以在编辑包含透视平面的图像时保留正确的透视，例如建筑物的一侧或任何矩形对象。本操作将一幅真皮沙发制作成布艺沙发，效果如图 8-14 所示。

图 8-14　真皮沙发变成布艺沙发

◆ 操作要求

具体制作要求如下。

（1）选取沙发图像并复制。

（2）使用消失点滤镜，将沙发分为几个不同的平面。

（3）将花纹粘贴进沙发各部分中，然后使用叠加图层混和模式。

◆ 操作步骤

（1）打开图片“沙发.jpg”，结合磁性套索工具和多边形套索工具选中沙发图像，并将其复制为新图层“图层 1”，如图 8-15 所示。

（2）打开另一个材质文件“花纹.jpg”，如图 8-16 所示。

（3）保持沙发选区的选取，在“沙发.jpg”文件中选择“滤镜”→“消失点”菜单命令，打开如图 8-17 所示的“消失点”对话框。

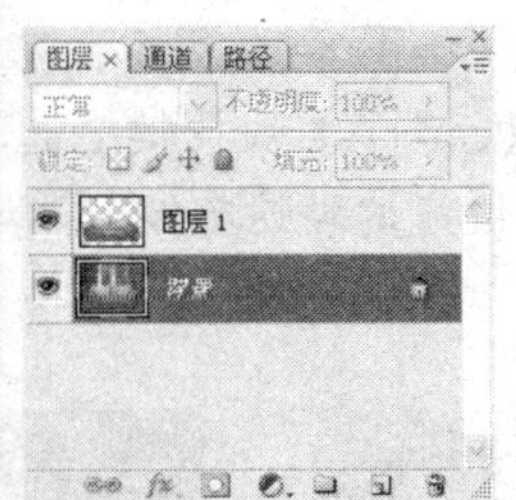

图 8-15　复制沙发为新图层

图 8-16　花纹

图 8-17　原始素材

（4）选择创建平面工具，在沙发的靠背处通过单击确定 4 个点来创建一个面板，如图 8-18 所示。

图 8-18　创建面板

（5）使用创建平面工具分别在沙发的两边扶手、座垫和正面创建面板，调节网格的尺寸，使面板中的网格数量产生变化，如图 8-19 所示。

（6）在“花纹.jpg”文件中按【Ctrl+A】快捷键全选，并按【Ctrl+C】快捷键复制，然后在“沙发.jpg”文件中按【Ctrl+V】快捷键粘贴花纹，再拖到建立的网格里，这样可以自动适应这个网格，如图 8-20 所示。

图 8-19　创建其他面板

图 8-20　将花纹材质粘贴进来

（7）用第（6）步中的方法把花纹分别放入其他网格部分，效果如图 8-21 所示。

（8）单击“确定”按钮，使用消失点滤镜后的效果如图 8-22 所示。

图 8-21　将材质放入不同的面板中

图 8-22　使用消失点滤镜后的效果

（9）将图层 1 的不透明度降为 70%，混合模式设置为叠加，使材质效果更为逼真，最终效果如图 8-14 所示。

知识回顾与拓展

本操作主要利用了消失点滤镜来更换物体的材质面料，利用消失点滤镜，将以立体方式在图像中的透视平面上工作。当使用消失点滤镜来修饰、添加或移去图像中的内容时，结果将更加逼真，因为系统可正确确定这些编辑操作的方向，并且将它们缩放到透视平面。

对于一些透视效果较强的画面，如地板、箱柜、包装盒等，都可以用消失点滤镜进行处理。

另外，“消失点”对话框包含用于定义透视平面的工具、用于编辑图像的工具以及一个在其中工作的图像预览。首先在预览图像中指定透视平面，之后就可以在这些平面中绘制、仿制、拷贝、粘贴和变换内容。消失点工具（选框、图章、画笔及其他工具）的工作方式与 Photoshop

主工具箱中的对应工具十分类似，甚至可以使用相同的键盘快捷键来设置工具选项。

任务二　图像特效的制作

任务目标

图像特效主要包括倒影、浮雕、纹理、光照、艺术图案、艺术边框、雪景和模糊等多种表现形式，本任务主要通过制作水中倒影效果、制作下雪效果、制作灯光效果、制作浮雕效果、制作图像动感效果、制作图案效果和制作图像纹理效果等操作，掌握图像特效的制作。

操作一　制作水中倒影效果

在日常设计中，水中倒影效果的应用很频繁。本操作将练习对如图 8-23 所示的图像文件“垂钓人.jpg”，使用波纹滤镜和水波滤镜等制作成水中倒影，完成后的效果如图 8-24 所示。

图 8-23　素材文件

图 8-24　最终效果

◆ 操作要求

具体制作要求如下。

（1）复制需要进行倒影的图像，并将其垂直翻转。

（2）对倒影图像使用高斯模糊滤镜、波纹滤镜和水波滤镜。

（3）对倒影使用图层蒙版，并调整其亮度和对比度。

◆ 操作步骤

（1）打开图像文件“垂钓人.jpg”，选择“图像”→“画布大小”菜单命令，打开“画布大小”对话框，设置宽度为 24.55 厘米，高度为 19.9 厘米，定位为中上格，如图 8-25 所示。

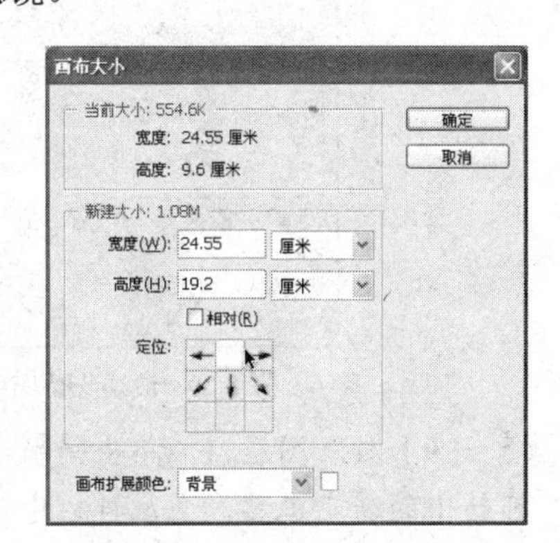

图 8-25 “画布大小”对话框

（2）单击“确定”按钮，图像效果如图 8-26 所示，下方为增大的画布区域。

（3）用魔棒工具选取下方的纯色区域，再通过反选选取上方的图像，按【Ctrl+C】快捷键复制后，再按【Ctrl+V】快捷键进行粘贴，生成图层 1。

（4）选择“编辑”→“变换”→“垂直翻转”菜单命令，再用移动工具将图像拖至下方，效果如图 8-27 所示。

图 8-26　调整画布后的效果

图 8-27　翻转图像

（5）确认图层 1 为当前工作层，选择“滤镜”→“模糊”→“高斯模糊”菜单命令，打开“高斯模糊”对话框，将“半径”设置为 1.5 像素，如图 8-28 所示。

（6）单击“确定”按钮，对倒影进行模糊处理，效果如图 8-29 所示。

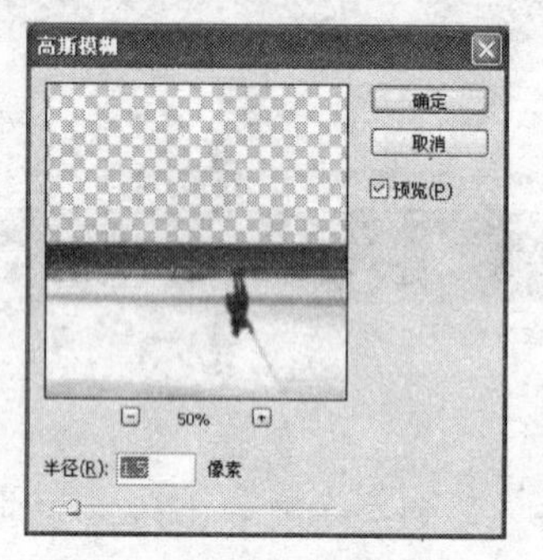

图 8-28　高斯模糊设置

图 8-29　高斯模糊效果

（7）对图层 1 应用波纹滤镜，选择“滤镜”→“扭曲”→“波纹”菜单命令，弹出“波纹”对话框，设置数量为 45，大小为中，如图 8-30 所示。

（8）单击“确定”按钮，产生波纹效果，如图 8-31 所示。

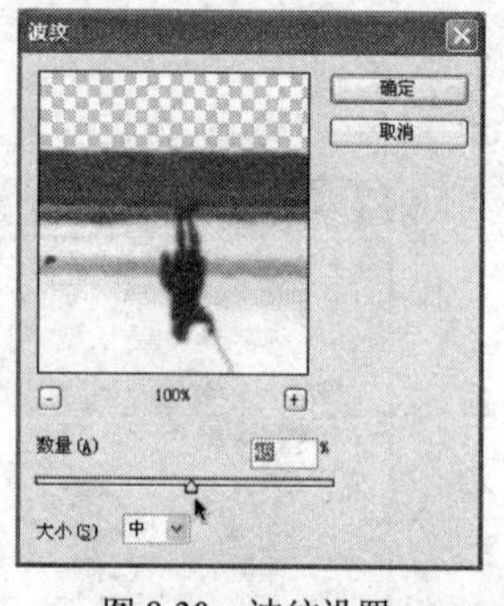

图 8-30　波纹设置

图 8-31　波纹效果

（9）激活图层 1，单击面板下方的“创建图层蒙版”按钮为其添加一个蒙版，再选择工具箱中的渐变工具，在属性栏中设置为从色到白色的线性渐变色，最后在倒影上进行渐变，使其形成渐隐效果，如图 8-32 所示。

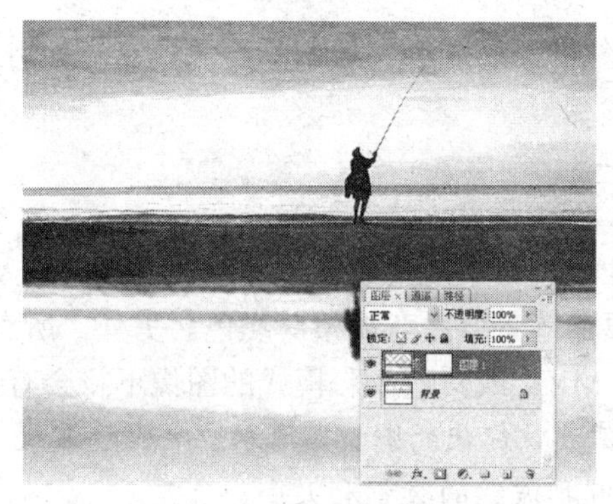

图 8-32　添加图层蒙版效果

（10）用椭圆选框工具◯在倒影中需要创建涟漪效果的位置创建一个椭圆选区，如图 8-33 所示。

提示：在制作倒影时要注意倒影中的影像应模糊一些，而不是很清晰，颜色要浅一些，同时离岸边近的倒影要清楚一些。

（11）选择“滤镜”→“扭曲”→“水波”菜单命令，打开“水波”对话框，设置数量为 18，起伏为 4，样式为水池波纹，如图 8-34 所示。单击“确定”按钮，取消选区，应用滤镜效果，效果如图 8-35 所示。

图 8-33　创建选区

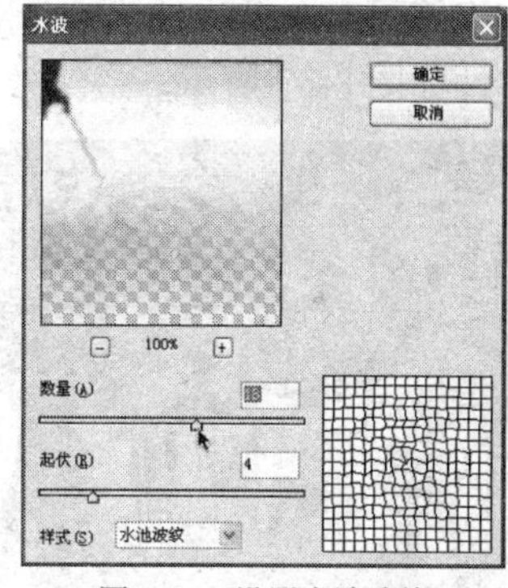

图 8-34　设置水波滤镜

（12）在按住【Ctrl】键的同时单击图层 1，载入图像选区，单击“图层”控制面调板底部的“创建调整图层”按钮，在弹出的菜单中选择“亮度/对比度”菜单命令，在打开的对话框中增加亮度为+18，降低对比度为−13，如图 8-36 所示。

图 8-35　水波效果

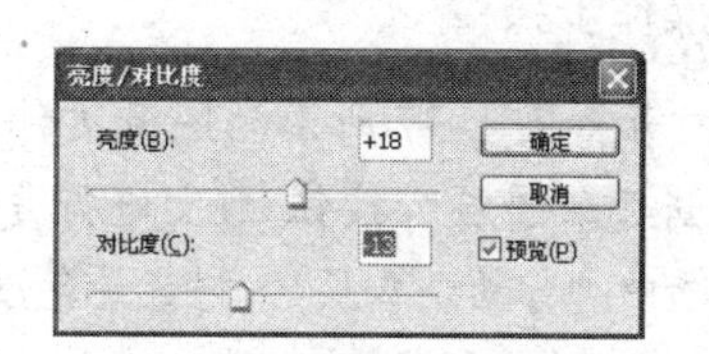

图 8-36　调整亮度/对比度

（13）单击“确定”按钮即可完成倒影的制作，最终效果如图 8-24 所示，保存为“水中倒影.psd”。

知识回顾与拓展

本操作主要应用了扭曲滤镜组中的波纹滤镜和水波滤镜，以及高斯模糊滤镜。操作中制作的倒影效果是近景，如果是远景要注意调整其颜色。另外，所有滤镜只有在 RGB 图像模式下才能全部使用，而在 CMYK 或其他色彩模式的图像下将会有部分滤镜不能使用。

- 波纹：在选区上创建波状起伏的图案，像水池表面的波纹。要进一步进行控制，可使用波浪滤镜。选项包括波纹的数量和大小。
- 水波：根据选区中像素的半径将选区径向扭曲。“起伏”选项设置水波方向从选区的中心到其边缘的反转次数。“水池波纹”将像素置换到左上方或右下方，“从中心向外”向着或远离选区中心置换像素，而“围绕中心”则围绕中心旋转像素。
- 高斯模糊：使用可调整的量快速模糊选区。高斯是指当 Photoshop 将加权平均应用于像素时生成的钟形曲线。高斯模糊滤镜用于添加低频细节，并产生一种朦胧效果。

操作二　制作下雪效果

本操作将练习对图像文件“雪景.jpg”，应用点状化滤镜和动感模糊滤镜，制作成下雪效果。素材文件如图 8-37 所示，最终效果如图 8-38 所示。

图 8-37　素材文件

图 8-38　最终效果

◆ 操作要求

下雪效果的制作也是结合了多个滤镜的使用。具体制作要求如下。

（1）复制背景图层，并对其应用点状化滤镜和动感模糊滤镜。

（2）应用“去色”命令将背景副本图层混和模式设置为滤色。

◆ 操作步骤

（1）打开如图 8-37 所示的图像文件“雪景.jpg”，打开“图层”控制面板，将“背景图层”拖动到“创建新图层”按钮上进行复制，生成“背景副本层”。

（2）选中“背景副本层”，将背景色设置为白色，选择“滤镜”→“像素化”→“点状化”菜单命令，在打开的“点状化”对话框中设置单元格大小为 6，如图 8-39 所示。

（3）单击“确定”按钮，应用滤镜后的效果如图 8-40 所示。

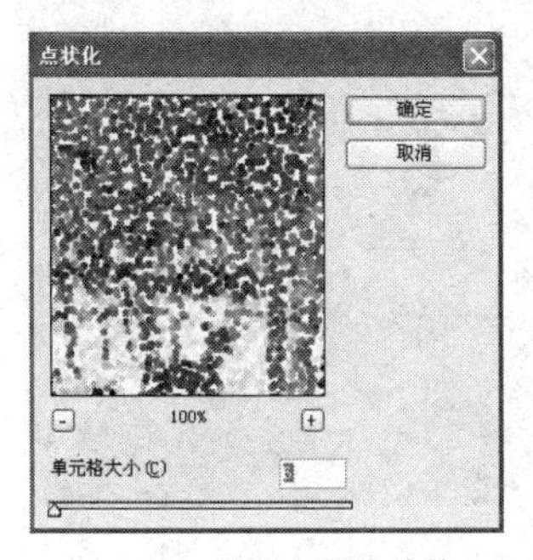

图 8-39　设置点状化滤镜

图 8-40　点状化效果

（4）选择“滤镜”→“模糊”→“动感模糊”菜单命令，在打开的“动感模糊”对话框中设置角度为 67，距离为 8 像素，如图 8-41 所示。单击“确定”按钮应用滤镜效果。

（5）选择“图像”→“调整”→“去色”菜单命令，将副本层中的图像转换成灰度图，然后将“背景 副本”层的图层混合模式设置为“滤色”，如图 8-42 所示。

图 8-41　设置动感模糊滤镜

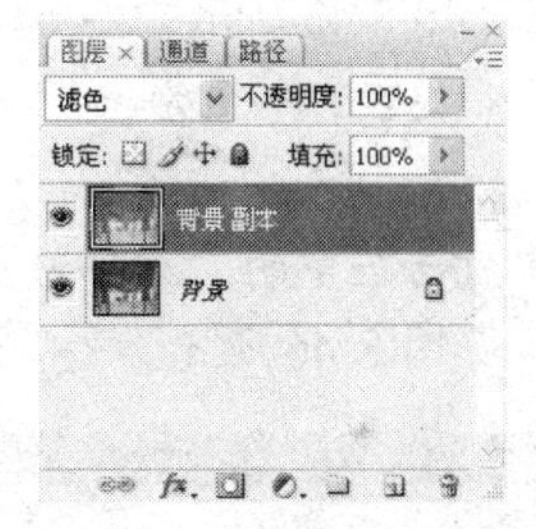

图 8-42　“滤色”混合模式

（6）去色后的最终效果如图 8-38 所示，另存文件为“雪景.psd”。

知识回顾与拓展

本操作主要应用了点状化滤镜和动感模糊滤镜，在制作过程中注意以下几点。

（1）在使用点状化滤镜时先将背景色设置为白色，这表示执行某些滤镜时与 Photoshop 当前前景色、背景色的设置有关，“单元格大小”值将影响到下雪的密度。

（2）使用动感模糊滤镜的作用是使其产生下雪时的动感，“角度”用于设置运动模糊的方向，“距离”用于设置模糊的强度。

（3）应灵活掌握滤镜使用，如复制层应用点状化滤镜后再将混合模式设置为“叠加”，还可制作出类似点彩画的效果。

操作三　制作灯光效果

本操作将练习对“夜晚.jpg”图像文件应用镜头光晕滤镜，使画面具有一种特殊光晕效果。素材文件如图 8-43 所示，完成后的效果如图 8-44 所示。

图 8-43　素材文件

图 8-44　完成效果图

◆　**操作要求**

使用不同的镜头类型可以得到不同的灯光效果。具体制作要求如下。

（1）选择合适的图像素材。

（2）应用镜头光晕滤镜效果，选择“50-300 毫米变焦”镜头类型。

◆　**操作步骤**

（1）打开如图 8-43 所示需要处理的图像文件“夜晚.jpg”，对整个图像应用滤镜效果。

（2）选择“滤镜”→“渲染”→“镜头光晕”菜单命令，打开如图 8-45 所示的“镜头光晕”对话框。

（3）选中对话框中的“50-300 毫米变焦”单选钮，在预览框中图像的上方位置单击确定主光晕位置，如图 8-46 所示。

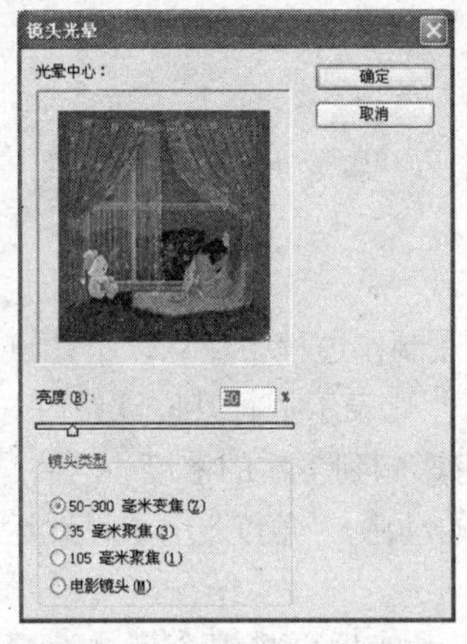

图 8-45　“镜头光晕”对话框

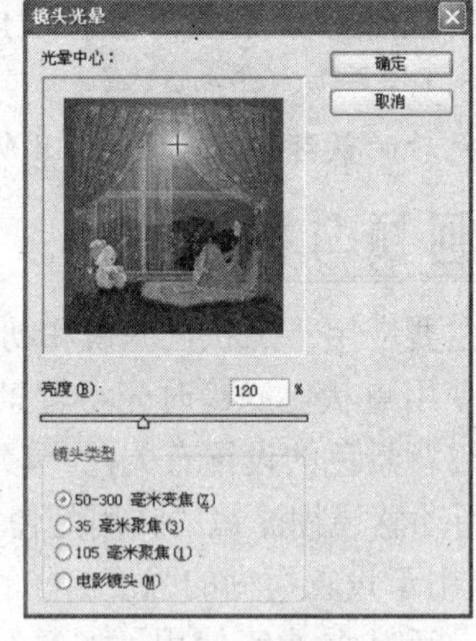

图 8-46　设置参数

（4）设置好对话框中的各参数后，单击“确定”按钮，即可将设置的滤镜效果应用于图像中，最终效果如图 8-44 所示，另存文件为“光晕.jpg”。

知识回顾与拓展

本操作通过应用镜头光晕滤镜，使图像产生类似于光照射到相机镜头所产生的折射效果。

在 Photoshop 中应用滤镜时都将弹出相应的参数设置对话框（一小部分滤镜执行后将直接应用效果），在滤镜的参数对话框中有以下几种设置方法。

（1）某些滤镜对话框中的预览框下方有-和+按钮，单击可以改变预览框中图像的显示比例大小。将鼠标指针移到预览窗口中，当鼠标指针变成手形形状时拖动将移动图像的显示区域。

（2）在设置滤镜参数过程中，按住【Alt】键不放，对话框中的“取消”按钮将变成“复位”按钮，单击可以将对话框中的参数恢复到初始值。

操作四　制作浮雕效果

本操作将练习使用云彩滤镜以及纹理滤镜组中的龟裂缝滤镜、颗粒滤镜和纹理化滤镜制作一幅图像浮雕效果，其最终效果如图 8-47 所示。

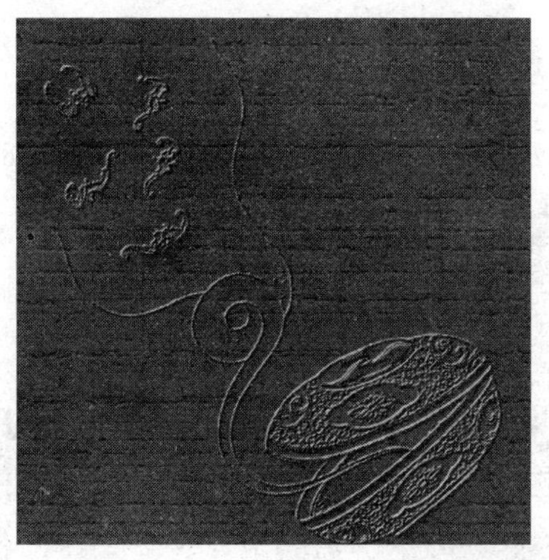

图 8-47　浮雕最终效果

◆ 操作要求

具体制作要求如下。

（1）创建新文件，应用云彩滤镜。

（2）应用龟裂缝滤镜和颗粒滤镜。

（3）应用纹理化滤镜。

◆ 操作步骤

（1）新建一个文件，在“新建”对话框设置宽度为 20 厘米，高度为 20 厘米，分辨率为 72 像素/英寸。

（2）将前景色设置为 R109，G44，B5，背景色设置为 R125，G95，B25，选择“滤镜”→“渲染”→“云彩”菜单命令，对图像填充云彩效果，得到如图 8-48 所示效果。

（3）选择“滤镜”→“纹理”→“龟裂缝”菜单命令，在打开的“龟裂缝”对话框中设置裂缝间距为 45，裂缝深度为 5，裂缝亮度为 10，如图 8-49 所示，然后单击“确定”按钮应用滤镜。

图 8-48　云彩效果

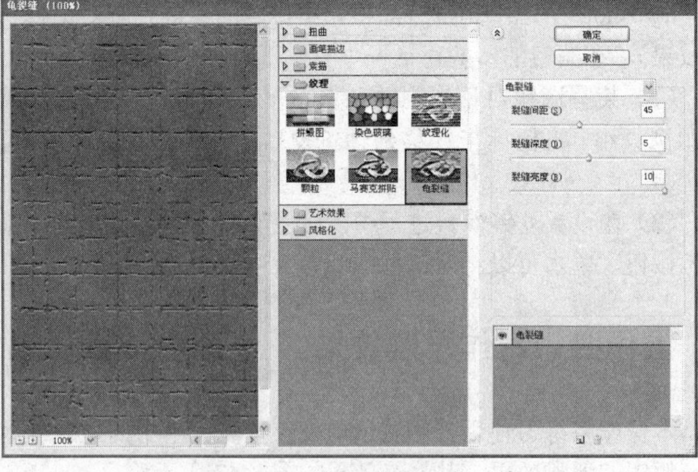

图 8-49　“龟裂缝”对话框

（4）选择“滤镜”→“纹理”→“颗粒”菜单命令，在打开的“颗粒”对话框中设置颗粒强度为 12，颗粒类型为水平，如图 8-50 所示。

（5）单击“确定”按钮应用滤镜效果，此时图像效果如图 8-51 所示。

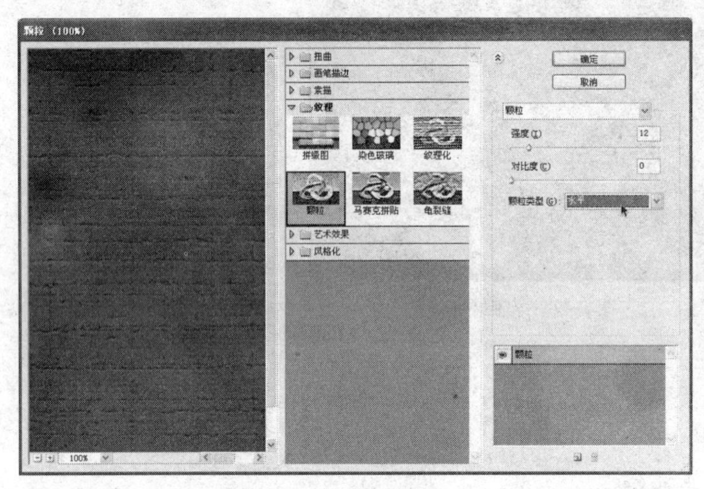

图 8-50　设置颗粒参数

图 8-51　添加颗粒后的效果

（6）打开如图 8-52 所示的“画.jpg”文件，将其以“画”为文件名，以 PSD 文件格式另存到桌面上。

（7）选择“滤镜”→“纹理”→“纹理化”菜单命令，打开“纹理化”对话框。单击“纹理”栏右侧的▶按钮，在弹出的列表框中选择“载入纹理”菜单命令，在打开的“载入纹理”对话框中选择保存的“画.psd”，如图 8-53 所示。

（8）单击“打开”按钮，返回“纹理化”对话框中，根据左侧预览框中的图像效果，分别设置其纹理缩放、凹凸程度和光照方向等参数，如图 8-54 所示。

（9）单击“确定”按钮，图像中将显示纹理浮雕效果，如图 8-55 所示。

（10）选择“编辑”→“渐隐纹理化”菜单命令，在打开的对话框中降低其不透明度为 75%，单击“确定”按钮，完成制作，最终效果如图 8-47 所示。另存文件为“浮雕画.jpg”。

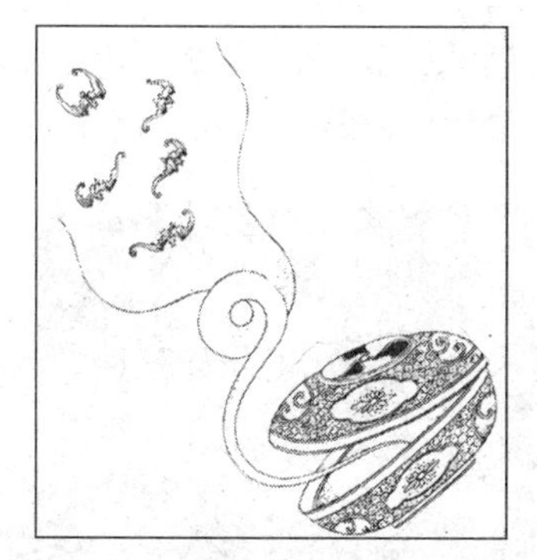

图 8-52　画文件

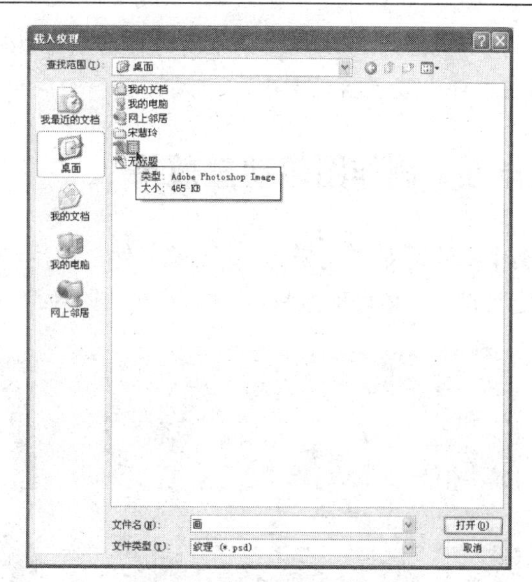

图 8-53　载入纹理

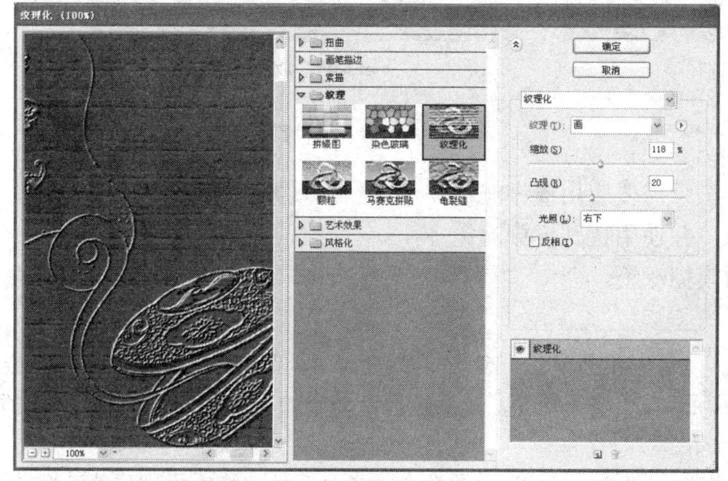

图 8-54　调整纹理化参数

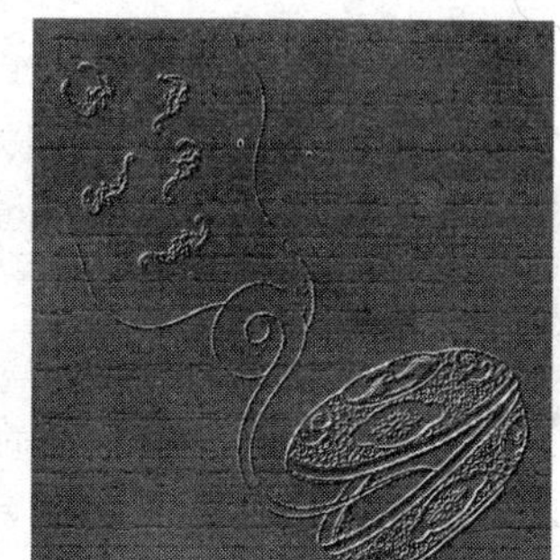

图 8-55　纹理效果

知识回顾与拓展

本操作主要练习了龟裂缝滤镜、颗粒滤镜和纹理化滤镜的使用，其中颗粒滤镜可以通过模拟不同种类的颗粒（常规、柔化、喷洒、结块、强反差、扩大、点刻、水平、垂直和斑点）来对图像添加纹理；龟裂缝滤镜可以将图像绘制在一个高凸现的石膏表面上，生成龟裂纹理并使图像产生浮雕效果；纹理化滤镜可以向图像中添加系统提供的各种纹理效果或根据另一个文件的亮度值向图像中添加纹理效果。

操作中的背景也可直接调用一种木纹，在渐隐时选择其他混合模式对整体色调进行调整。

纹理滤镜组中其他 3 个滤镜的作用如下。

- 拼缀图：可以将图像分割成无数规则的正方形，形成一种拼贴瓷片的效果。
- 染色玻璃：可以产生不规则的彩色玻璃单元格效果，相邻单元格间用前景色填充，在其参数设置对话框中可以设置单元格的大小、间隔宽度和模拟灯光照射的强度。

- 马赛克拼贴：可以产生分布均匀但形状不规则的马赛克拼贴效果，在其参数设置对话框中可以设置拼贴大小、间隔大小和间隔加亮程度。

操作五　制作图像动感效果

本操作将练习对“飞猫.jpg”图像文件，应用特殊模糊滤镜和径向模糊滤镜，将一幅普通图像处理成带有运动的效果。素材文件如图 8-56 所示，最终效果如图 8-57 所示。

图 8-56　素材文件

图 8-57　最终效果

◆ 操作要求

动感效果的制作比较简单，只需要应用模糊滤镜即可得到。具体制作要求如下。

（1）选中图片的小猫图像，并使用特殊模糊滤镜。

（2）羽化选区，应用径向模糊滤镜。

◆ 操作步骤

（1）打开如图 8-56 所示的图像文件“飞猫.jpg”，单击工具箱中的磁性套索工具，在图像中选取小猫图像，如图 8-58 所示。

（2）选择“滤镜“→”“模糊”→“特殊模糊”菜单命令，在打开的“特殊模糊”对话框中设置半径为 3.0，阈值为 25.0，如图 8-59 所示，然后单击“确定”按钮，对图像进行特殊模糊处理。

图 8-58　选取小猫图像

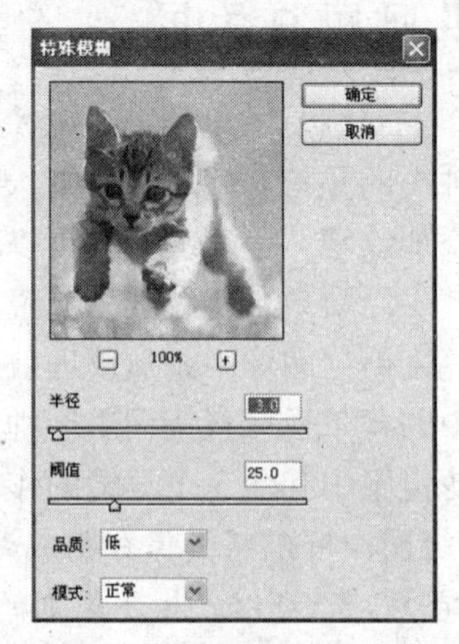

图 8-59　特殊模糊滤镜的设置

（3）按【Ctrl+Alt+D】快捷键，在打开的“羽化”对话框中设置“羽化半径”为 8 像素，单击“确定”按钮，对选区进行羽化处理，然后按【Ctrl+Shift+I】快捷键，对选区进行反选，如图 8-60 所示。

（4）选择“滤镜”→“模糊”→“径向模糊”菜单命令，在打开的“径向模糊”对话框中设置数量为 30，模糊方法为缩放，如图 8-61 所示。

图 8-60　反转选区

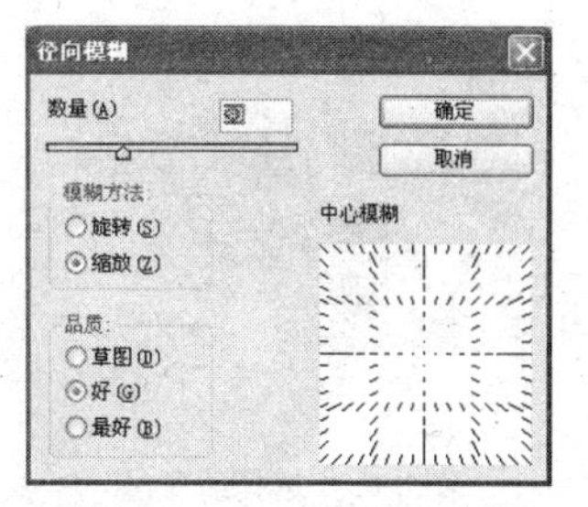

图 8-61　设置径向模糊滤镜

（5）单击“确定”按钮，按【Ctrl+D】快捷键取消选区，完成运动效果的处理，最终效果如图 8-57 所示。另存文件为“飞奔的小猫.jpg”。

知识回顾与拓展

本操作中练习了使用模糊滤镜组中的特殊模糊滤镜和径向模糊滤镜制作物体的运动效果。由于制作的是一种放射状运动效果，因此在“径向模糊”对话框中选择了“缩放”单选钮，表示沿径向线模糊，被模糊的图像从模糊中心处开始放大，选择“旋转”单选钮则表示沿同心圆环线模糊。另外，对于图像运动效果也可通过动感模糊滤镜实现。

操作六　制作图案效果

本操作将练习应用极坐标滤镜制作出如图 8-62 所示的图案效果。

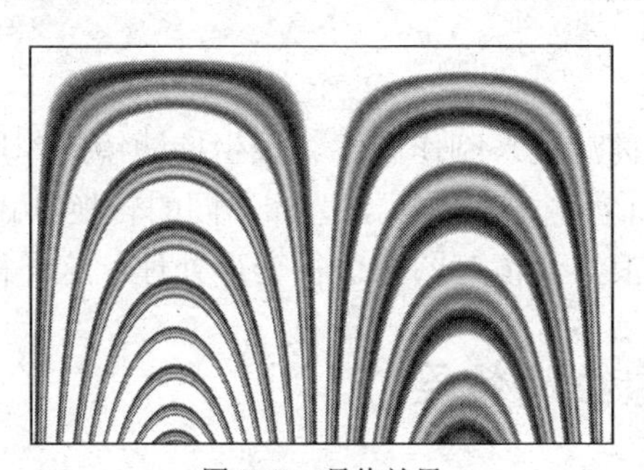

图 8-62　最终效果

◆　操作要求

具体制作要求如下。

（1）在新文件中使用渐变填充。

（2）对渐变填充的图案应用极坐标滤镜。

◆ **操作步骤**

（1）新建一个文件，宽度为 30 厘米，高度为 20 厘米，分辨率为 72 像素/英寸。

（2）单击工具箱中的渐变工具，在其工具属性栏中的渐变颜色列表框中选择系统提供的“透明彩虹”渐变，如图 8-63 所示。

（3）在图像窗口中左侧位置水平拖动出一条短线，渐变效果如图 8-64 所示。

图 8-63 选择渐变色

图 8-64 渐变填充

（4）使用渐变工具每隔一定距离进行渐变填充，效果如图 8-65 所示。

（5）选择“滤镜”→“扭曲”→“极坐标”菜单命令，在打开的“极坐标”对话框中选择“极坐标到平面坐标”单选钮，如图 8-66 所示。

图 8-65 渐变填充

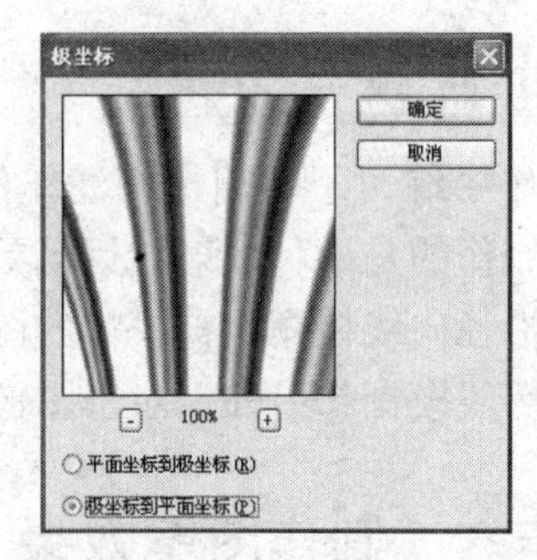

图 8-66 极坐标滤镜的设置

（6）单击“确定”按钮，最终效果如图 8-62 所示，另存文件为“图案.jpg”。

知识回顾与拓展

本操作主要应用了极坐标滤镜来制作图案。极坐标滤镜的作用是将平面图案转换到极坐标，在其参数对话框中提供了两种转换方式，选择不同的转换方式，将得到不同的图案效果。在应用该滤镜前也可通过波浪等滤镜对图像进行变形处理，这样得到的图案会更有变化。

操作七 制作图像纹理效果

使用云彩滤镜可以生成柔和的云彩图案。使用“杂色”滤镜添加或移去杂色或带有随机分布色阶的像素，有助于将选区混合到周围的像素中。使用“光照效果”对话框中的“纹理通道”，可以使用灰度纹理（如纸或水）来控制光从图像反射的方式。本操作将练习应用云彩滤镜、添加杂色滤镜和光照效果滤镜，制作出如图 8-67 所示的岩石纹理效果。

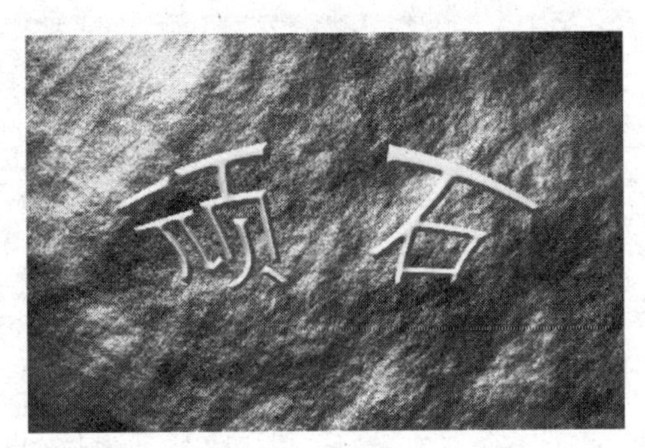

图 8-67　最终效果

◆　操作要求

具体制作要求如下。

（1）创建新文件，应用云彩滤镜。

（2）应用添加杂色滤镜和光照效果滤镜。

（3）结合使用通道与滤镜。

◆　操作步骤

（1）新建一个文件，在“新建”对话框设置宽度为 26 厘米，高度为 17 厘米，分辨率为 72 像素/英寸。

（2）新建一个图层“图层 1”，将前景色设置为黑色，背景色设为 R132，G113，B11。

（3）选择“滤镜”→“渲染”→“云彩”菜单命令，效果如图 8-68 所示。

（4）选择“滤镜”→“杂色”→“添加杂色”菜单命令，在打开的“添加杂色”对话框中将“数理”设置为 7%，选择“高斯分布”单选钮和“单色”复选框，如图 8-69 所示，单击“确定”按钮应用滤镜。

图 8-68　云彩效果

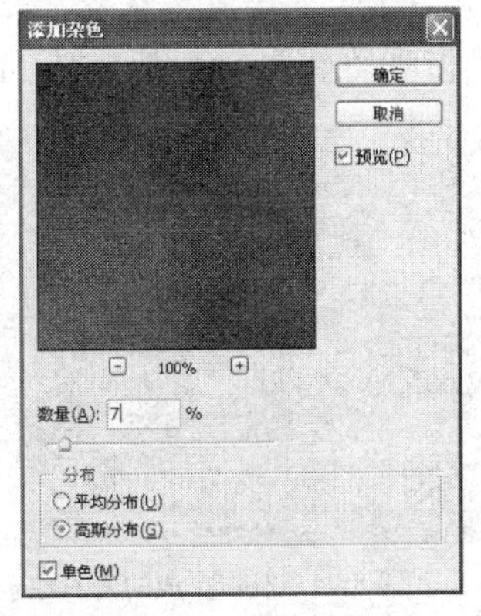

图 8-69　添加杂色滤镜

（5）打开“通道”控制面板，单击“创建新通道”按钮，新建“Alpha 1”通道，如图 8-70 所示。

（6）选择“滤镜”→“渲染”→“云彩”菜单命令应用滤镜效果，然后选择“滤镜”→“杂色”→“添加杂色”菜单命令，单击“确定”按钮，效果如图 8-71 所示。

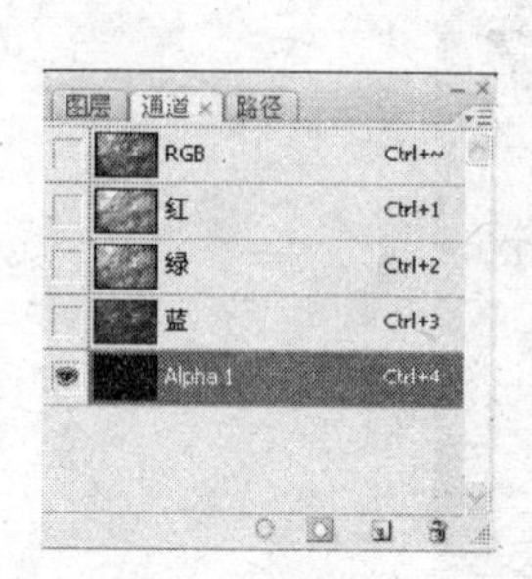

图 8-70 新建通道

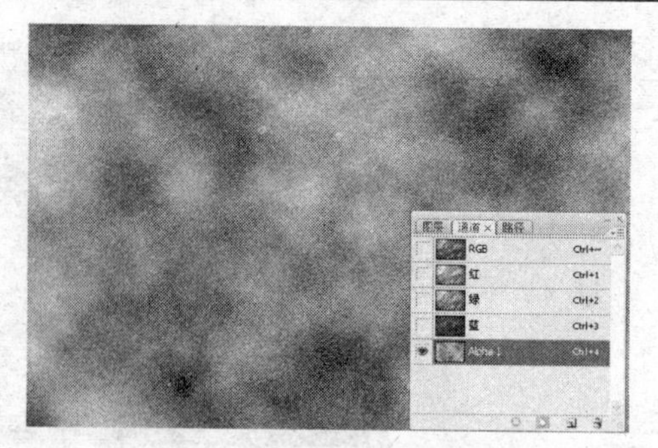

图 8-71 对通道添加杂色滤镜

（7）再次在“Alpha 1”通道中选择“滤镜”→“渲染”→“云彩”菜单命令，应用滤镜，如图 8-72 所示。

（8）打开“图层”控制面板，选中“图层 1”，选择“滤镜”→“渲染”→“光照效果”菜单命令，在打开的“光照效果”对话框的“纹理通道”下拉列表框中选择“Alpha 1”选项，其他参数设置如图 8-73 所示，两个光照颜色都设置为白色。

图 8-72 对通道再次应用云彩滤镜

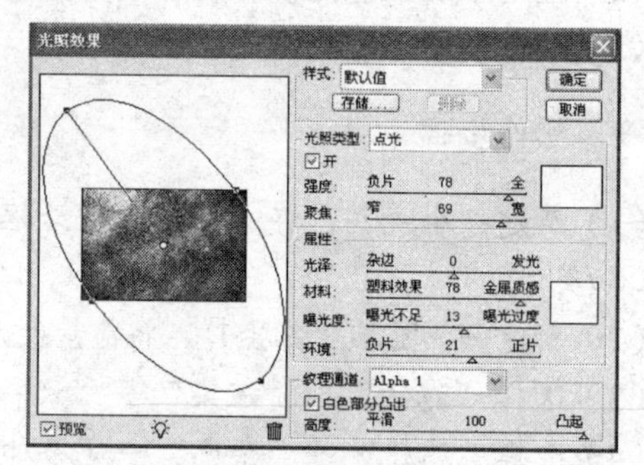

图 8-73 添加光照

（9）单击“确定”按钮，完成岩石纹理的制作，效果如图 8-74 所示。

（10）为了使效果更为生动，这里用文字工具输入“顽 石”并对其变形，字体颜色为与岩石纹理相同的颜色，如图 8-75 所示。

图 8-74 制作完成的岩石纹理

图 8-75 输入文字

（11）为文字图层添加“斜面和浮雕”图层样式，完成本例的制作，最终效果如图 8-67 所示。另存文件为“岩石.psd”。

知识回顾与拓展

本操作主要练习了渲染滤镜组中的云彩滤镜和光照效果滤镜的使用，应用杂色滤镜可创建与众不同的纹理或移去有问题的区域，如灰尘和划痕。

其中光照效果滤镜的应用较为广泛，它可以通过改变17种光照样式、3种光照类型和4套光照属性，在图像上产生多种光照效果。制作中的相关事项如下。

（1）在制作岩石纹理时的关键步骤就是通过光照效果滤镜照射出 Alpha 通道中的岩石纹理，运用类似的方法还可制作出各种纹理效果。

（2）岩石的颜色可以自定，在应用云彩滤镜时设置为其他颜色即可。

（3）渲染滤镜组中除了云彩滤镜、光照效果滤镜和镜头光晕滤镜外，还包括3D变换滤镜和分层云彩滤镜，其中3D变换滤镜可模拟出一些三维立体效果，分层云彩滤镜将使用随机生成的介于前景色与背景色之间的值生成云彩图案效果。

任务三　艺术绘画效果的制作

任务目标

本任务将通过制作墨彩画效果、制作素描画效果、制作钢笔线描效果、制作油画效果和制作水彩效果等操作，介绍画笔描边、素描和艺术效果等滤镜组中主要滤镜的使用，以及在艺术绘画效果中的应用。

操作一　制作彩墨画效果

本操作将练习对如图8-76所示的图像文件“葡萄.jpg”，应用特殊模糊滤镜、墨水轮廓滤镜和烟灰墨滤镜将其制作成彩墨画效果，最终效果如图8-77所示。

图8-76　素材文件

图8-77　最终效果

◆ 操作要求

特殊模糊滤镜能精确地模糊图像；墨水轮廓滤镜是以钢笔画的风格用细的线条在图像细节上重绘图像；烟灰墨滤镜以日本画的风格绘画图像，看起来像是用蘸满油墨的画笔在宣纸上绘画。具体制作要求如下。

（1）选择好图像素材，应用特殊模糊滤镜。

（2）分别应用墨水轮廓滤镜和烟灰墨滤镜。

◆ 操作步骤

（1）打开如图 8-76 所示的图像文件“葡萄.jpg”，选择“滤镜”→“模糊”→“特殊模糊”菜单命令，打开“特殊模糊”对话框，设置半径为 13，阈值为 16，如图 8-78 所示，单击“确定”按钮，柔化图像的边缘。

（2）选择“滤镜”→“画笔描边”→“墨水轮廓”菜单命令，打开“墨水轮廓”对话框，设置描边长度为 4，深色强度为 6，光照强度为 10，如图 8-79 所示。

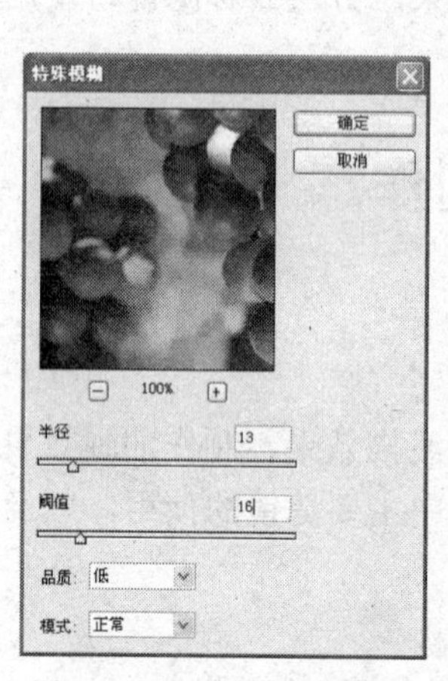

图 8-78　特殊模糊滤镜参数

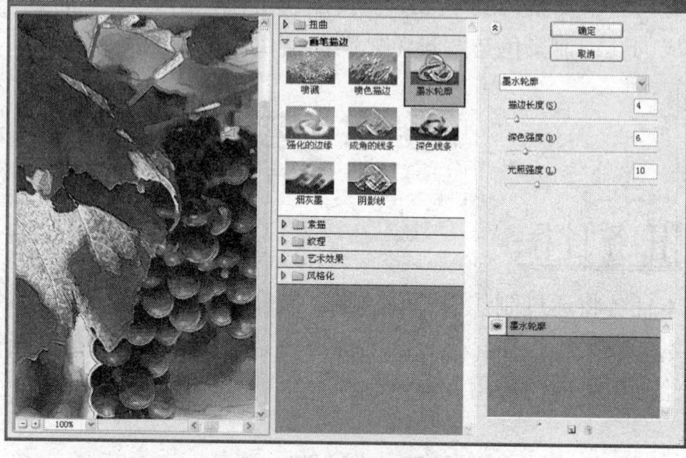

图 8-79　墨水轮廓滤镜参数

（3）单击“确定”按钮应用滤镜，图像效果如图 8-80 所示。

（4）选择“滤镜”→“画笔描边”→“烟灰墨”菜单命令，打开“烟灰墨”对话框，设置描边宽度为 10，描边压力为 2，如图 8-81 所示。

图 8-80　墨水轮廓滤镜效果

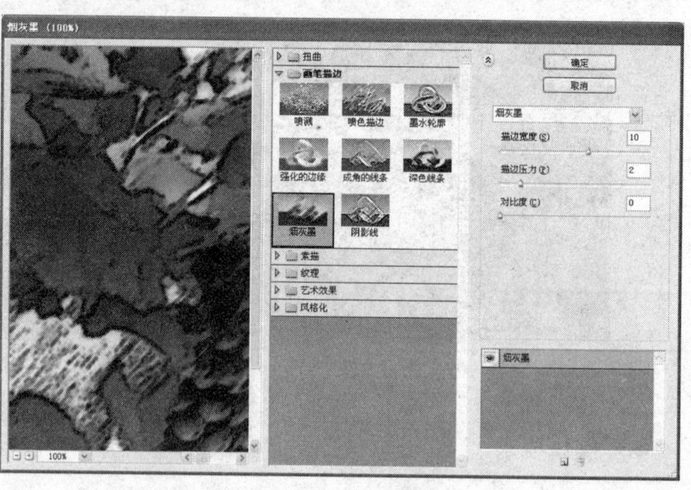

图 8-81　烟灰墨滤镜参数

（5）单击“确定”按钮，产生类似毛笔在宣纸上绘画的效果，选择“编辑”→“渐隐烟灰墨”菜单命令，在打开的对话框中将“不透明度”降低为 70%。

（6）单击“确定”按钮，完成本例的制作，最终效果如图 8-77 所示。另存文件为“彩墨画.jpg”。

知识回顾与拓展

使用特殊模糊滤镜时可以指定半径、阈值和模糊品质。半径值确定在其中搜索不同像素的区域大小。阈值确定像素具有多大差异后才会受到影响。也可以为整个选区设置模式（正常），或为颜色转变的边缘设置模式（“仅限边缘”和“叠加边缘”）。在对比度显著的地方，“仅限边缘”应用黑白混合的边缘，而“叠加边缘”应用白色的边缘。

烟灰墨滤镜使用非常黑的油墨来创建柔和的模糊边缘。另外，对于彩墨画的制作也可通过对图像的色相/饱和度调整得到更好的效果。

操作二　制作素描画效果

本操作将练习对如图 8-82 所示的图像文件“树.jpg”，应用查找边缘滤镜制作成素描画效果，最终效果如图 8-83 所示。

图 8-82　素材文件

图 8-83　最终效果

◆　操作要求

具体制作要求如下。

（1）选择合适的图像素材，应用查找边缘滤镜。

（2）使用去色命令。

◆　操作步骤

（1）打开如图 8-82 所示的图像文件“树.jpg”，选择“滤镜”→“风格化”→“查找边缘”菜单命令，突出图像边缘，效果如图 8-84 所示。

图 8-84　查找边缘滤镜效果

（2）选择“图像”→“调整”→“去色”菜单命令，去除图像颜色，完成素描的处理，最终效果如图 8-83 所示。

（3）将图像另存为“素描画.jpg”。

知识回顾与拓展

像描画等高线滤镜一样，查找边缘滤镜用相对于白色背景的黑色线条勾勒图像的边缘，这对生成图像周围的边界非常有用。

如果选择的素材文件色彩很丰富，线条不明显，则转换后的素描图像将丢失部分图像细节。

操作三　制作钢笔线描效果

本操作将练习对如图 8-85 所示的图像文件“熊猫.jpg”，应用绘图笔等滤镜，将其制作成如图 8-86 所示的钢笔线描画效果。绘图笔滤镜使用细的、线状的油墨描边以捕捉原图像中的细节。对于扫描图像，效果尤其明显。

图 8-85　素材文件

图 8-86　最终效果

◆ 操作要求

具体制作要求如下。

(1) 在图片中复制两次背景，对图层分别应用绘图笔滤镜和查找边缘滤镜。

(2) 对图层应用正片叠底图层混合模式，并最终去色。

◆ 操作步骤

(1) 打开如图 8-85 所示图像文件“熊猫.jpg”，在“图层”控制面板中分别连续两次将背景拖动到“创建新的图层”按钮上 进行复制，生成“背景 副本”层和“背景 副本 2”层，如图 8-87 所示。

(2) 将前景色设为黑色，背景色设为白色，选中“背景 副本层”，选择“滤镜”→“素描”→“绘图笔”菜单命令，在打开的对话框中进行如图 8-88 所示的设置，注意在“描边方向”下拉列表框中选择“右对角线”选项。

(3) 单击“确定”按钮，应用滤镜效果。

(4) 选中“背景 副本 2”层，选择“滤镜”→“素描”→“绘图笔”菜单命令，在其参数设置对话框的“描边方向”下拉列表框中选择“左对角线”选项，如图 8-89 所示。

(5) 单击“确定”按钮，使图像产生倾斜笔触的素描效果，分别将“背景 副本”层和“背景 副本 2”层的图层混合模式设置为“正片底叠”模式，其图像效果如图 8-90 所示。

(6) 选中“背景”层，选择“滤镜”→“风格化”→“查找边缘”菜单命令，找出图像边缘，效果如图 8-91 所示。

图 8-87　复制图层　　　　图 8-88　绘图笔设置

图 8-89　绘图笔设置

图 8-90　正片底叠模式效果

图 8-91　找出图像边缘

（7）选择“图像”→“调整”→“去色”菜单命令，去除图像颜色，降低“背景 副本”层和“背景 副本 2”层的不透明度至 50%，最终效果如图 8-86 所示。将图像另存为“钢笔线描画.psd”。

知识回顾与拓展

本操作中主要应用了绘图笔滤镜和查找边缘滤镜，其中绘图笔滤镜可以生成一种钢笔画素描的效果，此滤镜使用前景色作为油墨，并使用背景色作为纸张，以替换原图像中的颜色。在其参数设置对话框中要注意笔触长度和方向的设置。如果对钢笔画效果还不满意，可通过“阈值”调整命令对“背景层”进行一些调整，提高对比度。

素描滤镜组中还提供了便条纸、半调图案、撕边和铬黄等多种滤镜效果，通过这些滤镜可以产生素描、速写及三维的艺术绘画效果。各主要滤镜的作用如下。

- 便条纸：可以模拟类似浮雕效果的凹陷压印图案，产生草纸画效果。
- 半调图案：可以用前景色和背景色在图像中模拟半调网屏的效果。
- 图章：可以使图像呈现用橡皮或木制图章盖印的效果。
- 基底凸现：可以模拟粗糙的浮雕效果。
- 塑料效果：使用前景色与背景色为图像着色。同时亮度较暗的区域将凸起，亮度较亮的区域将凹陷。
- 影印：模拟影印效果，用前景色填充图像的高亮度区，用背景色填充图像的暗区。
- 撕边：使图像呈粗糙、撕破的纸片状，并使用前景色与背景色给图像着色。
- 炭笔：将产生色调分离的、涂抹的效果，主要边缘以及粗线条绘制。
- 粉笔和炭笔：重绘图像的高光和中间调，其背景为粗糙粉笔绘制的纯色。
- 网状：可在图像中产生一种网眼覆盖效果。
- 铬黄：可以将图像处理成好像是擦亮的铬黄表面，类似于液态金属的效果。

操作四　制作油画效果

本操作将练习对如图 8-92 所示的图像文件“油画素材.jpg”，应用中间值滤镜、绘画涂抹滤镜和 USM 锐化滤镜制作成油画效果，其最终效果如图 8-93 所示。

图 8-92　素材文件

图 8-93　最终效果

◆ 操作要求

具体制作要求如下。

（1）应用中间值滤镜和绘画涂抹滤镜。

（2）应用 USM 锐化滤镜，调整图像色阶。

◆ **操作步骤**

（1）打开“油画素材.jpg”图像文件，选择“滤镜”→“杂色”→“中间值”菜单命令，打开“中间值”对话框，其设置如图 8-94 所示，单击“确定”按钮绘制图像中的颜色。

（2）选择“滤镜”→“锐化”→“USM 锐化”菜单命令，打开“USM 锐化”对话框，其参数设置如图 8-95 所示。单击“确定”按钮应用效果。

图 8-94　中间值滤镜参数

图 8-95　USM 锐化滤镜参数

（3）选择“滤镜”→“艺术效果”→“绘画涂抹”菜单命令，打开“绘画涂抹”对话框，其参数设置如图 8-96 所示，然后单击“确定”按钮应用滤镜。

（4）单击“确定”按钮，按【Ctrl+L】快捷键，弹出“色阶”对话框，调整“输入色阶”中的值，如图 8-97 所示。

图 8-96　绘画涂抹滤镜参数

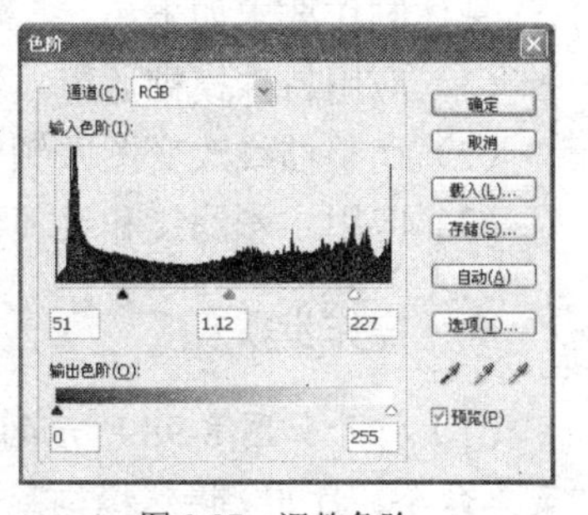

图 8-97　调整色阶

（5）单击“确定”按钮，图像效果已变成油画风格，最终效果如图 8-93 所示。将图像另存为“油画.jpg”。

知识回顾与拓展

本操作中主要应用了中间值滤镜、绘画涂抹滤镜和 USM 锐化滤镜来制作油画效果。

中间值滤镜的作用是通过混合图像中像素的亮度来减少图像的杂色。此滤镜搜索像素选区的半径范围以查找亮度相近的像素，扔掉与相邻像素差异太大的像素，并用搜索到的像素的中间亮度值替换中心像素。

使用绘画涂抹滤镜可以选取各种大小（从 1 到 50）和类型的画笔来创建绘画效果。画笔类型包括简单、未处理光照、暗光、宽锐化、宽模糊和火花。

对于专业色彩校正，可使用 USM 锐化滤镜调整边缘细节的对比度，并在边缘的每侧生成一条亮线和一条暗线。此过程将使边缘突出，造成图像更加锐化的错觉。

操作五　制作水彩画效果

水彩滤镜是以水彩的风格绘制图像，使用蘸了水和颜料的中号画笔绘制以简化细节。当边缘有显著的色调变化时，此滤镜会使颜色饱满。使用纹理化滤镜可将选择或创建的纹理应用于图像。本操作将练习对如图 8-98 所示的图像文件“小花.jpg”，应用特殊模糊和水彩滤镜将其制作成水彩画效果，效果如图 8-99 所示。

图 8-98　素材文件

图 8-99　最终效果

◆ 操作要求

具体制作要求如下。

（1）应用特殊模糊滤镜。

（2）调整曲线改变图像颜色，调整图像对比度和亮度。

（3）应用水彩滤镜和纹理化滤镜。

◆ 操作步骤

（1）打开如图 8-98 所示的图像文件“小花.jpg”，选择“滤镜”→“模糊”→“特殊模糊“菜单命令，打开“特殊模糊”对话框，设置半径和阈值均为 35.0，如图 8-100 所示，单击“确定”按钮，模糊图像的边缘。

（2）选择“滤镜”→“艺术效果”→“水彩”菜单命令，打开“水彩”对话框，设置画笔细节为 10，纹理为 1，如图 8-101 所示。

（3）单击“确定”按钮，此时的图像效果如图 8-102 所示。

（4）选择“图像”→“调整”→“亮度/对比度”菜单命令，打开“亮度/对比度”对话框，设置亮度为−12，对比度为+21，效果如图 8-103 所示，单击“确定”按钮。

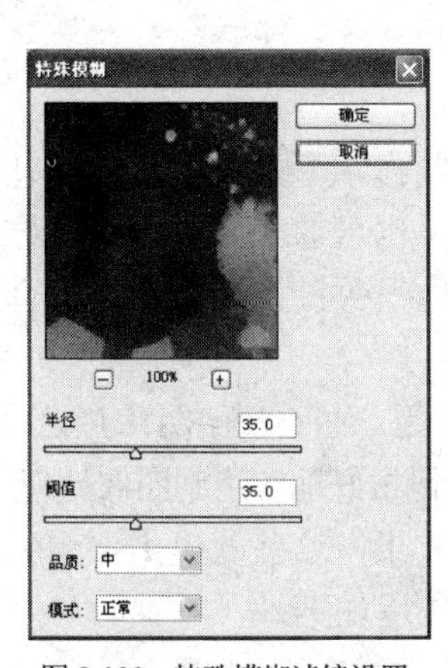

图 8-100　特殊模糊滤镜设置

图 8-101　水彩滤镜设置

图 8-102　水彩滤镜效果

图 8-103　调整亮度/对比度

（5）按【Ctrl+M】快捷键，打开“曲线”对话框，在曲线上单击添加节点，再拖动其曲线节点进行调整，如图 8-104 所示，单击“确定”按钮，使水彩效果更为强烈一些。

（6）选择 “滤镜”→“纹理”→“纹理化”菜单命令，打开“纹理化”对话框，其设置如图 8-105 所示。

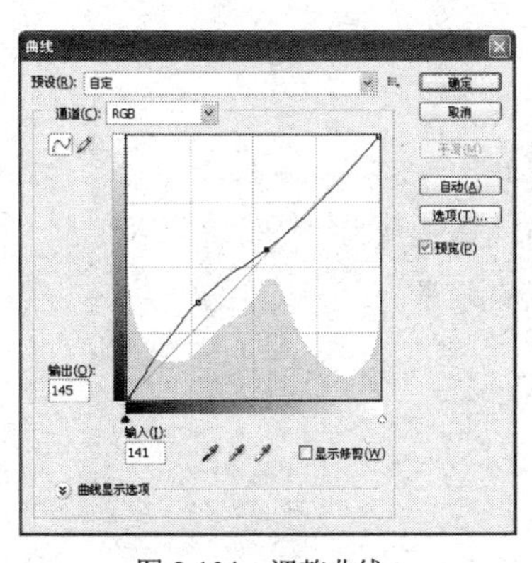

图 8-104　调整曲线

图 8-105　纹理化滤镜设置

（7）单击“确定”按钮，完成水彩画的制作，最终效果如图 8-99 所示。将文件另存为“水彩画.jpg”。

知识回顾与拓展

本操作中主要应用特殊模糊滤镜、水彩滤镜和纹理化滤镜来制作水彩画效果。其中使用纹理化滤镜为其添加水彩画的肌理，如果有水彩画的有肌理素材，也可像介绍的方法一样使用纹理化滤镜中“载入纹理”的功能来实现。另外，素材的选择也很关键，尽量选择符合绘画效果内容的素材，这样制作出的效果才能更好。

在学习过程中，读者可灵活选择“滤镜”菜单下的滤镜命令，多用一些不同的图片并尝试设置为不同的参数，看看效果有什么样的变化，再不断总结，才能将滤镜很好地应用到图像处理中。

艺术效果滤镜组中还包括塑料包装、壁画和彩色铅笔等滤镜效果，这些滤镜主要用于模仿传统绘画手法的途径，可为图像添加艺术特效。各主要滤镜的作用如下。

- 塑料包装：可以给图像涂上一层光亮的塑料，使图像表面质感强烈。
- 壁画：用短而圆的、粗略轻涂的小块颜料涂抹图像。
- 干画笔：使用干画笔技术（介于油彩和水彩之间）绘制图像边缘。
- 彩色铅笔：可以模拟用彩色铅笔在纸上绘图的效果，同时保留重要边缘。
- 木刻：将图像描绘成像是由从彩纸上剪下的边缘粗糙的剪纸片组成的图像效果。
- 海报边缘：使图像产生类似海报招贴画的效果。
- 海绵：可以使图像看上去好像是用海绵绘制的浸湿效果。
- 涂抹棒：可以使用短的对角描边涂抹图像的暗区以柔化图像。
- 粗糙蜡笔：可以模拟蜡笔在纹理背景上绘图，产生一种覆盖纹理效果。
- 胶片颗粒：将平滑图案应用于图像的阴影色调和中间色调。
- 调色刀：可以减少图像中的细节，生成描绘得很淡的画布效果。
- 霓虹灯光：可以将各种类型的发光添加到图像中的对象上，产生彩色氖光灯照射的效果。

另外，在风格化滤镜组中还有以下几个滤镜。

- 凸出：可以将图像分成一系列大小相同但有机叠放的三维块或立方体。
- 扩散：使图像产生模糊的效果。
- 拼贴：可以将图像分解成许多小贴块，并使每个方块内的图像都偏移原来的位置，看上去像画在方块瓷砖上一样。
- 曝光过度：可以产生图像正片和负片混合的效果。
- 浮雕效果：使选区显得凸起或压低，生成浮雕效果。
- 照亮边缘：可以对图像边缘添加类似霓虹灯的光亮效果。
- 等高线：可以沿图像的亮区和暗区的边界绘出比较细、颜色比较浅的线条。
- 风：可以在图像中添加一些短而细的水平线来模拟风吹效果。

课后练习

一、判断题

（1）当执行某个滤镜后可以连续按【Ctrl+G】快捷键，将本次设置的滤镜参数值多次重

复执行。（　　）

（2）在“滤镜”菜单中，“抽出”是指运用其中的工具对局部图像进行变形。（　　）

（3）“渲染”滤镜组中包括了云彩、光照效果和镜头光晕等滤镜。（　　）

二、选择题

（1）（　　）滤镜可以减少渐变中的色带。

A．Filter→Noise（杂色）　　B．Filter→style→Diffuse

C．Filter→Distort→Displace　　D．Filter→Sharpen→USM

（2）（　　）滤镜只对 RGB 滤镜起作用。

A．马赛克　　B．光照效果

C．波纹　　D．浮雕效果

（3）当图像偏蓝时，使用变化功能应当给图像增加（　　）。

A．蓝色　　B．绿色　　C．黄色　　D．洋红

（4）（　　）滤镜可用于 16 位图像。

A．高斯模糊　　B．水彩　　C．马赛克　　D．USM 锐化

（5）如果正在处理一副图像，下列哪些选项将导致一些滤镜是不可选（　　）。

A．关闭虚拟内存

B．检查在预置中增效文件夹搜寻路径

C．删除 Photoshop 的预置文件，然后重设

D．软插件没有放在正确的文件夹中

三、上机操作题

（1）打开素材图像文件“古器.jpg”，对其中的碟子应用晶格化像素化滤镜，对背景应用染色玻璃纹理滤镜，最终效果如图 8-106 所示。

（2）打开素材图像文件“蜗牛.jpg”，对蜗牛壳应用龟裂缝纹理滤镜，在打开的对话框中选择砖形效果，最终效果如图 8-107 所示。

（3）打开素材图像文件“大船.jpg”，对图像应用球面化扭曲滤镜，最终效果如图 8-108 所示。

图 8-106　综合效果

图 8-107　龟裂缝效果

图 8-108　球面化扭曲效果

模块九　图像的输出与批处理

模块简介

在图像处理过程中或结束后，有时需要将自己的作品或照片等进行打印输出，如果将来从事设计工作，也必须掌握图像的输出操作。例如要将几十个文件全部转换为 CMYK 模式，如果是手工操作则会花很多的时间，使用动作可以自动和快速地帮助用户完成操作。本章将主要介绍如何将 Photoshop 处理的图像作品通过打印机打印输出，以及动作的使用等。

学习目标

- 掌握打印设置
- 掌握打印预览图像的方法
- 了解打印全部图像的方法
- 了解打印指定图层和选区图像的方法
- 认识“动作”控制面板
- 掌握动作的载入与播放
- 掌握动作的创建与保存
- 掌握使用“批处理”命令

任务一　图像的打印输出

任务目标

在将图像打印输出到纸张上前，还必须对打印纸张的大小和打印方向等进行设置，本任务将通过预览图像、打印海报图像、打印局部图像和在一张纸上打印多幅图像等操作，分别介绍在 Photoshop 中打印图像的方法。

操作一　预览图像

本操作将练习预览图像，对打印纸张的大小和打印方向等进行设置。

◆　操作要求

打开素材库中的“水果.jpg”图像，将其打印页面大小设为 A5，横向打印，然后对其进行打印预览，在预览时添加背景和边框等。

对于多数 Photoshop 用户而言，打印文件意味着将图像发送到喷墨打印机。打印前一般要先进行打印预览，其中显示了打印、输出和色彩管理选项。具体制作要求如下。

（1）打开要打印的图像文件，并进行页面设置。

（2）设置好纸张的大小和方向，进行打印预览。

◆ **操作步骤**

（1）启动 Photoshop 软件后打开如图 9-1 所示的图像文件“水果.jpg”，观察图像的大小等情况。

图 9-1　打开图像

（2）选择“文件”→“页面设置”菜单命令，打开如图 9-2 所示的“页面设置”对话框。在“纸张”选项栏的“大小”下拉列表框中选择打印纸张的大小，这里选择“A5”。

（3）在“来源”下拉列表框中选择打印纸张的进纸方式，一般选择“自动选择”。

（4）在“方向”选项栏中选择打印的方向，有“纵向”和“横向”两种选择，这里选中“横向”单选钮，单击“确定”按钮，完成页面大小的设置。

（5）设置好纸张的大小和方向后，即可进行打印预览。选择“文件”→“打印”菜单命令，打开如图 9-3 所示的“打印”对话框。在“打印”对话框左上角的预览窗口中可以预览图像的打印效果，包括其图像的大小和位置。

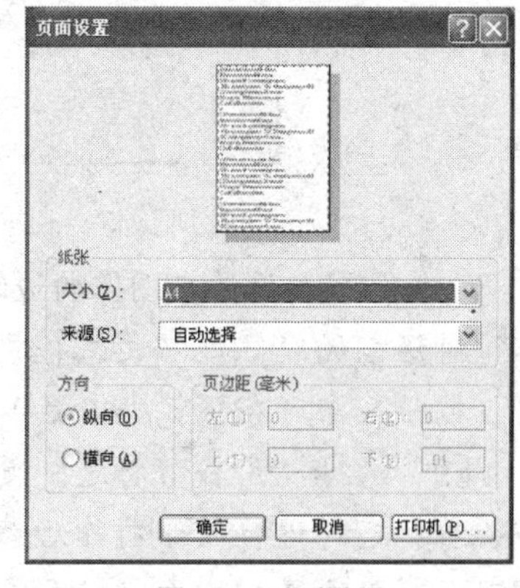

图 9-2　页面设置

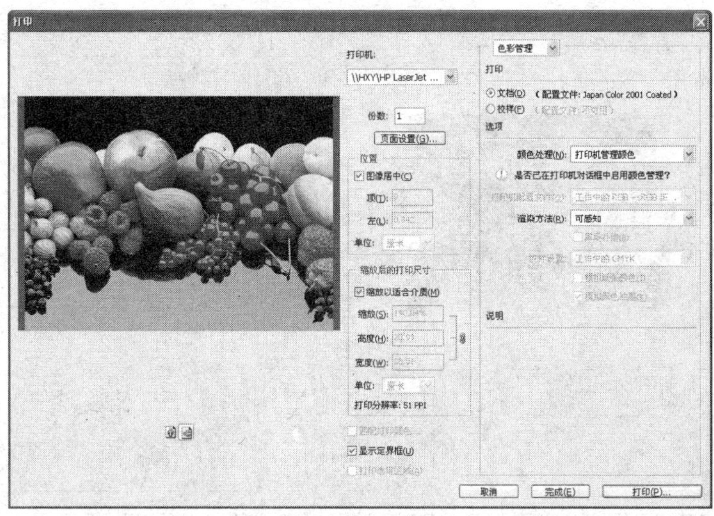

图 9-3　打印预览

（6）取消选中“缩放以适合介质”复选框，可以根据需要对图像的缩放大小进行调整，如这里将缩放比例设为 120%。

（7）如果要设置打印背景色和出血距离等参数，在右上方的“色彩管理”下拉列表框中选择“输出”选项，然后单击对话框下方的“背景”按钮，将打开“拾色器”对话框，用于选择打印页面上图像区域外的图像背景颜色。图 9-4 所示为设置背景色为黄色后的图像打印预览效果。

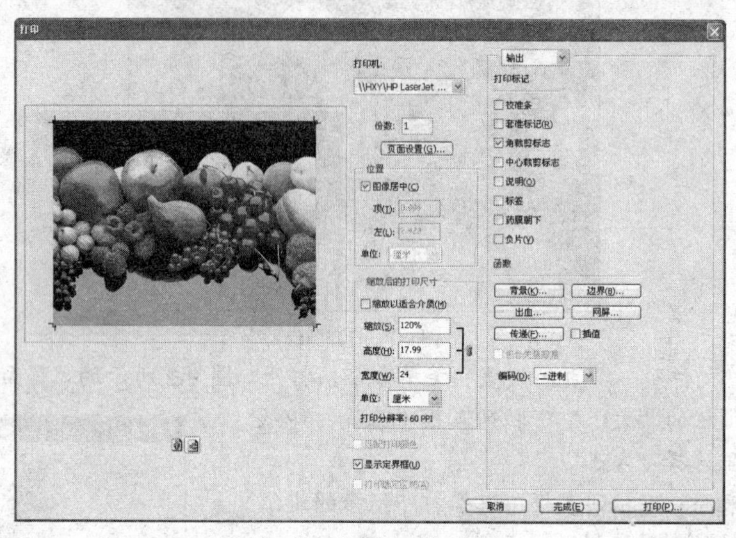

图 9-4　设置背景色后的预览效果

（8）如果要设置在图像的边缘打印黑色的边框效果，可单击“边界”按钮，在打开的“边界”对话框的“宽度”文本框中输入所需宽度，然后单击“确定”按钮，即可在预览框中显示边框效果，如图 9-5 所示。

图 9-5　设置边界大小

（9）选择“角裁剪标志”复选框，在要裁剪页面的位置打印裁剪标志，这样便于打印后裁剪，选择“校准条”复选框，可以在图像边缘打印色彩校准条，完成设置后的预览效果如图 9-6 所示。

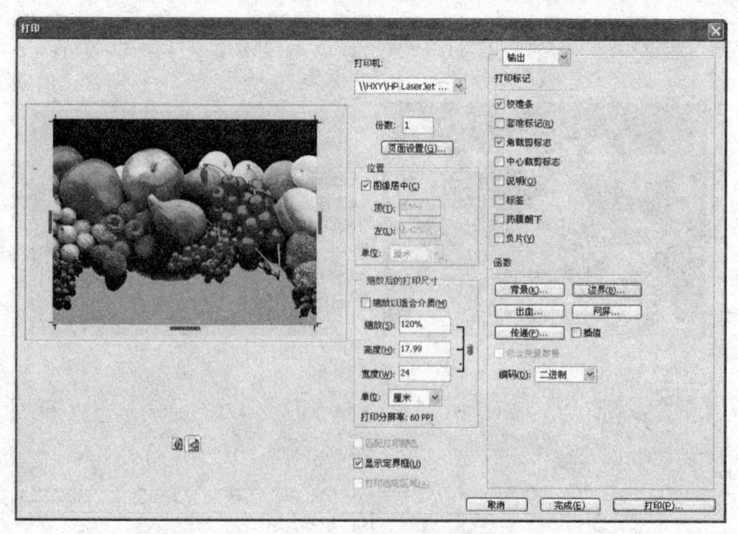

图 9-6　设置完成后的预览效果

（10）单击“完成”按钮，完成预览。

提示：单击 Photoshop 工具界面下方状态栏中显示文档大小信息的文字部分，将弹出一个预览框，也可以预览图像的打印位置和大小。

知识回顾与拓展

本操作主要介绍了在 Photoshop 中设置页面大小和打印预览设置的方法。在“打印”对话框的“缩放后的打印尺寸”选项栏中，也可以根据原图像的大小，手动设置打印输出后在纸张上的缩放比例，方法是取消“缩放以适合介质”复选框和“图像居中”复选框的选取状态，然后在“位置”选项栏的“顶”和“左”文本框中输入图像距页面顶端和左边的距离。

在“打印”对话框中还包括以下一些选项。

- 网屏：单击该按钮，将打开“半调网屏”对话框，用于设置打印机中间色调的处理方式。一般保持默认设置即可。
- 传递：单击该按钮，在打开的对话框中可以调整传递函数，以补偿图像传递到胶片时可能发生的网点补正或网点损失，一般不做设置。
- 出血：单击该按钮，在打开的“出血”对话框中设置出血的宽度，即打印时将把裁剪标志打印在图像边缘内而不是图像外，以便于装订。
- 校准条：选中该复选框，将在页面的空白处打印出 11 级灰度校准条，即一种按 10%的增量从 0%～100%的浓度转变，以便于校准图像颜色。
- 套准标记：选中该复选框，将在图像四角打印套准标记，包括靶心和星形靶标记，可以用于对齐分色。
- 中心裁剪标志：选中该复选框，将在每个边的中心打印裁切标记。
- 说明：选中该复选框，将打印在“文件简介”对话框中输入的题注文本。
- 标签：选中该复选框，将打印出图像文件名称和通道名称。
- 药膜朝下：选中该复选框，可使文字药膜朝下，即胶片上的感光层背对用户时可读。如果是在胶片上打印图像，则应使药膜朝下。
- 负片：选中该复选框，可将打印颜色反转，即得到类似于照片负片的效果。

操作二　打印海报图像

本操作将练习打印操作一中预览过的海报图像，掌握打印的相关设置。

◆ 操作要求

打印操作一中预览后的“水果.jpg”图像。使用“打印”命令打开“打印”对话框，其中显示了特定于打印机、打印机驱动程序和操作系统的选项。具体制作要求如下。

（1）打开“打印”对话框。

（2）设置打印范围、打印份数等打印参数。

◆ **操作步骤**

（1）选择“文件”→“打印”菜单命令，打开如图 9-7 所示的“打印”对话框。

（2）在该对话框的“名称”下拉列表框中选择需要使用的打印机。

（3）在“打印范围”选项栏中选择打印范围，默认为“全部”。

（4）在“份数”数值框中输入打印份数，这里只打印 1 份。

（5）单击“属性”按钮，打开如图 9-8 所示的打印机属性对话框。

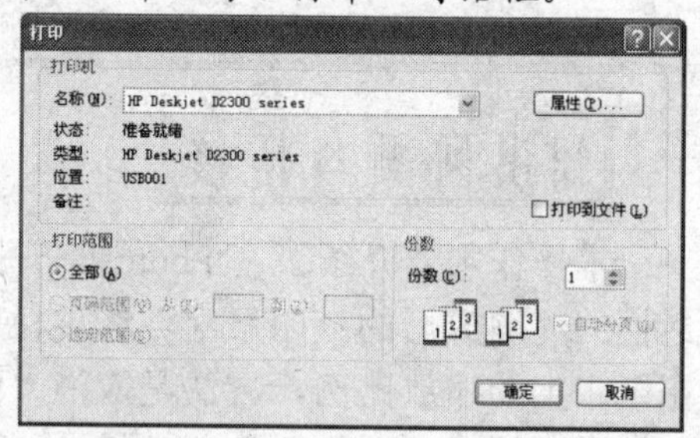

图 9-7 “打印”对话框

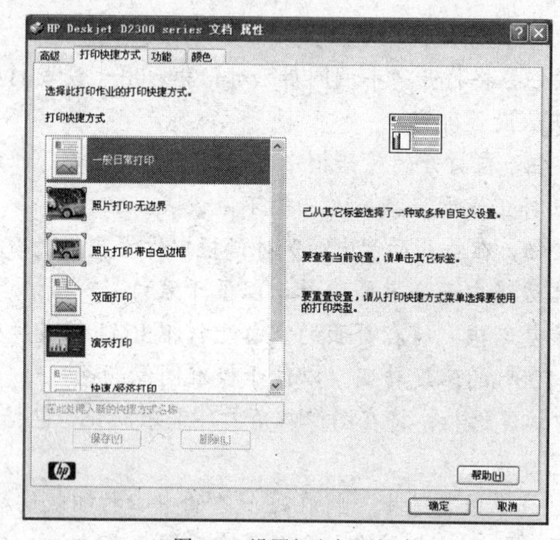

图 9-8 设置打印机属性

（6）在“基本设定”选项卡中可再次修改页面大小和打印方向等，也可选择是彩色还是黑色打印，单击“确定”按钮返回“打印”对话框。

（7）单击“确定”按钮，即可打印出图像。

知识回顾与拓展

本操作介绍了打印图像的方法，打印时也可选择“文件”→“打印一份”菜单命令，使用默认设置快速打印出图像，也可在打印预览无误后直接单击预览对话框中的“打印”按钮进行打印。在打印时如果打印的图像超出了页面边界，执行打印操作后将提示用户图像超出边界，并将要进行裁剪。

操作三 打印局部图像

默认情况下，Photoshop 打印的是一个合并了所有可见图层的图像，如果需要打印一个单独图层或其中几个图层中的图像则需要特别设置。本操作将打开模块 7 中制作的“落日余晖.psd”，将其中的“背景副本层”打印出来。

◆ 操作要求

打印显示图层中的图像。具体制作要求如下。

（1）打开“落日余晖.psd”文件。

（2）只打印图层“背景副本层”。

◆ 操作步骤

（1）选择“文件”→“打开”菜单命令，打开前面模块七中的文件“落日余晖.psd”。

（2）在“图层”控制面板中单击不需要打印的图层前面的👁图标，使其不可见，如图 9-9 所示。

（3）选择“文件”→“页面设置”菜单命令，在打开的“页面设置”对话框中将“纸张”设为 A4，打印方向为“横向”，如图 9-10 所示，单击“确定”按钮。

图 9-9　隐藏不需要打印的图层

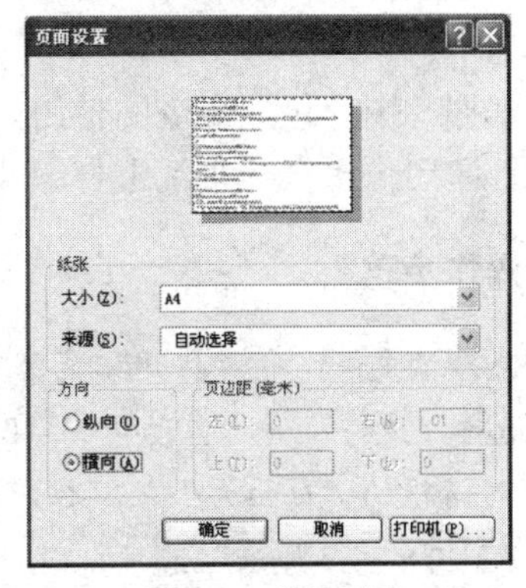

图 9-10　设置页面

（4）选择“文件”→“打印”菜单命令，在打开的“打印”对话框中选择“缩放以适合介质”复选框，如图 9-11 所示。

（5）单击“打印”按钮，在打开的“打印”对话框中单击“确定”按钮，即可打印出可见图层中的图像。

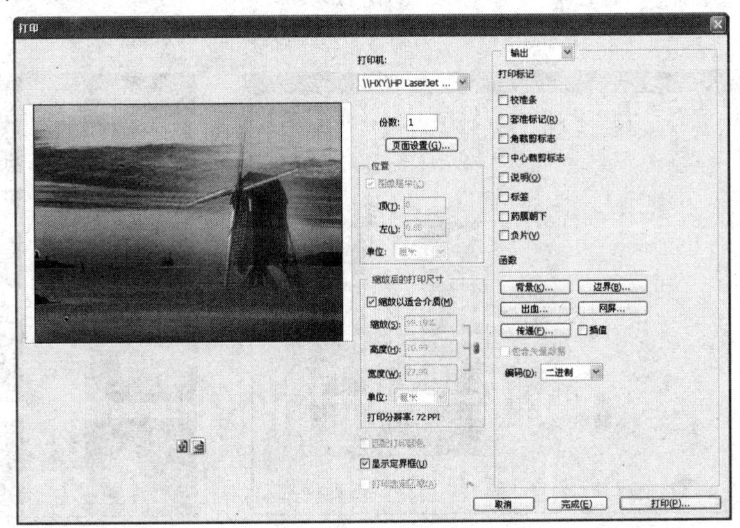

图 9-11　缩放图像

知识回顾与拓展

本操作介绍了打印指定图层中图像的方法，在打印时由于图像大小比所设置的纸张大，因此打开如图 9-10 所示的对话框，此时只需重新设置页面大小即可。本操作只打印了其中一个图层，根据需要也可打印多个图层中的图像。

操作四　在一张纸上打印多幅图像

本操作将练习在一页纸上打印多幅照片，可以使用“图片包”命令来实现。

◆ 操作要求

在一页纸上打印多幅照片（尤其是证件照片），在现代数码摄影及打印中常常用到。具体制作要求如下。

（1）掌握“图片包”命令的使用，设置页面大小和版面类型。

（2）打印图像，在一张纸上打印 8 幅同样的图像。

◆ 操作步骤

（1）选择“文件”→“打开”菜单命令，打开如图 9-12 所示的图像文件“蝴蝶.jpg”。

（2）选择“文件”→“自动”→“图片包”菜单命令，在打开的“图片包”对话框的“页面大小”下拉列表框中选择打印纸张的大小，这里选择“21.0×29.7 厘米”选项。

图 9-12　蝴蝶

（3）在“版面”下拉列表框中选择提供的版面，这里选择“A4 名片 8 张”选项，表示共打印 8 幅图片，右侧可以预览其效果，如图 9-13 所示。

（4）单击“确定”按钮，此时 Photoshop 将自动按所选版面进行拼版，屏幕上将不断闪烁，完成后的效果如图 9-14 所示。

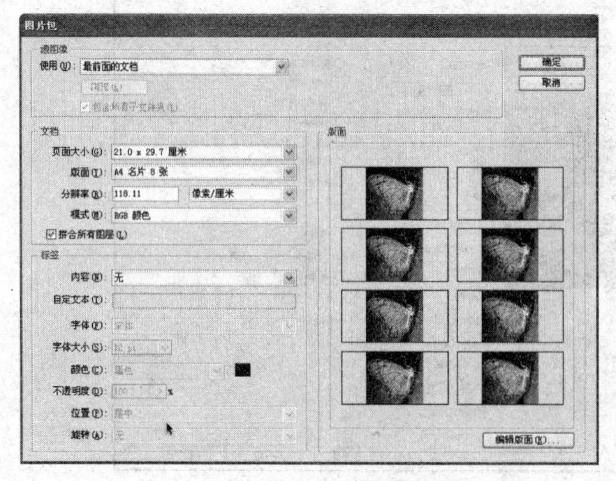

图 9-13　“图片包”对话框中的设置

图 9-14　自动生成的版面

（5）设置打印大小后选择“文件”→“打印”菜单命令，即可开始进行打印。

知识回顾与拓展

本操作介绍了在一页纸上打印多幅图像的方法，在“图片包”对话框右侧单击相应的预览图即可选择计算机中的其他图像，在“标签”选项栏中还可设置是否打印文件名等信息，如果是需要打印一个文件夹中的多个图片，可以在“使用”下拉列表框中选择“文件夹”选项，再选择文件即可。

如果需要获得大量的图像处理和平面设计作品，用打印机进行打印是不可行的，这时就需要通过印刷厂的印刷设备进行印刷，这样更为经济，且速度较快。如果制作的是印刷品，在制作完成后应转换为 CMYK 颜色模式，然后才送交印刷厂，印刷厂在印刷之前会先进行出片，即出一个胶片，出片时将按照 CMYK 色彩模式对图像进行分色，将图像中的颜色转换成 C（青色）、M（洋红）、Y（黄色）和 K（黑色）4 种颜色，再按照这 4 种颜色出胶片，并进行打样校正，待验证颜色无误后才交付印刷中心进行制版和印刷。另外，印刷图像的图像分辨率应设置在 300 点/英寸～350 点/英寸，若图像分辨率太小，将导致图像的清晰度不高。

任务二　图像的批处理

任务目标

图像的批处理即自动化图像处理，它可以让软件自动执行一系列的图像处理操作，Photoshop 中的批处理操作主要包括动作和样式的使用，本任务将学习用动作制作文字凹陷效果，创建动作和批处理图像。

操作一　用动作制作文字凹陷效果

通过播放图像效果、纹理、画框和文字效果等动作集中的动作，可以自动地对其他图像实现相应的图像效果。本操作将练习利用“文字效果”动作组中的“凹陷”动作来制作文字凹陷效果。素材文件如图 9-15 所示，最终效果如图 9-16 所示。

图 9-15　素材文件

图 9-16　最终效果

◆　**操作要求**

使用“动作”控制面板中的命令组，只需用一个步骤（按下播放键）即可自动执行所有存储在其中的命令。具体制作要求如下。

（1）打开“虫虫.psd”文件，在“动作”控制面板中载入“文字效果”动作组。

（2）播放“凹陷（文字）”动作。

◆ **操作步骤**

（1）打开图像文件“虫虫.psd”，在“图层”控制面板中选中文字图层。

（2）打开“动作”控制面板，单击面板右上角的▾☰按钮，在弹出的菜单中选择“文字效果”菜单命令，如图 9-17 所示。

（3）展开“文字”动作组，单击选中需要播放的动作，这里选中“凹陷（文字）”动作，如图 9-18 所示。

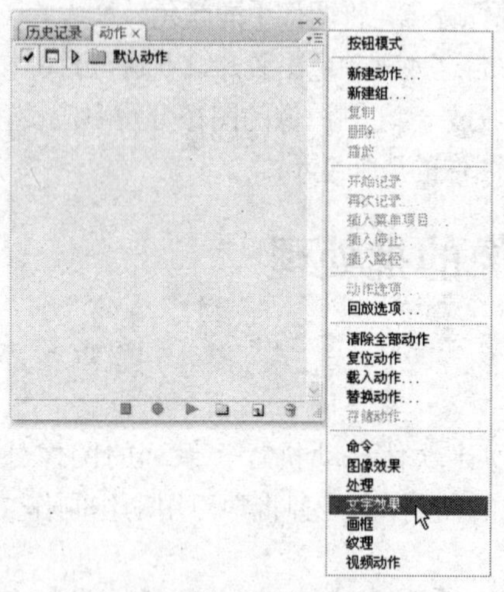

图 9-17 载入文字效果动作组

图 9-18 选择动作

（4）单击“动作”控制面板底部的“播放”按钮▶，开始播放动作。

（5）此时图像窗口中将带有不断闪烁切换的画面，并同步显示相应的效果，动作播放完成后的图像效果如图 9-16 所示，保存文件退出。

知识回顾与拓展

在播放动作的过程中，需要注意以下几点。

（1）在播放动作时可能会打开“信息”对话框，一旦出现类似的对话框，一般只需单击“继续”按钮即可继续执行动作。

（2）在播放有些动作时还将打开相关的参数确认对话框，用户可以重新设置所需的参数后单击“确定”按钮。

（3）动作播放完成后一般都会在“图层”控制面板中生成相应的图层，通过对图层的再次编辑操作可以调整播放后的效果，如调整图像色彩等。

（4）动作的播放结果还会与当前图像的一些设置有关，如大小、前背景颜色等，如果不能正常播放，可以展开该动作下的每个操作步骤，查看其设置，修改后再播放动作。

（5）在播放动作后，如果需要还原到播放前的图像效果，可通过单击“历史记录”控制面板中的快照来恢复图像效果。

"动作"控制面板下方各主要按钮的作用如下。

- "停止"按钮：单击停止正在播放的动作，或在录制新动作时单击暂停录制。
- "开始录制"按钮：单击开始录制一个新的动作，在录制的过程中，该按钮将显示为红色。
- "播放"按钮：单击播放当前选定的动作。
- "创建新组"按钮：单击可以新建一个动作组。
- "创建新动作"按钮：单击可以新建一个动作。
- "删除动作"按钮：单击可以删除当前选定的动作或动作组。

操作二　创建动作

除了使用软件自带的动作外，也可以将自己经常需要制作的图像效果，如水彩画效果以及文件的转换等制作成动作保存在计算机中，以避免重复的处理操作。

本操作将练习创建一个名为"转换为 CMYK"的动作，其作用是将图像的色彩模式转换为 CMYK 模式，再保存文件，然后通过自制的动作进行批处理操作。

动作是 Photoshop 中一个非常强大而又较难掌握的功能，它可以把用户的操作记录并保存下来，从而方便用户完成一些需要不断重复的工作。

◆ 操作要求

具体制作要求如下。

（1）创建动作组"常用动作"。

（2）创建动作"转换为 CMYK"。

（3）存储并播放动作。

◆ 操作步骤

（1）启动 Photoshop，打开任意一个范例图像文件，这里打开图像文件"水果.jpg"。

（2）单击"动作"控制面板底部的"创建新组"按钮，在打开的"新建组"对话框的"名称"文本框中输入"常用动作"，如图 9-19 所示。

（3）单击"确定"按钮，在"动作"控制面板中创建"常用动作"动作组，如图 9-20 所示。

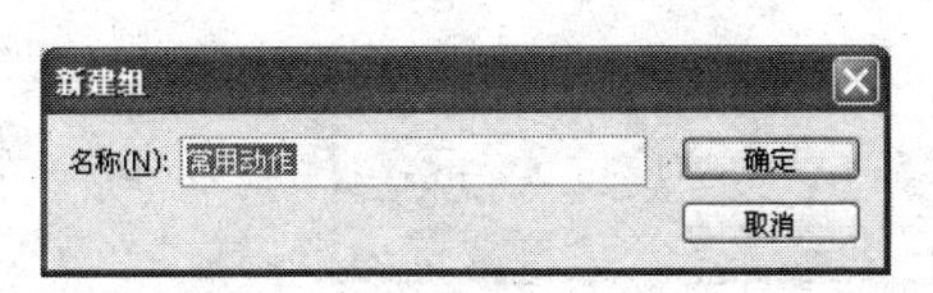

图 9-19　输入动作组名称

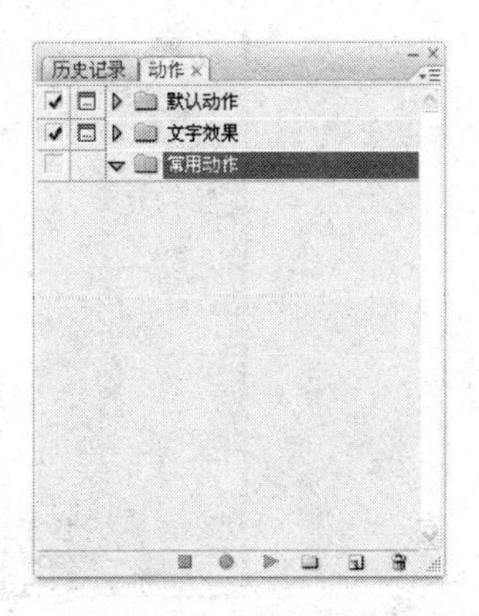

图 9-20　创建的新动作组

（4）单击“动作”控制面板底部的“创建新动作”按钮，打开“新建动作”对话框。在“名称”文本框中输入“转换为 CMYK”，在“颜色”下拉列表框中选择“紫色”选项，如图 9-21 所示。

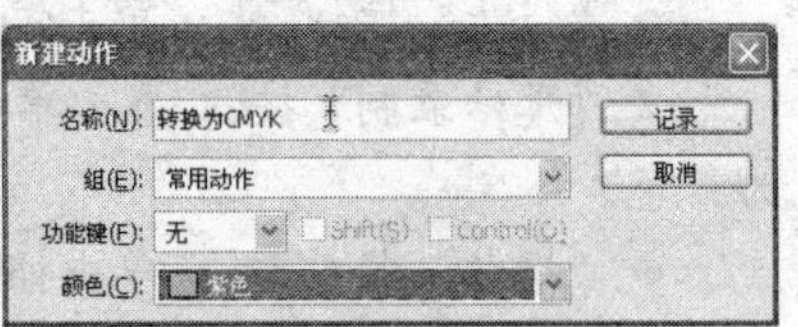

图 9-21 “新建动作”对话框

（5）单击“记录”按钮，开始录制动作，如图 9-22 所示。

（6）在“水果.jpg”图像文件窗口中选择“图像”→“模式”→“CMYK 颜色”菜单命令，转换图像模式。

（7）存储并关闭文件，单击“动作”控制面板底部的“停止”按钮，完成该动作的录制，如图 9-23 所示。

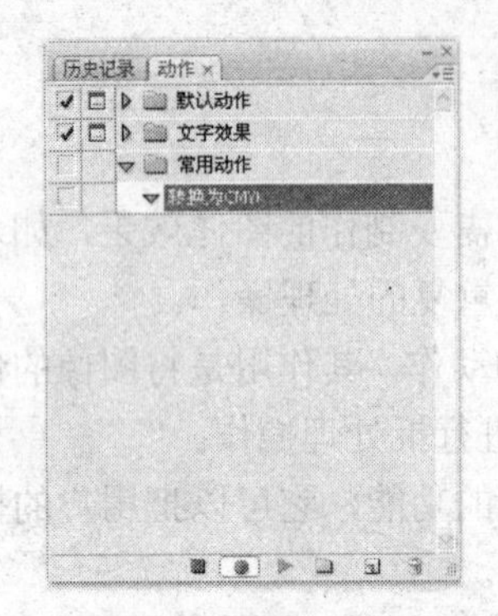

图 9-22 开始录制动作

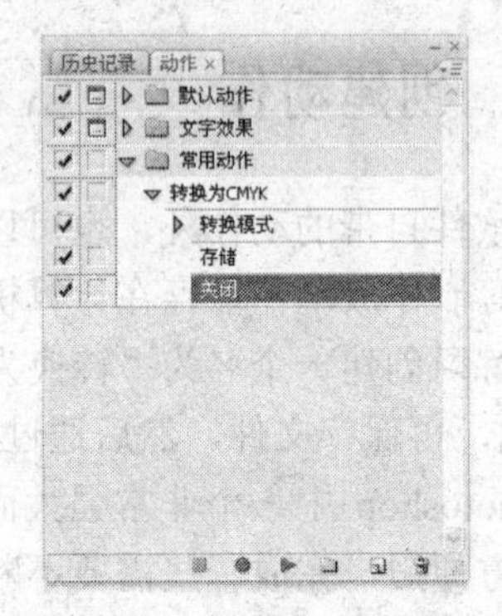

图 9-23 完成动作的录制

（8）为了避免因重装软件等原因导致制作的动作组丢失，可以进行存储操作。单击“动作”控制面板右上角的按钮，在弹出的下拉菜单中选择“存储动作”菜单命令。

（9）在打开的“存储”对话框中指定保存位置和文件名，如图 9-24 所示，完成后单击“保存”按钮，即可将动作以.ATN 文件格式进行保存。

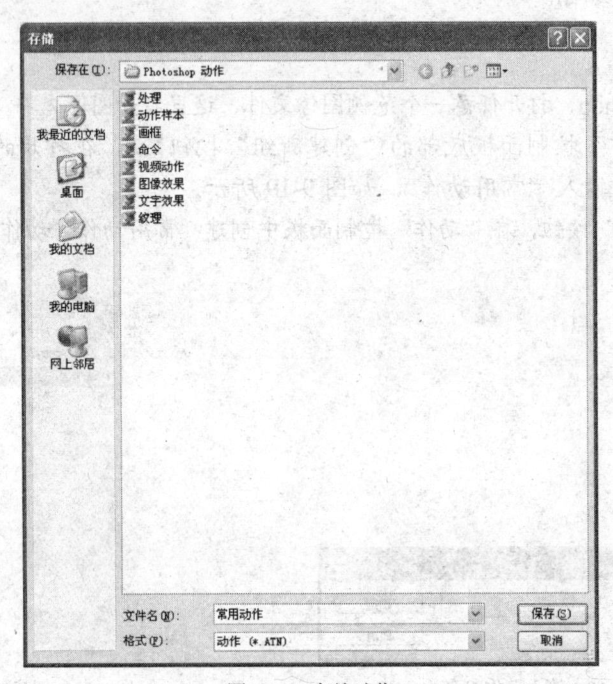

图 9-24 存储动作

（10）打开任意一幅非 CMYK 模式的图像文件，在“动作”控制面板中选中“常用动作”动作组下的“转换为 CMYK”动作。

（11）单击“动作”控制面板底部的“播放”按钮▶，开始播放动作，并查看播放结果是否正确。

知识回顾与拓展

本操作主要练习创建一个转换模式的动作。在创建动作时如果执行了误操作，可在停止记录后，在“动作”控制面板中删除该操作步骤后再继续动作的创建。另外，Photoshop 中大部分绘图和编辑工具，以及图层、路径、通道等控制面板中的操作和菜单命令都可以被记录下来，但并不是全部命令都能被记录，不能被记录的命令需由用户手工完成。

在 Photoshop 中除了动作可以自动实现一些图像效果外，样式也是一种批处理图像的途径。不同的是样式主要针对 Photoshop 的图层，通过应用样式可以添加多种图层样式效果。单击 Photoshop 工作界面中的“样式”标签或选择“窗口”→“样式”菜单命令，将打开“样式”控制面板，如图 9-25 所示。样式的基本使用方法如下。

（1）在“样式”控制面板中以按钮的形式提供了各种效果图标，使用时先选中相应的图层，然后单击“样式”控制面板中所需的效果按钮，即可将该样式应用到当前图层中。

（2）单击“样式”控制面板右上角的☰按钮，将打开如图 9-26 所示的菜单，该菜单底部显示的是 Photoshop 中提供的各种样式，单击可载入样式。

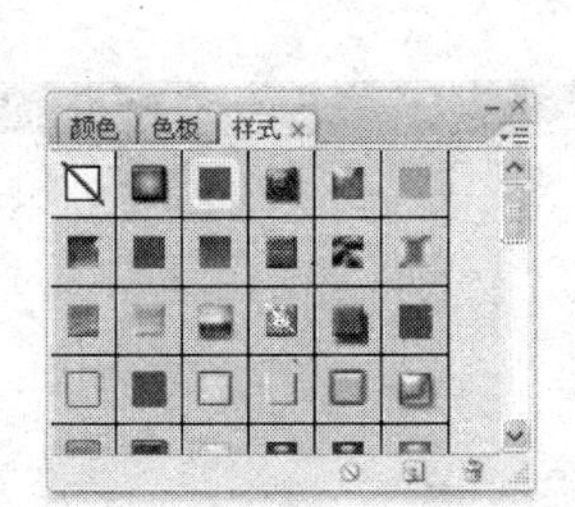

图 9-25 “样式”控制面板

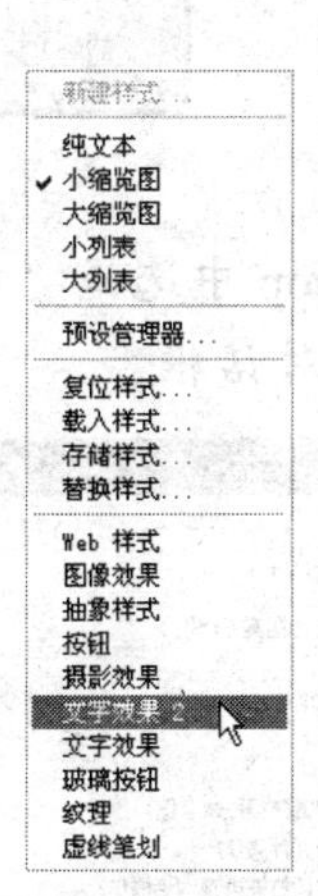

图 9-26 载入样式

（3）应用样式实际是为该图层添加了多个图层样式，因此应用样式后也可根据需要对这些样式进行修改。

操作三　批处理图像

在“动作”控制面板中一次只能对一个图像文件播放动作，而使用“批处理”命令可以通过动作对文件夹中的所有图像文件播放动作，并可存储到另一文件夹中，以实现自动批处理图像的目的。本操作将练习使用“批处理”命令对多个图像执行同一个动作的操作，从而实现操作的自动化。

◆ 操作要求

具体控制要求如下。

（1）整理要接受批处理的图像文件。

（2）进行批处理，将所有文件的色彩模式都转换为 CMYK。

◆ 操作步骤

（1）将需要转换文件格式的图像文件整理到一个文件夹中，如图 9-27 所示。

图 9-27 准备好文件

（2）在 Photoshop 中选择“文件”→“自动”→“批处理”菜单命令，打开如图 9-28 所示的“批处理”对话框。

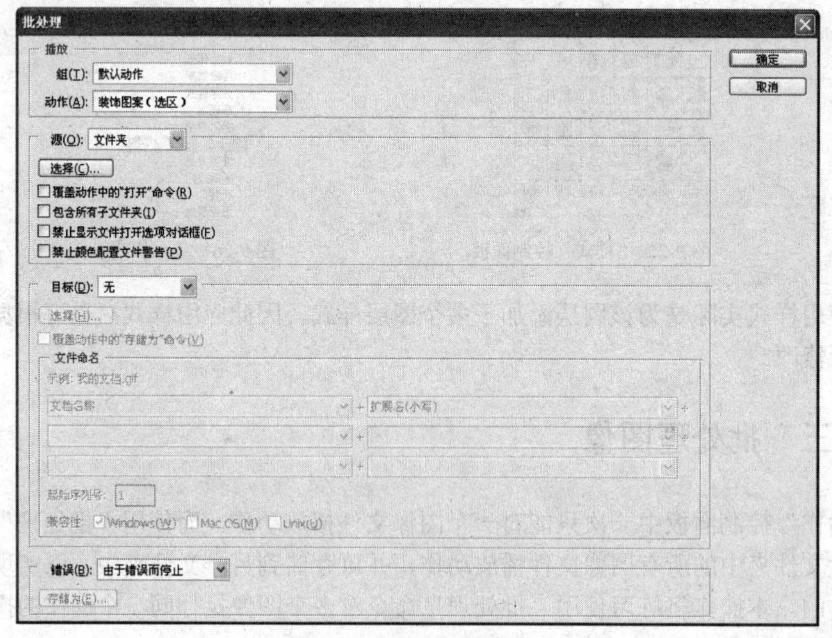

图 9-28 “批处理”对话框

（3）在“播放”选项栏的“组合”下拉列表框中选择“常用动作”选项，在“动作”下拉列表框中选择“转换为 CMYK”选项。

（4）在“源”下拉列表框中选择“文件夹”选项，然后单击“选择”按钮，打开“浏览文件夹”对话框，指定到前面准备好的文件夹中，如图 9-29 所示。

（5）单击“确定”按钮，返回“批处理”对话框，此时的对话框设置如图 9-30 所示。

（6）单击“确定”按钮，Photoshop 开始自动依次打开指定文件夹中的每个图像文件，对其模式进行转换保存并关闭文件。

（7）完成后打开“素材”文件夹中的某个文件，即可查看到色彩模式已变为 CMYK。

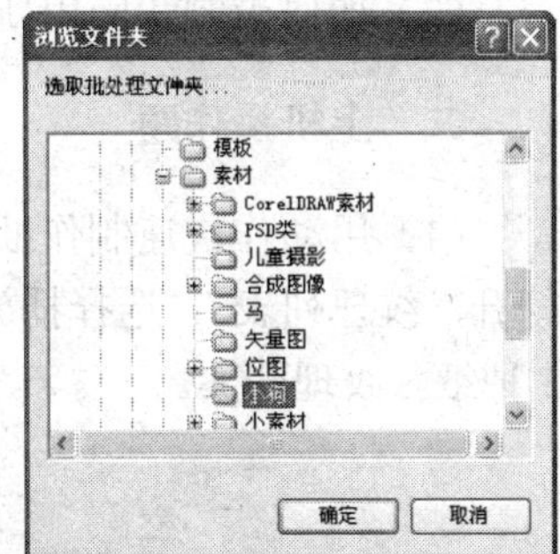

图 9-29　选择要转换的源文件夹

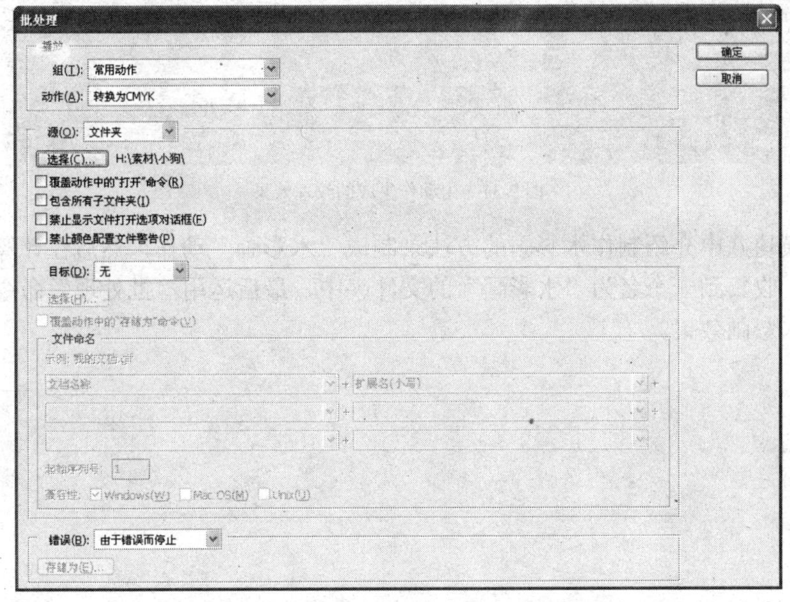

图 9-30　“批处理”对话框中的设置

知识回顾与拓展

本操作使用创建的动作实现了批量转换图像色彩模式，需要注意的是，在“批处理”对话框如果是需要将处理后的结果保存到其他文件夹中，可以在“目标”下拉列表框中选择“文件夹”选项，然后单击“选择”按钮选择目标文件夹。使用“批处理”命令结合各种动作可以帮助用户实现很多操作，包括文件格式的转换、大小设置和效果处理等，读者应灵活掌握其使用方法。

课后练习

一、问答题

（1）打印图像时应注意什么？

（2）如何在一张纸上打印多幅图像？

（3）如何录制和应用新动作？

二、上机操作题

（1）用动作快速制作纸张纹理。新建一个白色背景的空白文件，在“动作”控制面板中打开“纹理列表”，选择播放动作，制作出如图 9-31 的所示“羊皮纸”、“再生纸”和“砂纸”3 种纸张纹理图案。

图 9-31　由动作生成的纹理效果

（2）用模块八中介绍制作水彩画的方法录制成“水彩画”动作，然后在计算机中选择几幅图像素材，收集到一个名为“水彩画”的文件夹中，最后运用“批处理”命令将其中的文件批处理为水彩画效果。

模块十　综合应用实训

模块简介

通过前面各模块的学习，已对 Photoshop 的基本操作比较熟悉，对各知识点进行综合应用，便能制作一些商业设计作品，将所学知识应用到实际工作当中。本模块将综合应用 Photoshop 各知识点，通过商标设计、会员卡设计、楼盘广告设计和手提袋制作等实例，提高大家的图像处理能力。

学习目标

- 掌握商标的设计方法
- 掌握会员卡的设计方法
- 掌握楼盘广告的制作方法
- 掌握手提袋的制作方法

任务一　商 标 设 计

任务目标

标志是一种符号，是企业、机构、商品和各项设施的象征形象。通过本例的制作，掌握标志设置的方法及相关创意知识。

图 10-1 所示为一家新成立的计算机公司设计的商标，看似简单的图中表现了喷薄的太阳、宽广深远的大路、嫩草、人、飞鸟等多重影像，整个画面主要由黄、蓝两种色调组成，看起来既赏心悦目，又富含深意。

图 10-1　商标

要制作本例，可以分为 4 个大的步骤：创建太阳图案、创建路和草图案、创建人和飞鸟图案以及制作文字。

操作一　创建太阳图案

本操作将练习创建商标中的太阳图案。

◆　**操作步骤**

（1）进入 Photoshop 后，选择“文件”→“新建”命令，打开“新建”对话框，设置文件的名称为“商标——奔向太阳”，宽度为 10 厘米，高度为 10 厘米，分辨率为 200 像素/英寸，模式为 RGB 颜色，如图 10-2 所示，单击“确定”按钮建立一个新文件。

（2）在“图层”控制面板中单击“创建新的图层”按钮，建立一个新图层 1，选中它作为当前工作图层。

(3) 单击工具箱中的椭圆选框工具◯，按住【Shift】键不放，拖动鼠标创建一个正圆形图像区域。

(4) 将光标移到选区内，等光标变成 形状时拖动鼠标，将选区移到合适的位置（另外，使用键盘上的光标键也可移动选区），如图 10-3 所示。

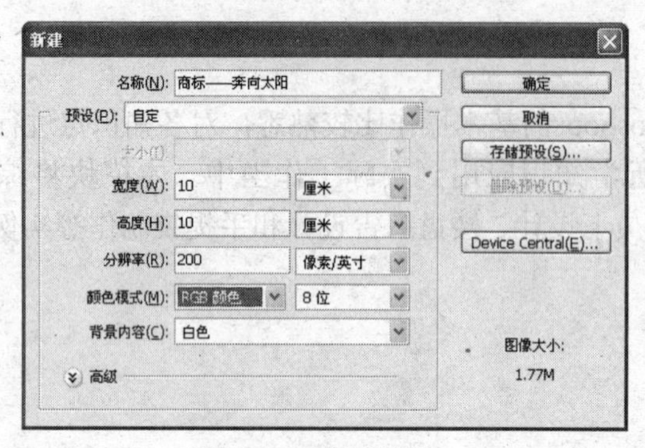

图 10-2 创建新文件

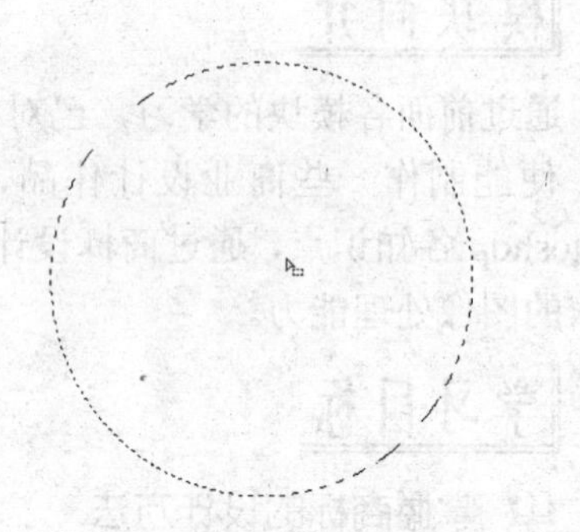

图 10-3 创建和移动正圆选区

(5) 将前景色设置为 R248，G145，B48，然后按【Alt+Delete】快捷键填充选区，如图 10-4 所示。

(6) 按【Ctrl+D】快捷键快速取消选区的选择。再次选择椭圆选框工具◯，在图层 1 中创建如图 10-4 所示的椭圆选区。

提示：也可以选择“选择”→“取消选择”菜单命令或在选区外单击取消选区。

(7) 按【Delete】键清除选择区域内的图像，至此，太阳图案的创作就完成了，效果如图 10-5 所示。

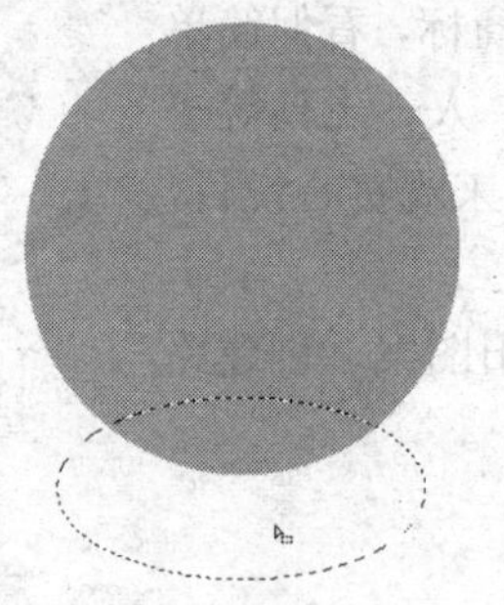

图 10-4 选中不需要的部分图像

图 10-5 清除选区内的图像

操作二 创建路和草图案

本操作将练习创建商标中的路和草图案。

◆ **操作步骤**

(1) 单击工具箱中的钢笔工具，在适当位置处单击创建直线路径的起点，移动鼠标至需要的位置处单击，最后将鼠标光标移到路径的起点处，单击即可创建一条封闭的路径，如图 10-6 所示。

（2）单击工具箱中的转换锚点工具，在需要转换的路径锚点上按住鼠标不放并拖动，调整路径的弧度和形状，将除了右上角顶点和下面两个顶点以外的其他顶点转换成曲线，如图 10-7 所示。

图 10-6　使用钢笔工具绘制路径

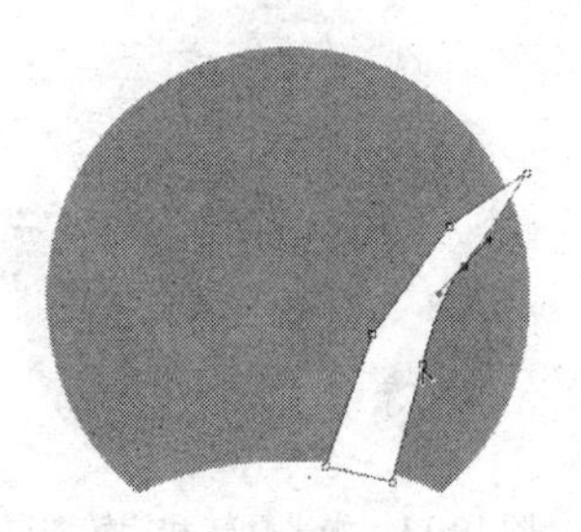

图 10-7　转换点

（3）单击工具箱中的路径直接选择工具，在路径中选择需要移动的部分路径，然后拖动鼠标移动并变换路径，如图 10-8 所示。完成路径的调整后，“图层”控制面板如图 10-9 所示。

（4）在“形状 1”图层上单击鼠标右键，弹出如图 10-10 所示的快捷菜单，选择“栅格化图层”菜单命令，将图层转换成普通图层，此时的图像效果如图 10-11 所示。

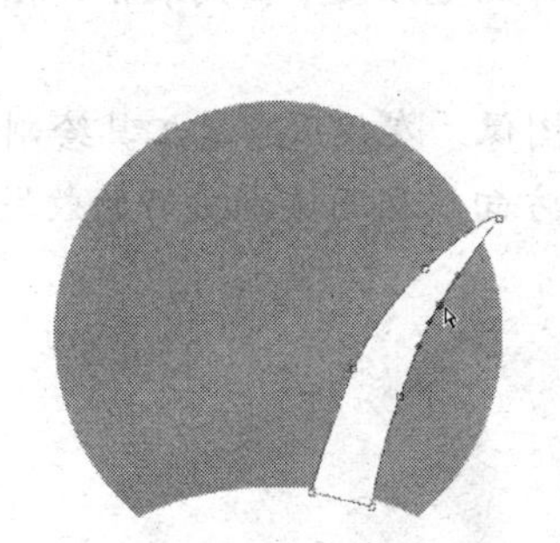

图 10-8　调整曲线

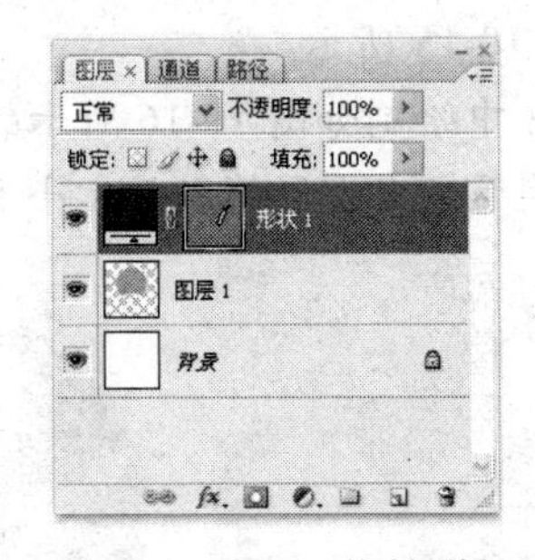

图 10-9　“图层”控制面板

图 10-10　栅格化图层

（5）在“图层”控制面板中选中形状 1 图层，并将其拖到“创建新的图层”按钮上，创建一个副本图层，如图 10-12 所示。

图 10-11　草叶 1 效果

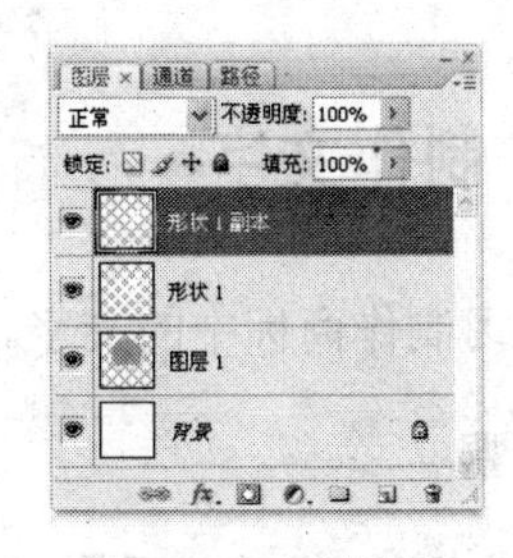

图 10-12　复制图层

（6）单击工具箱中的移动工具，选中“形状1副本”图层，选择“图像”→“变换”→“水平翻转”菜单命令将图像水平翻转，并对该图层进行适当旋转，然后将其移到合适的位置，效果如图10-13所示。

（7）用制作草叶 1 的方法制作出中间的草叶，至此，路和草图案的创建过程就结束了，效果如图 10-14 所示。

图 10-13　水平翻转和旋转图层

图 10-14　路和草图案

操作三　创建人和飞鸟图案

本操作将练习创建商标中的人和飞鸟图案。

◆　操作步骤

（1）在“图层”控制面板中单击按钮，创建图层 3，并设置此时前景色为 R72，G7，B109。

（2）单击工具箱中的画笔工具，在其工具属性栏中打开画笔预设下拉列表框，在其中选择“粉笔 44 像素”选项，如图 10-15 所示。

（3）使用画笔工具在图层 3 中绘制如图 10-16 所示的图像。在使用画笔工具绘制人和飞鸟图案时，可以在“画笔”控制面板中设置笔触的大小和方向，从而达到更好的效果。

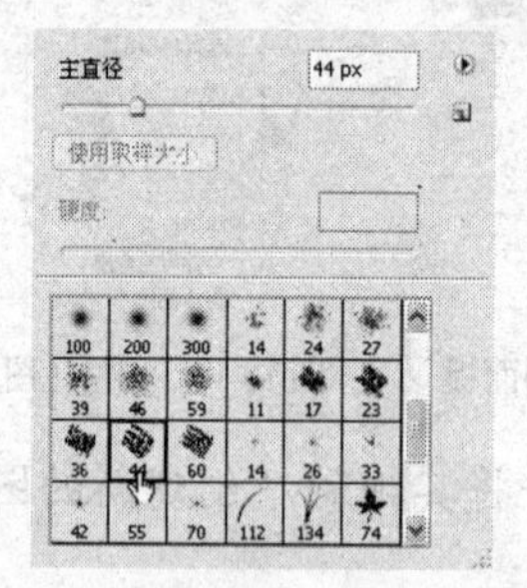

图 10-15　“画笔”控制面板

图 10-16　人和飞鸟图案

操作四　制作文字

本操作将练习制作商标中的文字。

◆　操作步骤

（1）单击工具箱中的文字工具，在工具属性栏中设置字体为“BankGothic Lt BT”，字号为

14点，然后在适当的位置输入文字“BENXIANGTAIYANG”，如图10-17所示。

（2）选中文字图层，在“样式”控制面板中先载入“摄影效果”样式，然后单击“带阴影色橙色渐变”按钮，如图10-18所示，对文字进行快速样式应用。商标的最终效果如图10-1所示。

图10-17　输入文字

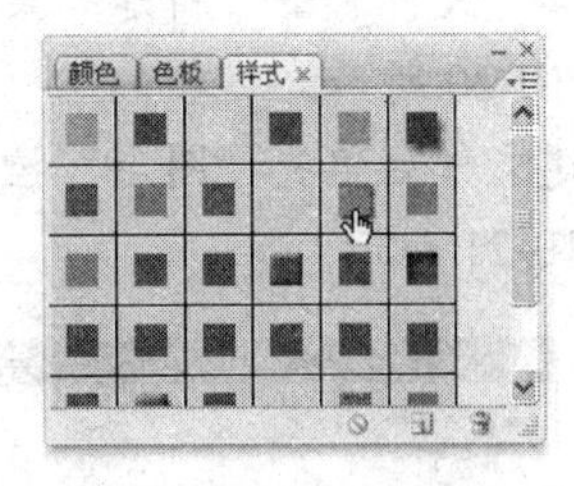

图10-18　快速应用样式

提示：通过“样式”控制面板应用预设的图层样式后，如果对得到的样式效果不满意，还可以在“图层”控制面板中双击需要更改的图层样式，在打开的“图层样式”对话框对相应的参数进行调整，直到满意为止。

知识回顾与拓展

本任务完全是手工制作，不需要什么图片素材。另外，为了使人和飞鸟图案完全对称，可以先绘制出图像的一半，另一半通过复制和水平翻转来得到。

任务二　会员卡设计

任务目标

本任务将运用图层的新建、复制、移动、链接、合并和对齐等操作，并结合前面学过的图像编辑操作，设计出“妈咪爱”会员卡效果，内容上要求体现商家名称、销售内容、卡片类型及编号，完成后的效果如图10-19所示。

图10-19　“妈咪爱”会员卡效果

操作一　制作标题文字

本操作将练习制作会员卡中的标题文字。

◆　操作步骤

（1）选择“文件”→“新建”菜单命令，新建一个 8.5 厘米 × 5.5 厘米的文件，其新建参数设置如图 10-20 所示。

（2）新建文件后单击“图层”控制面板底部的“创建新图层”按钮，新建一个空白图层 1，如图 10-21 所示。

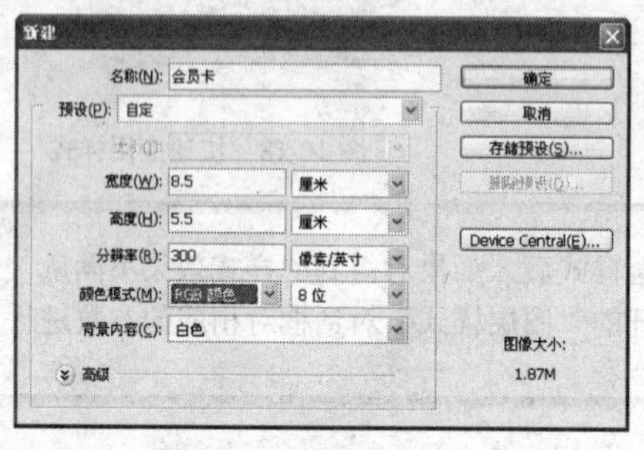

图 10-20　新建文件

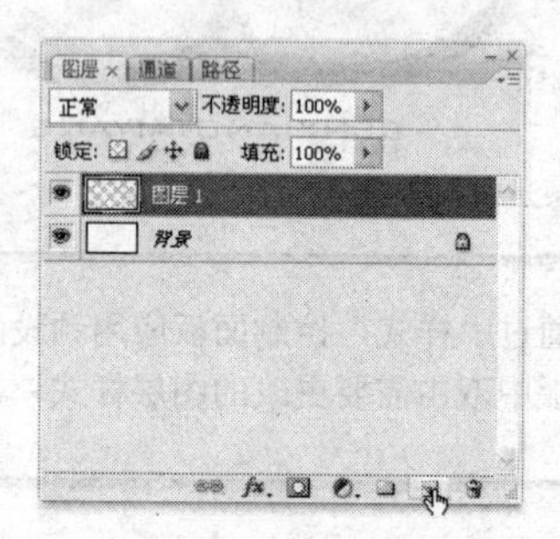

图 10-21　新建空白图层 1

（3）将前景色设置为橙色（R：252，G：197，B：4）选择工具箱中的圆角矩形工具，在工具属性栏中单击“填充像素”按钮，设置半径为 35px，如图 10-22 所示。

图 10-22　设置选项参数

（4）在图像窗口最左上角单击，按住鼠标左键不放绘制一个圆角矩形，绘制的图形位于图层 1 中，如图 10-23 所示。

（5）选择工具箱中的横排文字工具 T，在工具属性栏中设置字体为“方正卡通简体”，字号为24点，颜色为红色，在图像左上角单击输入文字“妈咪爱”，再分别用文字工具输入机构（隶书、12点）和编号文字（Times New Roman、6点），完成后分别选择文字所在图层，用移动工具调整其位置，效果如图10-24所示。

图 10-23　绘制圆角矩形

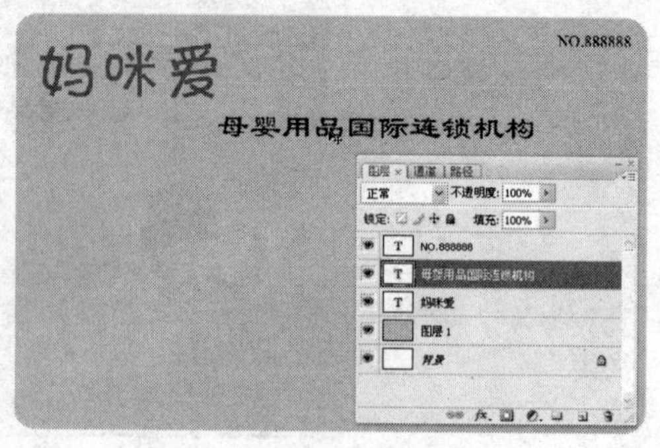

图 10-24　输入文字

（6）选中“妈咪爱”图层，在该文字层上单击鼠标右键，在弹出的快捷菜单中选择“栅格化文字”菜单命令，将文字层转换为普通图层。

（7）转换图层后选择“编辑”→“描边”菜单命令，在打开的“描边”对话框中设置描边宽度为 5，颜色为白色，位置为居外，如图 10-25 所示，单击 确定 按钮，描边后的效果如图 10-26 所示。

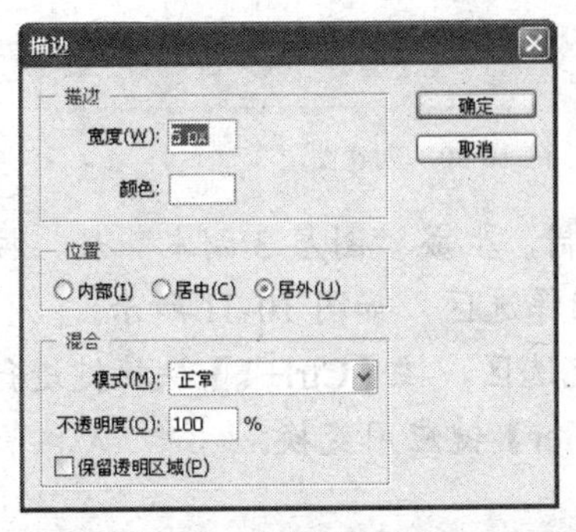

图 10-25　设置描边参数

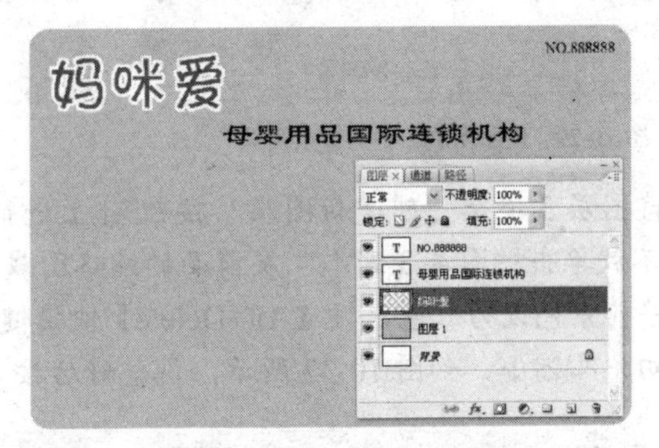

图 10-26　对文字描边的效果

操作二　处理素材并绘制图形

本操作将练习处理会员卡中的素材并绘制图形。

◆　操作步骤

（1）打开素材图片“爱宝宝.jpg”，用移动工具将整个图片拖至会员卡图像窗口中将生成图层 2，如图 10-27 所示。

（2）用椭圆选框工具在人物图像上创建椭圆选区并进行羽化，如图 10-28 所示。

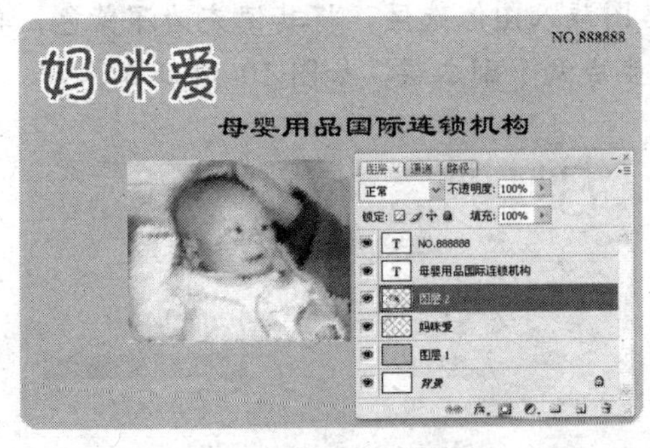

图 10-27　创建图层 2

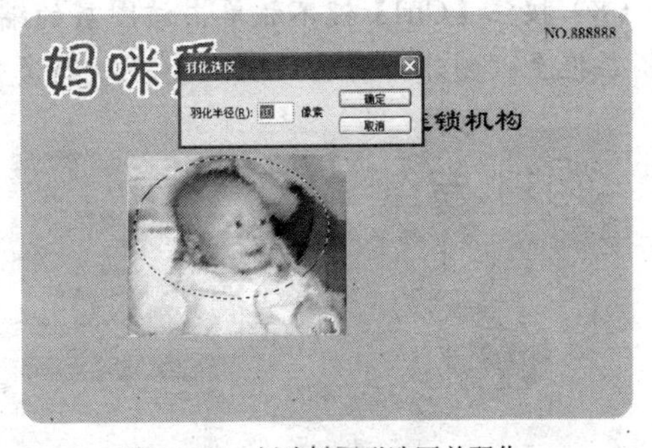

图 10-28　创建椭圆形选区并羽化

（3）按【Ctrl+Shift+I】快捷键反选选区，再按两次【Delete】键删除多余的图像，完成后取消选区，再用移动工具将其拖动至图像右下角，效果如图 10-29 所示。

（4）单击“创建新图层”按钮 在图层 2 上面创建一个空白图层 3，使用自定义形状工具绘制一个白色心形，按【Ctrl+T】快捷键调整好大小并向右旋转，如图 10-30 所示，调整好后按【Enter】键应用变换。

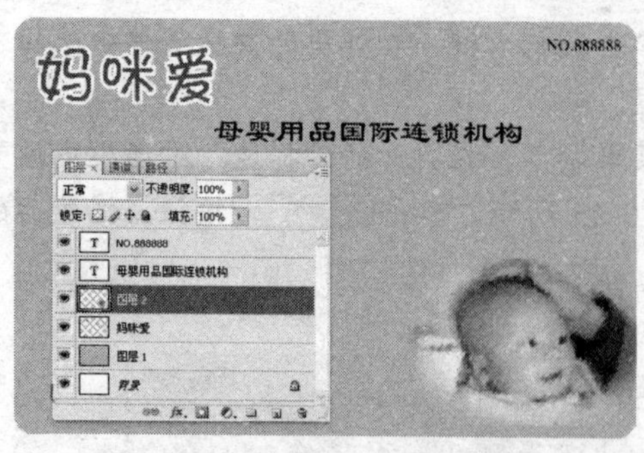

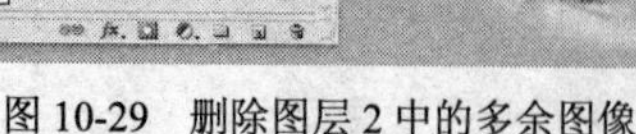
图 10-29 删除图层 2 中的多余图像

图 10-30 创建图层 3

（5）将图层 3 拖至“创建新图层”按钮 上进行复制，生成“图层 3 副本”层，按住【Ctrl】键不放单击“图层 3 副本”层前面的缩略图载入图像选区，如图 10-31 所示。

（6）将前景色设为红色，按【Alt+Delete】快捷键填充选区，按【Ctrl+T】快捷键进行变换，将其向中心缩小，如图 10-32 所示，调整好后按【Enter】键应用变换。

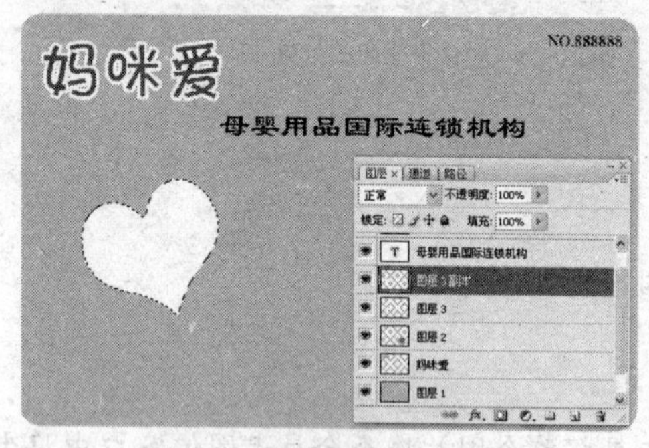

图 10-31 复制图层并载入选区

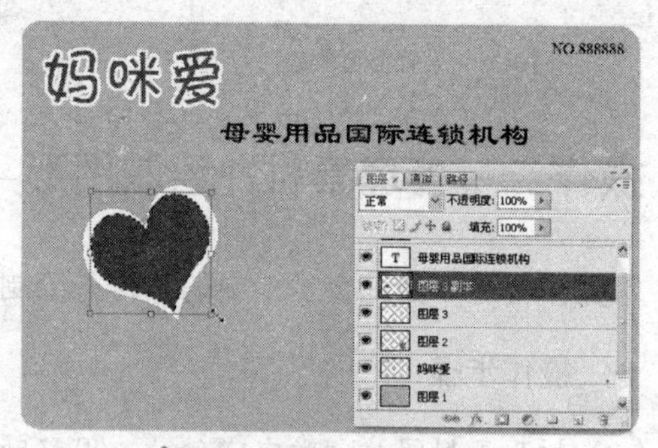

图 10-32 缩小图形

（7）将“图层 3 副本”层拖至“创建新图层”按钮 上进行复制，生成副本层，用移动工具将图形移至心形左下角，将其缩小并进行旋转，如图 10-33 所示。

（8）按住【Ctrl】键不放单击该图层的缩略图载入图像选区，将其填充为深紫色，再将该图层拖至“创建新图层”按钮 上进行复制生成两个副本层，如图 10-34 所示。

图 10-33 复制图层并调整大小

图 10-34 复制图层

（9）选中“图层 3 副本 2”层，将其中的心形移至适当位置，载入选区后填充颜色，再用同样的方法对“图层 3 副本 3”层中的心形进行编辑，完成后的效果如图 10-35 所示。

（10）使用文字工具分别在各个心形上添加相应的文字，并选择相应的文字图层对其文字颜色进行设置，完成后的效果如图 10-36 所示。

（11）为便于管理，在“图层”控制面板中选中所有心形所在的图层，单击面板中的 按钮，在弹出的下拉菜单中选择“拼合图层”菜单命令，将其合并为一个图层，如图 10-37 所示。

（12）在“图层”控制面板中选中心形上的几个文字图层，单击面板底部的“链接图层”按钮，将其链接成一个图层，如图 10-38 所示。

图 10-35　调整各层中的心形

图 10-36　添加文字

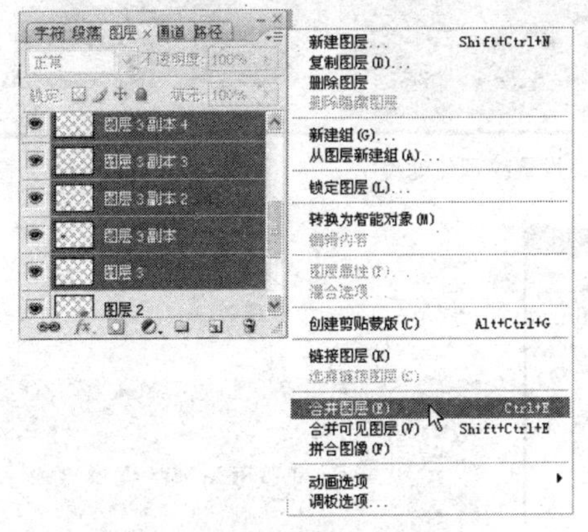

图 10-37　合并选择的图层

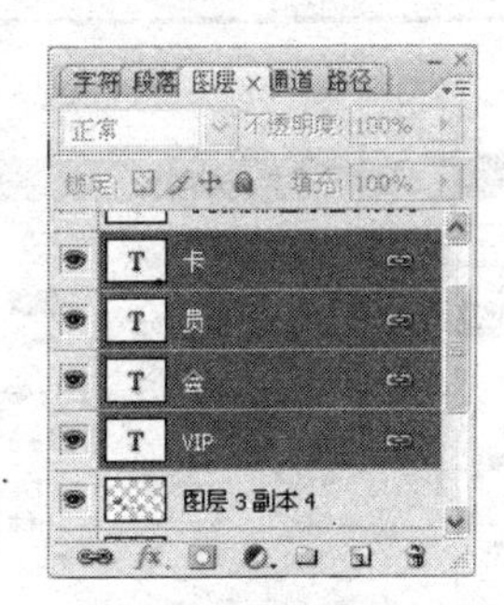

图 10-38　链接图层

操作三　添加投影和纹理等效果

本操作将练习添加会员卡中的投影和纹理等效果。

◆ 操作步骤

（1）在“图层”控制面板中选择图层 1，选择“滤镜”→“纹理”→“纹理化”菜单命令，在打开的“纹理化”对话框中进行如图 10-39 所示的设置。单击“确定”按钮为卡片背景添加纹理效果。

（2）双击图层 1，在弹出的“图层样式”对话框选择左侧的“投影”复选框，投影颜色为黑色，角度为 120 度，距离为 4 像素，大小为 5 像素，如图 10-40 所示。单击“确定”按钮应用图层样式，效果如图 10-41 所示。

（3）在“图层”控制面板中选择 VIP 文字图层，选择“滤镜”→“像素化”→“点状化”

菜单命令，打开如图 10-42 所示的提示对话框，单击“确定”按钮栅格化图层。

（4）在打开的“点状化”对话框中设置单元格大小为 13，如图 10-43 所示，单击“确定”按钮为 VIP 文字添加滤镜效果。

图 10-39　设置纹理化滤镜

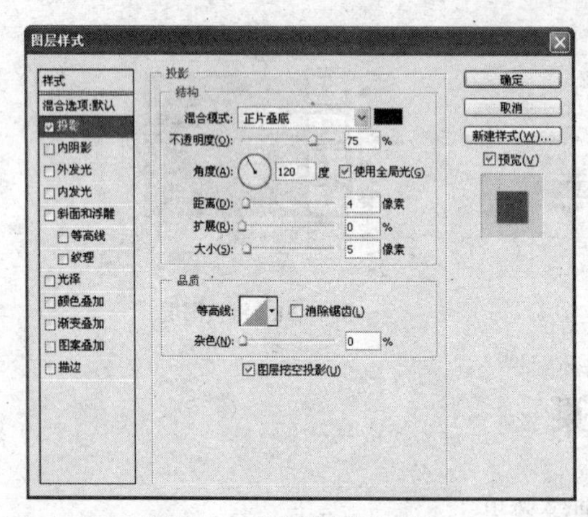

图 10-40　投影图层样式参数

图 10-41　投影效果

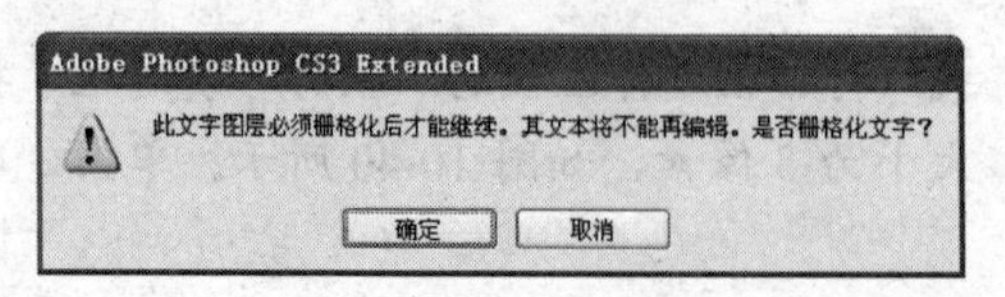

图 10-42　提示对话框

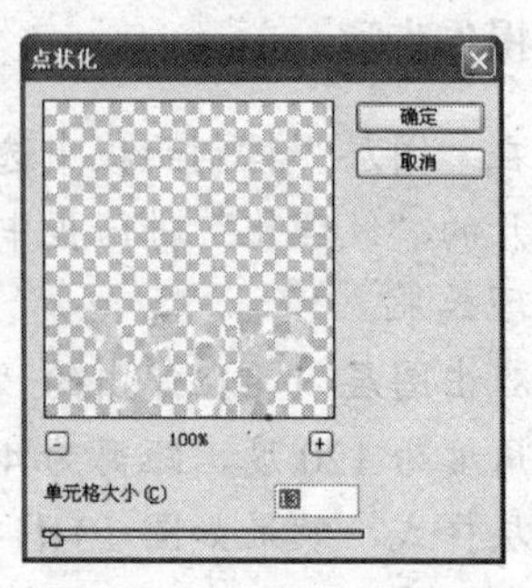

图 10-43　点状化滤镜参数

（5）在“图层”控制面板中双击“妈咪爱”图层，在打开的对话框中选择“斜面和浮雕”复选框，进行如图 10-44 所示的设置，单击“确定”按钮应用样式。

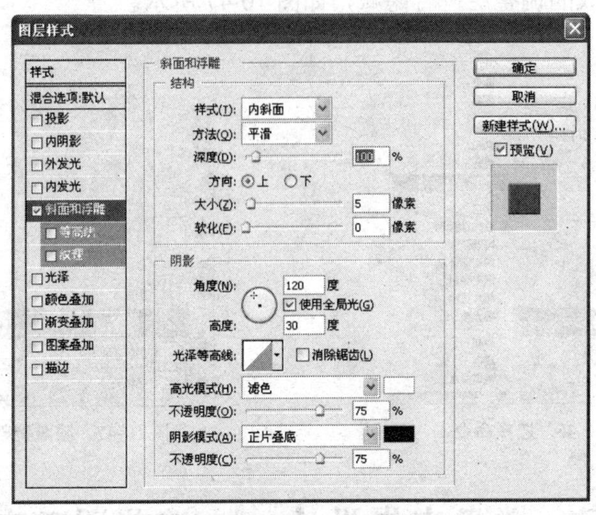

图 10-44　斜面和浮雕设置

（6）在“图层”控制面板中双击“母婴用品国际连锁机构”图层，在打开的对话框中选择“投影”复选框，进行如图 10-45 所示的设置，单击“确定”按钮应用样式。

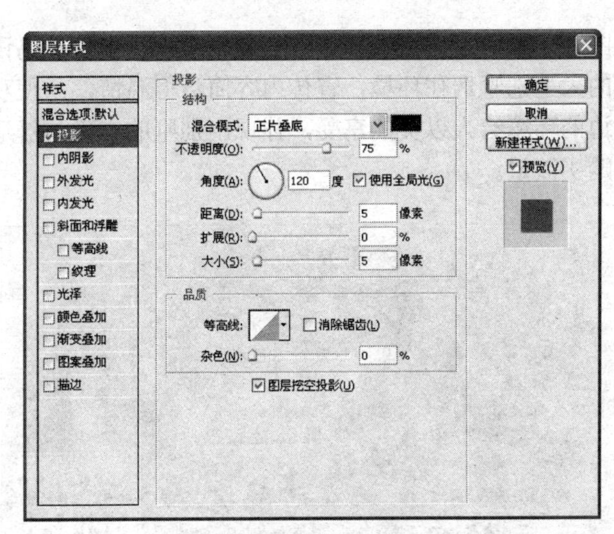

图 10-45　投影参数

（7）保存文件，完成会员卡的设计与制作，其最终效果如图 10-19 所示。

知识回顾与拓展

本任务制作会员卡的方法同样适用于制作银行卡、游戏卡、电话卡等各种卡片，在制作中主要通过文字与图形的结合进行设计，并运用图层样式和滤镜添加投影，增强画面质感。同时为了便于展示或尝试不同的颜色背景效果，在本例中可以选中人物所在的图层 2，选择“图层”→“排列”→“前移一层”命令，将其向上移动一层，然后选中下面的“图层 3 副本

4”层，单击“图层”控制面板下方的“创建调整图层”按钮，在弹出的下拉菜单中（见图 19-46）选择“色相/饱和度”菜单命令。在打开的参数对话框中拖动滑块即可改变卡片整体色调。完成后将生成的调整层进行隐藏，如图 10-47 所示。

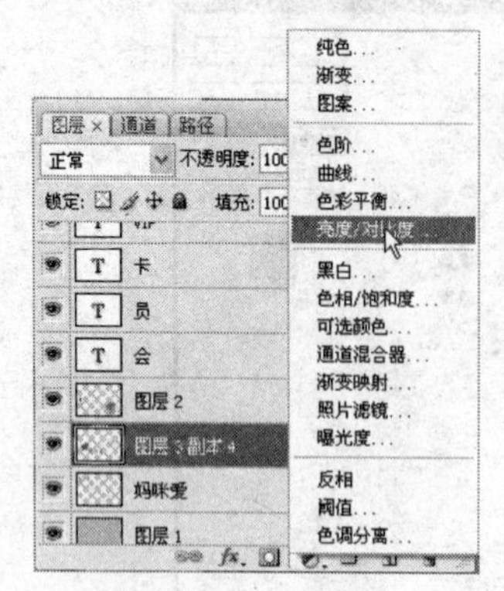

图 10-46　选择命令

图 10-47　隐藏调整层

任务三　楼盘广告设计——浣花溪畔有人居

任务目标

本任务将制作如图 10-48 所示的楼盘广告，该图表现出一个室外鸟语花香、空气清新，室内整洁、温馨美好的大型别墅居住环境，宣传内容简洁但温情，易使观众产生共鸣。画面给人协调的感觉，周边的环境给人以美的享受，体现出别墅的宁静与舒适，能吸引人们的眼光，从而产生兴趣和购买欲望。

图 10-48　楼盘广告设计——浣花溪畔有人居

本任务的制作过程包括背景处理、标志设计和宣传设计 3 大步聚，主要涉及套索工具、魔棒工具、自由形状工具、文本工具、路径、外发光图层样式等知识。本任务中的背景处理主要是图片组合，可以利用套索工具“羽化”命令、“反选”命令、复制、自由变换等来完成。

操作一　背景处理

本操作将练习广告中的背景处理。

◆ 操作步骤

（1）选择“文件”→“新建”菜单命令，在打开的“新建”对话框中设置宽度为25厘米，高度为16厘米，分辨率为100像素/英寸，模式为RGB颜色，内容为“白色”，如图10-49所示。

（2）单击“确定”按钮，创建一个新文件，如图10-50所示。

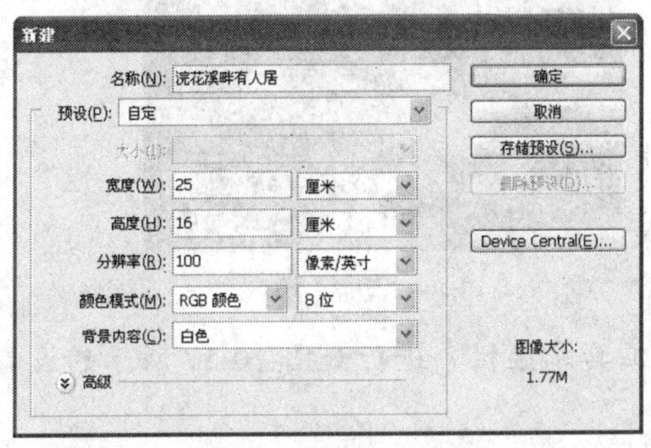

图10-49　“新建”对话框

图10-50　创建新文件

（3）选择“文件”→“打开”菜单命令，打开如图10-51所示的“家居”图片。

（4）单击工具箱中的套索工具，在图像中拖动出一个选区，如图10-52所示。

图10-51　“家居”图片

图10-52　使用套索工具创建选区

（5）选择“选择”→“羽化”菜单内命令，在打开的“羽化选区”对话框设置羽化半径为20像素，如图10-53所示，单击“确定”按钮。

（6）按住【Ctrl】键，将选区中的图像拖动复制到“浣花溪畔有人居”文件中，并自动作为图层1，如图10-54所示。

（7）关闭“家居”图片文件。

（8）在“浣花溪畔有人居”文件中选中图层1，按【Ctrl+T】快捷键对图像进行自由变换，将其缩放到窗口大小，效果如图10-55所示。

（9）选择“文件”→“打开”菜单命令，打开“别墅”图片，如图10-56所示。

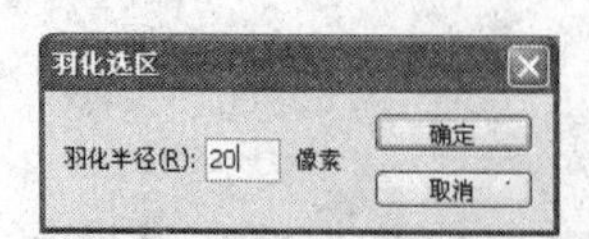

图 10-53 “羽化选区”对话框

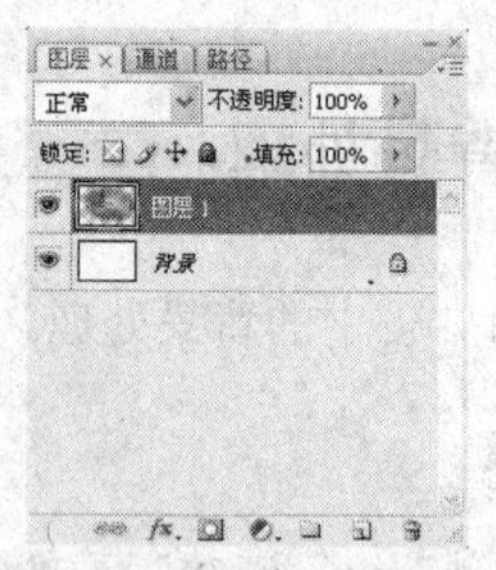

图 10-54 “图层”控制面板

图 10-55 复制和缩放图像

图 10-56 “别墅”图片

（10）单击工具箱中的套索工具，在其工具属性栏中进行如图 10-57 所示的设置。

图 10-57 工具属性栏

（11）在图像中拖动出一个羽化的选区，如图 10-58 所示。

（12）按住【Ctrl】键将选区中的图像拖动复制到“浣花溪畔有人居”文件中，并自动作为图层 2，效果如图 10-59 所示。

（13）关闭“家居”图片文件。在“浣花溪畔有人居”文件的“图层”控制面板中设置图层 2 的不透明度为 60%，如图 10-60 所示。

图 10-58 用套索工具创建羽化选区

图 10-59 复制图像

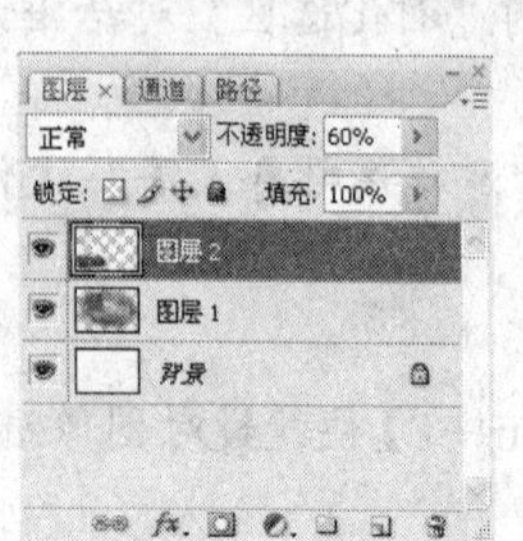

图 10-60 设置图层 2 的不透明度

图 10-61 反选区域

（14）按【Ctrl+Shift+I】快捷键反选区域，如图 10-61 所示。

（15）按【Delete】键清除选区内的图像内容，然后按【Ctrl+D】快捷键取消区域的选择，此时的图像效果如图 10-62 所示。

图 10-62　清除反选的区域

操作二　标志设计

本操作将练习制作楼盘广告中的企业标志。由于制作的是一个房地产的标志，因此在设计时应该有针对性。先使用自由形状工具绘制标志的基本外形，接着使用磁性套索工具、“填充”命令改变标志色彩，最后输入文字即可。

◆　操作步骤

（1）将前景色设置为黑色，单击“图层”控制面板底部的“创建新的图层”按钮，创建一个新图层，并重命名为“标志”，如图 10-63 所示。

（2）选择自由形状工具，在其工具属性栏的“形状”下拉列表框中选择“花形纹章”选项，如图 10-64 所示。其颜色为黑色，如图 10-65 所示。

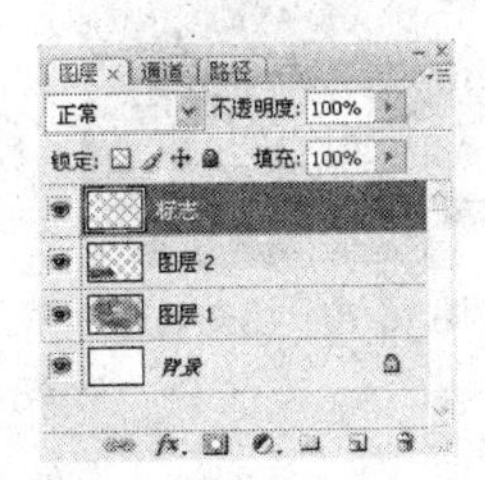

图 10-63　创建“标志”图层

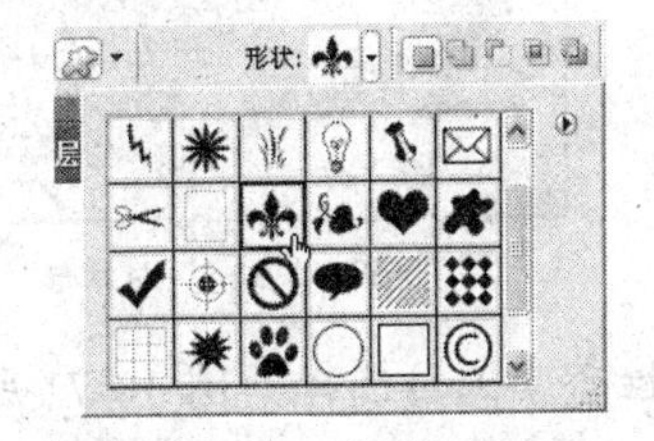

图 10-64　花形纹章

图 10-65　自由形状工具属性栏

（3）单击绘制形状图形，效果如图 10-66 所示。

（4）使用磁性套索工具勾选出形状图形的中间部分，如图 10-67 所示。

（5）单击前景色按钮，打开“拾色器（前景色）”对话框，设置 H 为 30，S 为 80，B 为 100，R 为 255，G 为 155，B 为 51，选择“只有 Web 颜色”复选框，如图 10-68 所示，单击“确定”按钮。

图 10-66　绘制形状图形

图 10-67　使用磁性套索工具创建选区

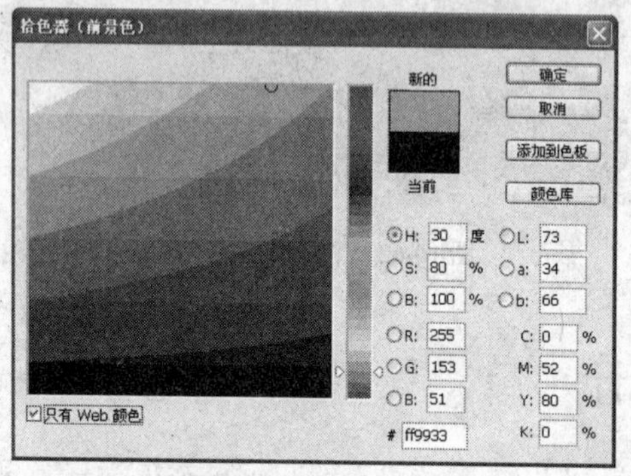

图 10-68　在“拾色器（前景色）”对话框中设置前景色

（6）选择“编辑”→“填充”菜单命令，打开“填充”对话框，设置使用前景色进行填充，不透明度为 100%，如图 10-69 所示。

（7）完成设置后单击“确定”按钮，将选区填充为已设置好的前景色（或直接按【Alt+Delete】快捷键将选区填充为前景色），效果如图 10-70 所示。

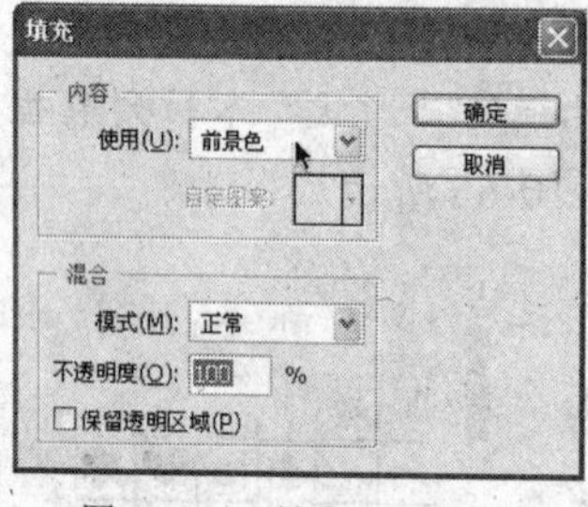

图 10-69 “填充”对话框

图 10-70　填充效果

（8）使用磁性套索工具选择如图 10-71 所示的区域。

（9）按【Alt+Delete】快捷键将选区填充为前景色，效果如图 10-72 所示。

图 10-71　用磁性套索工具创建选区

图 10-72　填充选区

（10）设置前景色为黄色。单击工具箱中的魔棒工具，在其工具属性栏中设置容差为20，选择“消除锯齿”复选框，如图10-73所示。

图10-73　魔棒工具属性栏

（11）用魔棒工具选择余下的黑色图像部分，如图10-74所示。按【Alt+Delete】快捷键将选区填充为黄色。

（12）设置前景色为R255，G155，B51。使用矩形工具在图案下方创建一个矩形区域，然后按【Alt+Delete】快捷键将选区填充为前景色，效果如图10-75所示。

（13）选择“选择”→“变换选区”菜单命令，对矩形区域进行如图10-76所示的变换。

（14）将变换后的区域填充为白色，效果如图10-77所示。

图10-74　选择黑色图像

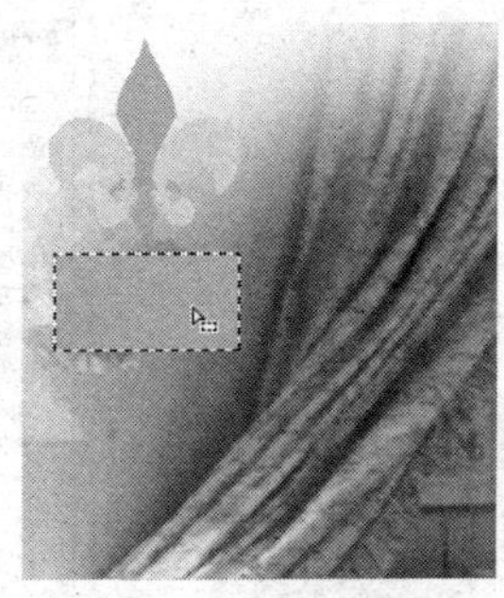

图10-75　填充矩形区域

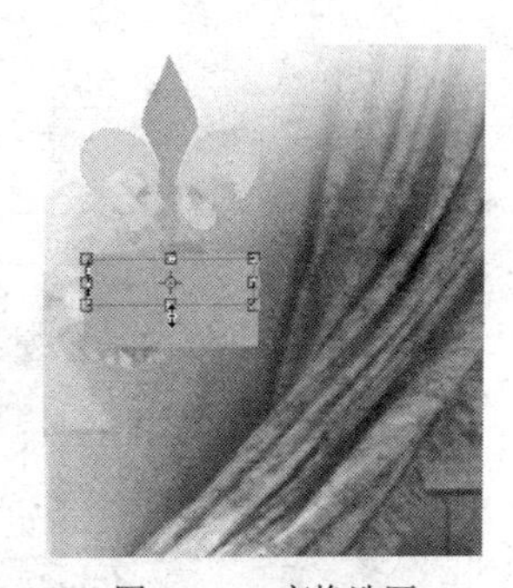

图10-76　变换选区

（15）设置前景色为黑色。单击工具箱中的文字工具T，设置字体为“方正舒体”，字号为18点，然后输入文字“浣花居”（注意隔一字空一格）。

（16）再次使用文字工具T输入文字“HUANHUAJU”（设置字号为11点），调整好两行文字的各自位置，效果如图10-78所示。

图10-77　将变换后的选区填充为白色

图10-78　输入文字的效果

操作三　宣传设计

本操作将练习制作楼盘广告中的售楼说明书，主要利用自由形状工具、→“画笔”命令、“路径”控制面板、“自由变换”命令、椭圆选框工具等来完成制作。

◆ 操作步骤

（1）在“图层”控制面板中创建新图层“售楼说明书”。

（2）单击工具箱中的自由形状工具，并在其工具属性栏中设置半径为 20px，如图 10-79 所示。

图 10-79　自由形状工具属性栏

（3）选中“售楼说明书”图层，在图像右下角单击绘制圆角矩形路径，效果如图 10-80 所示。

（4）将前景色设置为蓝色。单击画笔工具，选择“窗口”→“画笔”菜单命令，在打开的“画笔”控制面板中进行如图 10-81 所示的设置。

图 10-80　绘制圆角矩形路径

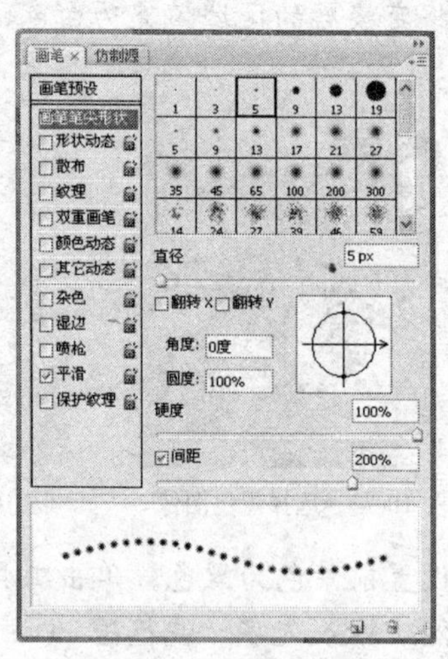

图 10-81　设置画笔参数

（5）打开“路径”控制面板，单击其右上角的小三角按钮，弹出如图 10-82 所示的快捷菜单。

（6）在快捷菜单中选择“描边路径”菜单命令，打开“描边路径”对话框，如图 10-83 所示。

（7）单击“确定”按钮，此时的图像效果如图 10-84 所示。

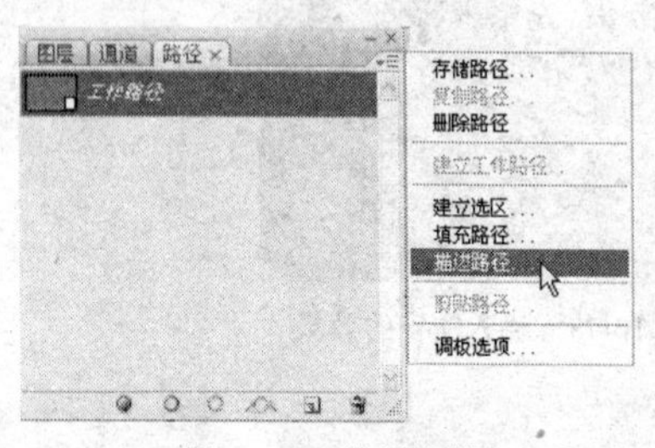

图 10-82　快捷菜单

图 10-83　“描边路径”对话框

图 10-84　描边路径效果

（8）单击“路径”控制面板右上角的小三角按钮，在弹出的快捷菜单中选择“删除路径”菜单命令，将路径删除，此时的图像效果如图 10-85 所示。

（9）单击工具箱中的文字工具，设置字体为“舒体”，字号为 16 点。单击输入说明文字

“浣花溪旁，杨柳河岸，经典别墅，朝闻鸟语声，暮闻鱼蛙鸣，夜来香袭过，无声胜有声！这难道不是您梦想的家园吗？”（在输入过程中可在需要的地方按【Enter】键进行断行），效果如图 10-86 所示。

（10）设置前景色为白色。在“图层”控制面板中创建图层 3，使其位于“售楼说明书”图层之下，如图 10-87 所示。

图 10-85　删除路径后的图像效果

图 10-86　输入文字

（11）单击工具箱中的自由形状工具，在其工具属性栏中单击“圆角矩形工具”按钮和“填充像素”按钮。单击绘制白色填充圆角矩形，效果如图 10-88 所示。

图 10-87　创建图层 3

图 10-88　绘制白色填充圆角矩形

（12）在“图层”控制面板中将图层 3 和“售楼说明书”图层链接在一起，然后按【Ctrl+E】快捷键将这两个图层合并在一起，如图 10-89 所示。

（13）在“图层”控制面板中再创建一个新图层，并设置其名称为“按钮”，如图 10-90 所示。

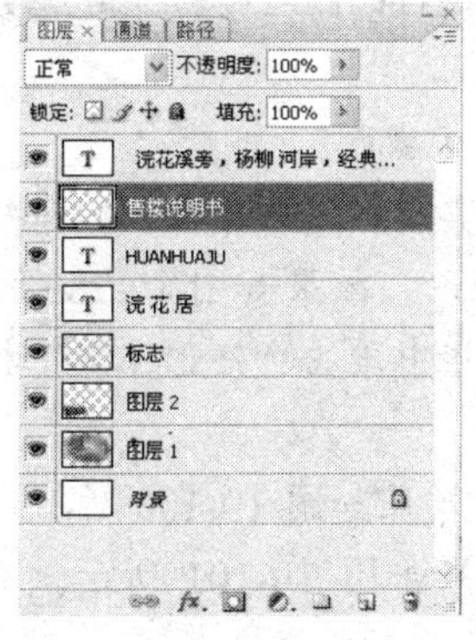

图 10-89　链接和合并图层

图 10-90　创建“按钮”图层

（14）设置前景色为 R255，G155，B51，选中“按钮”图层。

（15）单击工具箱中的自由形状工具，在其工具属性栏中单击“椭圆工具”按钮，如图 10-91 所示。

（16）单击绘制由前景色填充的椭圆图形，效果如图 10-92 所示。

图 10-91　椭圆自由形状工具属性栏

（17）设置前景色为红色。使用椭圆自由形状工具创建椭圆，效果如图 10-93 所示。

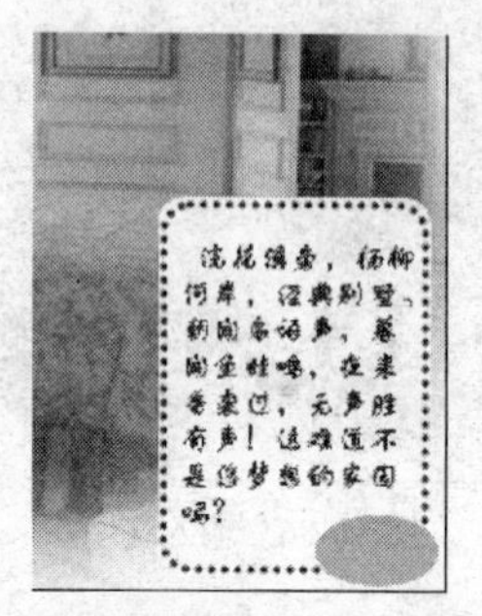

图 10-92　绘制由前景色填充的椭圆图形

图 10-93　创建红色椭圆

（18）用同样的方法再绘制 3 个填充的椭圆，第一个为白色，第二个为红色，最上面一层为白色，效果如图 10-94 所示。

（19）设置前景色为蓝色。单击工具箱中的文字工具，设置字体为“隶书”，字号为 18 点。单击输入文字“别错过”，效果如图 10-95 所示。

图 10-94　绘制多个椭圆的效果

图 10-95　输入文字“别错过”

（20）在“图层”控制面板中将“别错过”图层和“按钮”图层链接在一起，如图 10-96 所示。

（21）选择“编辑”→“自由变换”菜单命令，将链接的图层旋转一定角度，效果如图 10-97 所示。

（22）在“图层”控制面板中创建新图层“联系方式”。

（23）单击工具箱中的自由形状工具，在其工具属性栏中单击“圆角矩形工具”按钮和“填充像素”按钮。单击绘制淡紫色填充圆角矩形，效果如图 10-98 所示。

（24）设置前景色为白色。在自由形状工具属性栏中单击“矩形工具”按钮。单击绘制白色填充矩形，效果如图 10-99 所示。

（25）用同样的方法再绘制两个白色填充矩形，效果如图 10-100 所示。

（26）使用文字工具输入文字“9998 元/m”，效果如图 10-101 所示。在输入过程中可以分别选中某些文字，将字体和字号调整为需要的样式。

图 10-96　链接图层

图 10-97　旋转链接的图层

图 10-98　绘制淡紫色填充圆角矩形

图 10-99　绘制白色填充矩形

图 10-100　绘制两个白色填充矩形

图 10-101　输入文字“4498 元/m”

（27）使用文字工具输入平方号“2”，使其位置文字“9998 元/m”的右上角，效果如图 10-102 所示。

（28）为避免遗漏平方号，最好在“图层”控制面板中将“9998 元/m”和“2”图层链接在一起。

（29）使用文字工具输入地址、联系方式等，效果如图 10-103 所示。

图 10-102　输入平方号“2”

图 10-103　输入地址、联系方式

提示：注意这里在新建时设置的图像大小并不是指手提袋大小，只是一个工作的区域，但应该比手提袋的实际大小要大一些，这样才能方便制作。

（2）按【Ctrl+R】快捷键显示出标尺，然后根据手提袋的大小创建如图 10-111 所示的辅助线，本例制作的为 16K 大小的手提袋。

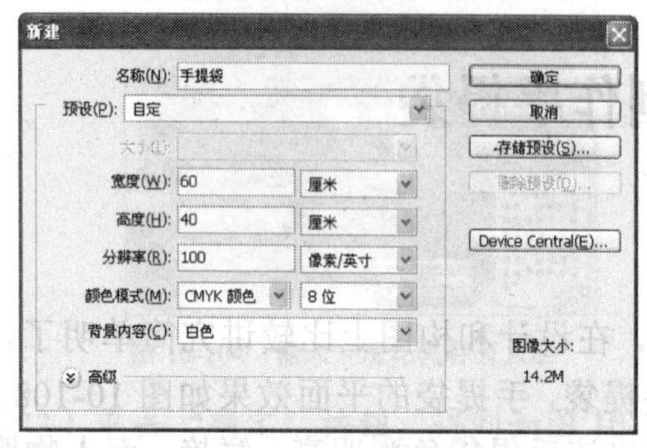

图 10-110　新建图像文件

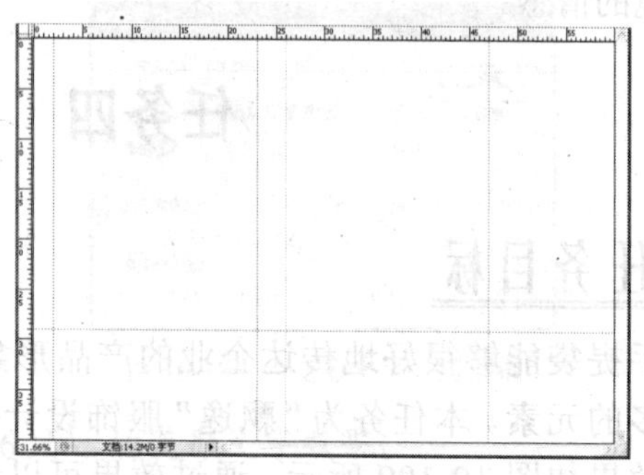

图 10-111　创建辅助线

（3）单击工具箱中的矩形选框工具，新建一个图层 1，根据创建的辅助线绘制出正面的选区，然后将选区填充为黄色，如图 10-112 所示。

（4）将图层 1 拖动到“图层”控制面板底部的“创建新图层”按钮上进行复制，生成副本图层，然后用移动工具将复制的图像移至手提袋的背面区域中，如图 10-113 所示。

（5）打开如图 10-114 所示的“飘逸.jpg”图像，单击工具箱中的魔棒工具，在其工具属性栏中将“容差”设为 10 像素，按住【Shift】键分别单击选取背景部分。

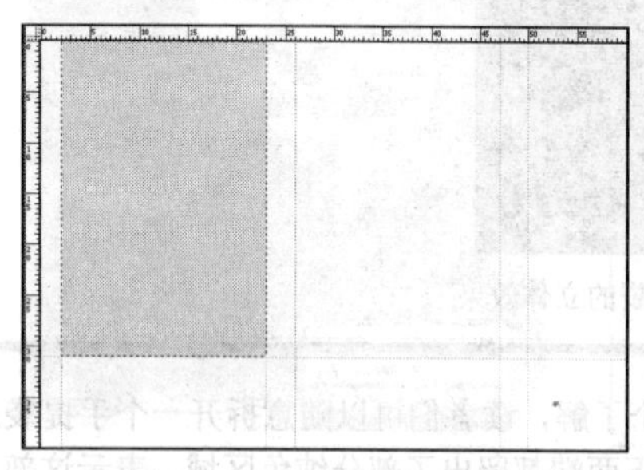

图 10-112　创建并填充选区

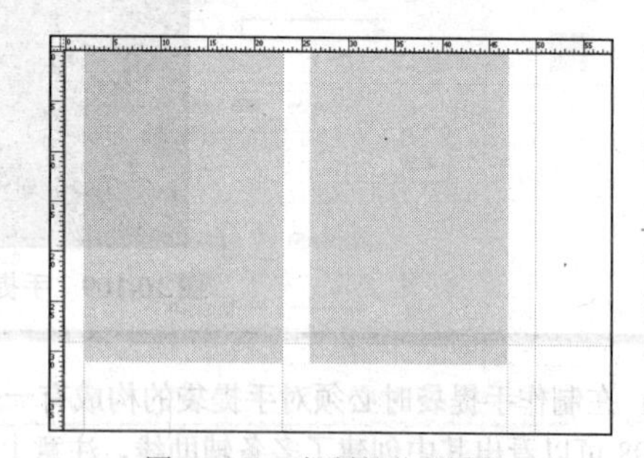

图 10-113　复制并移动图像

（6）按【Ctrl+Shift+I】快捷键进行反选，然后按【Ctrl+Alt+D】快捷键，打开“羽化选区”对话框，将“羽化半径”设为 10 像素，如图 10-115 所示。

图 10-114　打开图像

图 10-115　羽化选区

（7）用移动工具将选取的图像拖动到“手提袋”图像窗口中，对其进行缩放变换后移至如图 10-116 所示的位置。

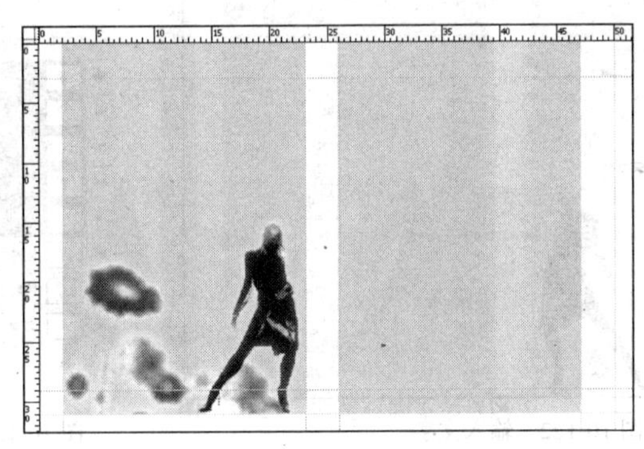

图 10-116　调整人物图像

（8）单击工具箱中的直排文字工具，在其工具属性栏中设置字体为“创艺简行楷”，大小为 100 点，如图 10-117 所示，文字颜色为黑色。

图 10-117　设置文字参数

（9）在人物上方单击输入文字“飘逸”，完成后用移动工具移至合适位置，效果如图 10-118 所示。

（10）新建空白图层 3，单击工具箱中的椭圆选框工具，按住【Shift】键不放在文字“飘”和“逸”之间创建一个圆形选区，然后填充为黑色，效果如图 10-119 所示。

（11）新建空白图层 4，单击工具箱中的矩形选框工具，在文字“飘逸”右下方位置创建一个矩形选区，填充为白色，效果如图 10-120 所示。

图 10-118　输入文字

图 10-119　创建并填充圆形选区

图 10-120　创建并填充矩形选区

（12）单击工具箱中的直排文字工具，在其工具属性栏中设置字体为“创艺简中圆”，字体为 55 点，文字颜色为黑色，如图 10-121 所示。

图 10-121　设置文字参数

（13）在绘制的白色矩形左侧位置单击输入文字“服饰”，然后用移动工具调整其位置，完成手提袋正面的制作，效果如图 10-122 所示。

（14）在“图层”控制面板中选中除背景图层、手提袋黄色背景色块所在“图层 1”和“图

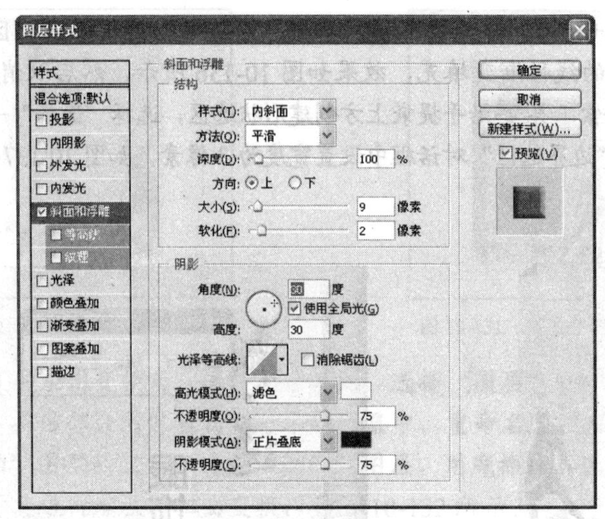

图 10-140 添加斜面和浮雕图层样式

图 10-141 制作好的穿孔图像

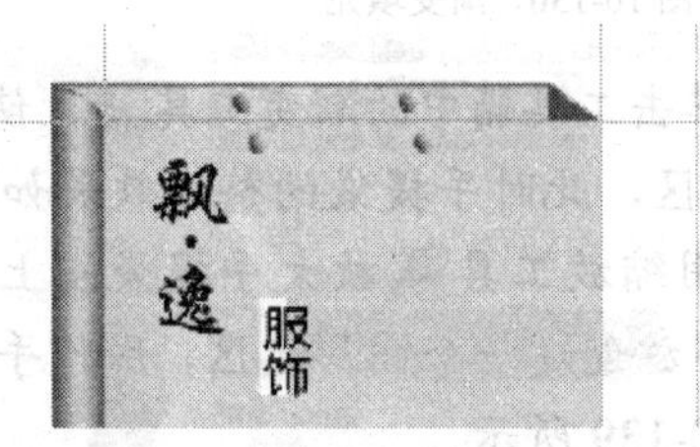

图 10-142 复制穿孔图像

图 10-143 画笔工具的设置

（18）在“图层”控制面板中合并除背景外的所有图层，选择“图像”→“旋转画布”→“90 度（逆时针）”菜单命令，旋转画布后的效果如图 10-145 所示。

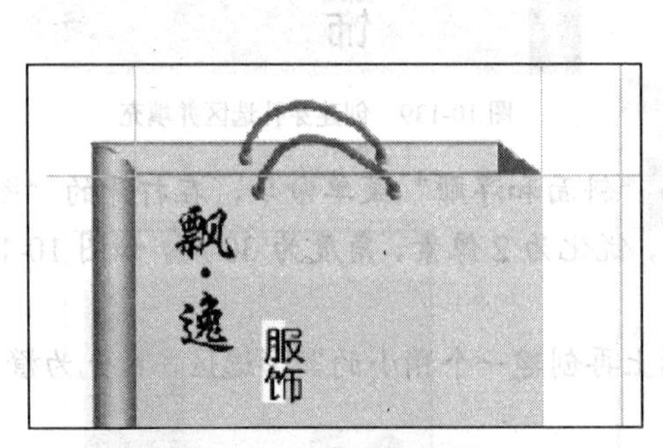

图 10-144 绘制绳子图像

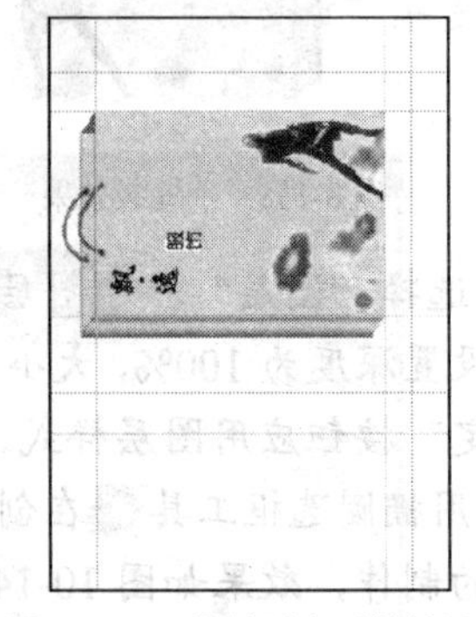

图 10-145 旋转画布后的效果

（19）选中手提袋所在图层，选择“编辑”→“变换”→“90 度（顺时针）”菜单命令，然后对手提袋所在图层进行复制，将复制后的图像移至下方，效果如图 10-146 所示。

（20）选中复制后的图层，选择“编辑”→“变换”→“垂直翻转”菜单命令，效果如图 10-147 所示。

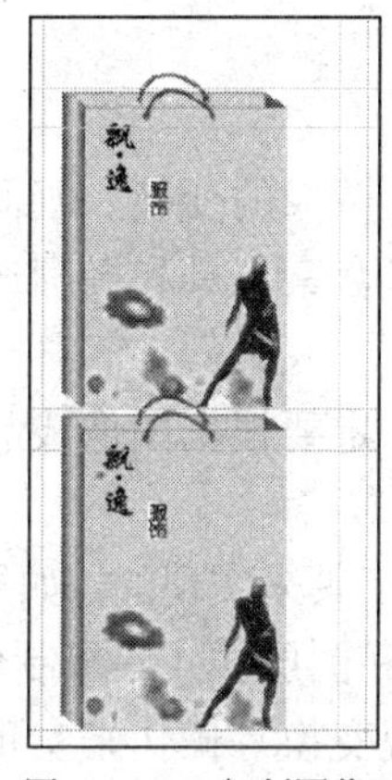

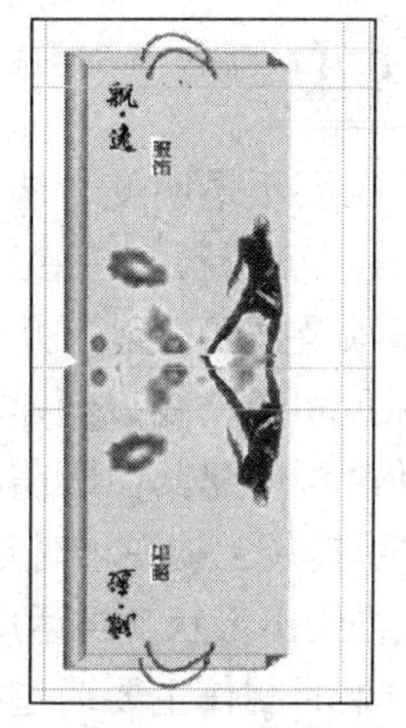

图 10-146　复制图像　　图 10-147　垂直翻转图像

（21）隐藏标尺和辅助线的显示。选中下方手提袋所在图层，用矩形选框工具选取下半部分图像，然后按【Delete】键删除选区内的图像，如图 10-148 所示。

（22）单击“图层”控制面板下方的“添加图层蒙版”按钮，添加图层蒙版后单击工具箱中的渐变工具，设置为从黑色到白色的线性渐变，然后从下向上拖动鼠标进行渐变，形成渐隐效果，将其图层不透明度设为 60%，效果如图 10-149 所示。

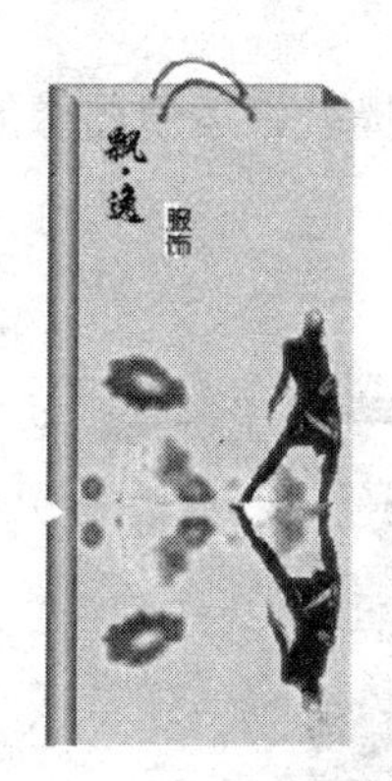

图 10-148　删除部分图像　　图 10-149　添加图层蒙版并降低不透明度

（23）选中“背景”图层，单击工具箱中的渐变工具，在其工具属性栏中选择软件提供的“紫色、绿色、橙色”的渐变色，从图像中心向右上方拖动进行线性渐变填充。

（24）用矩形选框工具选取下方手提袋左侧边缘一小部分图像，通过缩放和扭曲变换使其与上方的手提袋边缘重叠，如图 10-150 所示，完成手提袋立体效果的制作，最终效果如图 10-109 所示。

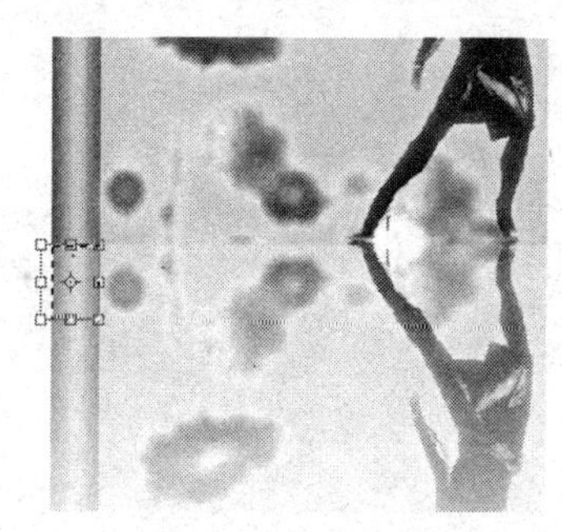

图 10-150　变换图像

知识回顾与拓展

本任务主要运用了图层不透明度、选区的羽化、图像的变换、画面的旋转、斜面和浮雕图层样式、渐变工具、画笔工具、文字工具、多边形套索工具和椭圆选框工具等相关知识。制作过程中需注意的事项及技巧有以下几点。

（1）应灵活使用标尺和辅助线，创建辅助线时一定要根据图像成品的大小按比例创建，同时在制作过程中可随时再创建其他所需的辅助线。

（2）本任务在制作手提袋上的绳子时是通过画笔工具来实现的，如果要制作更为逼真的绳子效果，可以使用路径描绘出形状，再运用纹理滤镜和图层样式等来制作。

（3）手提袋立体效果的制作主要通过扭曲和透视变换等操作来实现，在制作时要注意有时需进行多次变换和移动等调整才能实现，同时要注意符合物体的透视原理，并可根据要展示的面制作出多种立体效果。

课 后 练 习

上机操作题

根据提供的素材文件“皮包.jpg”制作时尚皮具手提袋。运用图像的变换、投影图层样式、渐变工具等制作出立体效果图，如图 10-151 所示。

图 10-151 时尚皮具手提袋